風見 明

明治新政府の喪服改革

雄山閣

はじめに

現在の葬儀において、会葬の男性は黒のスーツを着て黒のネクタイをしめ、女性は黒のツーピースまたはワンピースを着る。日本は、このような西洋起源の黒喪服の着用を西洋以上に徹底している状況にある。しかし、明治以前の喪服は、古代に始まる白喪服が主流であった。江戸後期の代表的な白喪服を挙げれば、男子の白裃と婦人の白無垢である。

明治以前の白喪服主流から現在の黒喪服一辺倒に変わる詳しい過程はこれまでまったく明らかにされなかった。これを解明したいというのが本書を書く動機であった。

白喪服がなくなる発端は、天皇を中心とする中央集権体制の明治新政府が天皇の意向を受けて、文官の礼服として西洋流の大礼服と燕尾服を定めたことであった。これから間もない政府要人の葬儀で、大礼服や燕尾服に黒ネクタイと黒手袋を付けたものが喪服として着用された。

明治十六年から始まった国葬で新政府は、上流階級会葬者の喪服心得をその都度出した。その都度出したということは喪服の標準を模索し続けた結果であった。

明治三十年の英照皇太后（明治天皇の母）大喪は初の国中喪となり、新政府はそれまでの模索を基にあらゆる喪服（階層別・和洋別・男女別の喪服）の標準を作った。以降、現在に至るまでの喪服の原型はここに見いだすことができる。

国葬や大喪での喪主の喪服は西洋流黒喪服ではなく明治以前の大喪で着用された喪服であった。また、英照皇太后大喪での天皇、皇后の喪服は平安時代以来の大喪で着用してきた喪服であった。以上挙げた喪服は

黒基調のものとで、黒を喪のシンボル色とするものである。皇室の喪のシンボル色は黒だったのである。明治始め、西洋流黒喪服を抵抗や反発がなく円滑に導入できたのは、このシンボル色・黒の存在が大きかった。

現在の葬儀場によく飾られる幕に黒と白の縦縞模様の鯨幕がある。この幕はもとは皇室の慶事・弔事両方に用いる遮蔽用の飾り幕であったが、英照皇太后大喪を契機に喪を表わす喪幕の性格を帯びるようになった。

以上述べたように、現在に見る西洋流黒喪服や鯨幕の登場には明治天皇が密接に関係していたのである。

本書は古代から明治に至る喪服の流れにも言及しており、時代順には書かれていないものの、日本喪服通史にもなっている。また、ちょとした喪幕（鯨幕・黒幕・黒白段段幕）史となっている。なお、引用文献や参考文献は本文中に記した。

　　　平成二十年七月

　　　　　　　　　　　　　風見　明

〔目 次〕

第一章 明治以前の喪服は白喪服が主流 ── 江戸後期の代表的喪服は白裃と白無垢 …… 11

一、江戸後期の喪服事情 12
　イラストレイテッド・ロンドン・ニュース新聞で紹介された喪服
　諸国風俗問状の回答に見る喪服

二、**桃山時代の喪服事情** 17
　西洋から来た宣教師の報告　　明治以前の主流喪服

第二章 明治五年、文官の大礼服と万人の燕尾服を制定

一、洋式礼服制定の背景と喪服史のうえでの意味 20
　　── 白喪服が黒喪服に替わる発端となる ……19
　制定は天皇の意向による　　白喪服が黒喪服に替わる発端

二、**大礼服と燕尾服を同時に制定** 22
　大礼服は官位別の三種類　　燕尾服は一種のみ
　大礼服と燕尾服を着用する節　　旧来の礼服の取り扱い
　判任官の大礼服は調整猶予　　勅任官と奏任官に黒のチョッキ・ズボンの新調指示

三、皇族と有爵者の大礼服も制定 32

四、大礼服の廃止　　

明治六年、皇族の大礼服制定　　明治十七年、有爵者の大礼服制定　　大礼服がすべて出揃う

四、判任官の大礼服の廃止　37

判任官は薄給で大礼服を誂える余裕がなかった　文官の大礼服改定

五、婦人礼服の制定　40

和装礼服　　洋装礼服

第三章　明治十一年の故大久保利通葬儀は国葬並に盛大
　　　　　――会葬者は大礼服に黒ネクタイと黒手袋……45

一、早くも黒喪服が用いられる　46

国葬の制ができる以前で最大の葬儀　大礼服に黒ネクタイと黒手袋
喪のシンボル色・黒が上流階級に浸透し始める

二、参考として明治十年の故木戸孝允葬儀　48

文官の会葬のない簡素なもの

第四章　明治十六年から二十九年までに五回の国葬
　　　　　――上流階級のみが関わり、政府は喪服を模索……51

一、明治時代の国葬と大喪　52

八回の国葬と二回の大喪

二、明治十六年の故岩倉具視国葬（一回目国葬）　55
　　事実上の国葬　会葬者喪服心得

三、明治二十四年の故三条実美国葬（二回目国葬）
　　正式の国葬となる　会葬者喪服心得

四、明治二十八年の故有栖川宮熾仁親王国葬（三回目国葬）　59
　　宮中喪服期間、参内者に喪服を着用させる勅令
　　略装喪服化の分析　フロックコート喪服について　会葬者喪服心得　鼠色の手袋について

五、明治二十八年の故北白川宮能久親王国葬（四回目国葬）　62
　　宮中喪期期間参内者喪服心得

六、明治二十九年の故毛利元徳国葬（五回目国葬）　68
　　会葬者喪服心得

七、一～五回目国葬での喪服の移り変わり　71
　　会葬者喪服心得の対象となった喪服
　　ネクタイ・手袋の色および黒腕章・黒帽章の要・不要
　　大礼服と燕尾服は服・白ネクタイ・白手袋の三点で一揃い
　　白ネクタイと白手袋は服・白ネクタイ・白手袋は徹底化されなかった
　　喪のシンボル色・黒は上流階級に完全浸透

八、旧来喪服の存廃状況　76
　　諸国風俗問状の回答に見る喪服の存廃状況

第五章　明治三十年の英照皇太后大喪は全国民が喪に服す
　　　――政府指示の各種喪服は以降の標準に……77

一、宮中喪と国中喪になる　78
　国中喪期間三十日間、宮中喪期間一年間　　国中喪期間文官喪服心得　　宮中喪期間参内者喪服心得
　会葬者喪服心得　　国中喪期間文官喪服心得　　国中喪期間学生喪服心得
　大喪執行に関する明治天皇の御沙汰

二、国中喪期間庶民喪服心得がついに出る　85
　日本新聞の「一般士民の礼服を制定すべきの議」
　請願書提出を受けて国中喪期間庶民喪服心得が出る
　庶民も自主的に喪服を着用し始める

三、上流階級と庶民双方の喪服が整う　90
　五つの喪服心得　　以降での整理・統合

四、庶民は喪のシンボル色・黒を始めて知る　94
　国中喪期間学生喪服心得や国中喪期間庶民喪服心得を通じて
　大喪以前の庶民は喪のシンボル色は白と認識

五、英照皇太后大喪後の黒喪服の民間葬儀への浸透状況　96
　フロックコート喪服　　婦人の洋装喪服

第六章　英照皇太后大喪での天皇の喪服は黒喪服
　　　　——律令時代以来の大喪で着用してきたもの …… 101

一、**天皇が着用する喪服は黒喪服の錫紵** 102
　　錫紵はどのようなものか　　倚盧殿で服喪する慣行
　　錫紵の着用に迷いがあった　　風邪で寝込んで錫紵を着用することはなかった　　錫紵の由来

二、**参考として皇后の喪服** 108
　　桂袴　　高等女官も皇后と同様な喪服

三、**皇室の喪の主シンボル色・黒** 110
　　天皇の喪服の墨染　　西洋流黒喪服が円滑に導入された理由

第七章　喪主の喪服は国葬と英照皇太后大喪で共通
　　　　——昔の大喪で臣下に着用させたもの …… 113

一、**喪主の喪服は官報の葬送行列書に載る** 114
　　葬送行列書　　喪主の喪服は奇妙な「喪服加素服」
　　喪主が杖をつくことの意味　　参考として、大久保利通葬儀のときの喪主の喪服

二、**複雑な「加素服」の由来** 121
　　奈良時代　　平安時代　　中世時代　　江戸時代　　明治時代

三、**天皇は喪主にならずの不文律** 124

英照皇太后大喪のときの喪主　明治天皇大喪のときの喪主

四、「諸国風俗問状」回答の喪服三種の由来 127

白喪服の由来　鼠色喪服の由来　浅葱色喪服の由来

五、新しい喪服の登場にはいつも天皇が絡む 129

中国の喪服の模倣から出発した喪服系統の略史
西洋の喪服の模倣から出発した喪服系統の略史

第八章　英照皇太后大喪では随所に喪のシンボル色・黒
　　　　　―皇室系のものと西洋系のもの…… 131

一、皇室の喪のシンボル色・黒を使用したもの 132

大喪式場・幄舎の黒幕　駅の黒幕　自身番の黒幕　商店の黒暖簾

二、西洋の喪のシンボル色・黒を使用したもの 138

国旗の黒布　新聞の黒欄　宮内省の黒印　東京市庁の黒印・黒罫紙・黒枠名刺

第九章　英照皇太后大喪で登場した黒白縞の幕二種
　　　　　―この黒は後で喪の意味を持つようになる…… 145

一、黒白縦縞の鯨幕 146

大喪式場・入り口の鯨幕　大喪式場以外の鯨幕

鯨幕は伊勢神宮の式年遷宮で昔から用いられてきた

二、鯨幕は後で喪を表わす幕となる 148
　八回目国葬の頃から喪を表わす幕となる　鯨幕は現在の葬儀でよく用いられている

三、黒白横縞の黒白段段幕 151
　駅の黒白段段幕

四、黒白段段幕も後で喪を表わす幕となる（ただし、戦前まで） 152
　明治天皇大喪から喪を表わす幕となる　三種の喪幕の流行り廃り

こぼれ話 ‥‥‥‥‥‥‥‥‥‥‥‥‥‥‥‥‥‥‥‥‥‥‥‥‥‥‥‥ 157
　その一、中国の喪服事情 157
　その二、葬送行列の紅旗 159
　その三、香奠袋の黒白水引・黄白水引 162
　その四、喪服の無光沢条件 164

皇室喪服規程 ‥‥‥‥‥‥‥‥‥‥‥‥‥‥‥‥‥‥‥‥‥‥‥‥‥‥ 166

第一章　明治以前の喪服は白喪服が主流

――江戸後期の代表的喪服は白裃と白無垢

一、江戸後期の喪服事情

イラストレイテッド・ロンドン・ニュース新聞で紹介された喪服

十九世紀の四十年代から英国で発行されているイラストレイテッド・ロンドン・ニュース新聞には、幕末以来の日本の有り様がスケッチ入りで紹介されている。紹介が始まった一八五三年から五十年間の部分は和訳されて『描かれた幕末明治』(金井圓編訳、ティビーエス・ブリタニカ、昭和四十八年)にまとめられている。当時の日本の諸事情が文章とスケッチで窺えるものである。

同紙一八五六年一月二十六日付には「箱館の街路と葬列」と題するスケッチ(図1参照)が載っている。この葬列は人数が少ないことから、庶民の葬儀のときのものとしてよい。棺の後ろを歩く親族と思われる人たちは白い服を着用している。つまり、白喪服を着用している。なお、帯は黒である。このような白喪服が箱館(現在の地名は函館)では一般的だったとしてよいだろう。

一八六一年八月十日付には長崎で見た光景として「われわれは多くの少女たちが(赤い衣服の上に白い衣服をはおって)喪に服しているのを見た」とある。なお、スケッチはない。「赤い衣服」は普段の時に着ているものではなく、特別な折に着るものだろう。羽織った「白い衣服」が喪を表わすものである。この出で立ちも白喪服とすることができる。

喪服について紹介した記事は上記の二つだけであるが、二つとも白喪服である。

第一章　明治以前の喪服は白喪服が主流

図1　箱館の街路と葬列

諸国風俗問状の回答に見る喪服

　江戸後期の文化時代（一八〇四～一八一八年）、博覧強記で故実に精通し、全国各地に知己友人のいる江戸住人の屋代弘賢・石原正明らは風俗問状という小冊子を印刷し、諸国の知己友人に送り、回答を求めた。現代風に言えば風俗についての全国的アンケート調査を試みたわけである。

　調査対象の風俗は年中行事や冠婚葬祭などに関する一三一項目にわたるものである。回答は散逸していたが、近年に十六カ国の回答が見つかり、『日本庶民生活史料集成』第九巻（平山敏治郎ほか編、三一書房、一九六九年）の中に「諸国風俗問状答」としてまとめられている。

　項目の一つに「葬礼の事」があり、質問の中には「子息、親類、衣服何様に候や」がある。死者の子息や親類の喪服はどのようなものかと質問しているわけである。これについて整理すれば、当時の日本の喪服がどのようなものであったかを知ることができるはずである。

　十六カ国を地域別に分けると以下の通り。

　東北＝陸奥国信夫郡伊達郡、陸奥国白川領、出羽国秋田領

北海道を除く全国に分布している。

北陸＝越後国長岡領、越後国志科、若狭国小浜領
関東＝常陸国水戸領
中部＝三河国吉田領
近畿＝伊勢国白子領、紀伊国和歌山、丹後国峰山領
中国＝備後国福山領、備後国品治郡
四国＝淡路国、阿波国
九州＝肥後国天草郡

各国で着用されている喪服を一覧表にしたのが表1である。白喪服が着用されているかどうか、その他の色の喪服が着用されているかどうか、一般礼服を喪服に換用しているかどうか、などを備考欄で明示した。白喪服以外にも一般礼服を喪服に換用している所がある。喪服を作るだけの金銭的余裕がなかったからであろうか。この地域以外にも一般礼服を喪服に換用している所がある。東北では男子が喪服を着用せずに、裃や羽織袴などの一般礼服を喪服に換用している傾向が見られる。喪服を作るだけの金銭的余裕がなかったからであろうか。この地域以外にも一般礼服を喪服に換用している所がある。なお、婦人の一般礼服である白襟紋付（男子の羽織袴に相当する）を喪服に換用する地域は見当たらない。正式の白喪服として白裃・白無垢・白い着物などがあり、略式の白喪服として（一般礼服などを着て）白い布を肩にかけたり頭にかぶるものがある。白喪服以外の喪服として浅葱色や鼠色を喪のシンボル色とする浅葱色喪服と鼠色喪服がそれぞれ一カ国ある。

男子の喪服をまとめると、
・正式喪服　白裃・白い着物・鼠色喪服・浅葱色喪服

第一章　明治以前の喪服は白喪服が主流

ここで、一般礼服の羽織袴は普通、羽織は黒で袴は茶色であり、一般礼服の袴の色は普通、茶色である。婦人の喪服をまとめると、

・正式喪服　白無垢・白い着物
・略式喪服　白い布を肩に掛ける・白い布をかぶる
・喪服に換用する一般礼服　羽織袴・裃
・略式喪服　白い布を肩に掛ける

白無垢はまず、嫁入りのときに礼服として着用し、その後、身内の葬儀が起こったときに喪服として着用するものである。この点から、白無垢は喪服に換用する礼服とも言える。当時の日本は情報が全国的に伝わるという状況になかったため、喪服についても全国的な把握ができなかった。そのために屋代弘賢・石原正明らはアンケート調査の必要性を感じた、と見ることができる。今後、回答書が見つかれば、より詳しい統計が得られることになる。

表1　諸国の喪服

国		喪服あるいは一般礼服を喪服に換用（傍線をつけた）	備考
東北	陸奥国信夫郡伊達郡	裃（親類）、羽織袴（他の人）	一般礼服換用
東北	陸奥国白川領	裃（子息、近親）、羽織袴（遠縁）	一般礼服換用
東北	出羽国秋田領	裃（喪主・子息）	一般礼服換用
北陸	越後国長岡領	白裃（正式喪服）、白い布を肩にかける	白喪服
北陸	越後国志科	白裃（正式喪服）、白い布を肩にかける（略式喪服）	白喪服
関東	若狭国小浜領	白い着物の上に浅葱色の素袍（子息）	注(1)
関東	常陸国水戸領	鼠色の着物に鼠色の長袴（喪主）、鼠色の裃（他の人）	注(2)
中部	三河国吉田領	裃、白い布をかぶる（郷村の女）	一般礼服換用（男）、白喪服（女）
近畿	伊勢国白子領	白無垢（血縁の婦人）	白喪服
近畿	紀伊国和歌山	白い上着に白い袴、白い角帽子をかぶる	白喪服
近畿	丹後国峰山領	白い着物（子息、親類）	白喪服
中国	備後国福山領	白い布を裃にまとう	白喪服
中国	備後国品治郡	白い布を襟にまとう	白喪服
四国	淡路国	白い着物（男）、白い布をかぶる（女）	一般礼服換用（男）、白喪服（女）
四国	阿波国	裃	一般礼服換用
九州	肥後国天草郡	裃、白無垢	一般礼服換用（男）、白喪服（女）

二、桃山時代の喪服事情

西洋から来た宣教師の報告

桃山時代の日本に来たイエズス会の宣教師ヴァリニャーノ（イタリア人）は、一五八三年に書いたイエズス会への報告書のなかで、「吾等が明るく陽気と思う白色を、彼等は喪と悲しみを表すものと考え、吾等が喪中に身につける黒色と紫色を彼等は喜ぶ」（松田毅一ほか訳『日本巡察記』平凡社、一九七三年）と記している。ここで、吾等＝西洋人、彼等＝日本人である。なお、ヴァリニャーノが巡察した地域は九州から関西までの西日本であった。

これをわかりやすくまとめると「西洋人は黒や紫の喪服を着るのに、日本人は白の喪服を着る。日本における黒や紫の意味は、西洋の意味とは反対に喜ばしいものである」となる。当時、日本の喪服は白喪服であり、西洋の喪服は黒喪服や紫喪服であったことがわかる。また、西洋では喪のシンボル色である黒・紫が日本では高貴の色として用いられていることに驚いたことがわかる。当時、黒は最高位に属する臣下の袍の色であり、紫は高僧の法衣の色だった。これについては第二章で詳しく述べる。

注(1) 素袍の浅葱色（藍色の薄いもの）が喪のシンボル色。浅葱色喪服と呼べるもの。
注(2) 鼠色が喪のシンボル色。鼠色喪服と呼べるもの。

オックスフォード英語辞典で黒喪服の文例を調べると一四〇〇年からいくつも出ている。これに対して、紫喪服はあまり普及していなかったことが窺える。これから、黒喪服は普及していたが、紫喪服の文例は一八四九年に一つあるだけである。

黒喪服登場の背景として、次のようなキリスト教の慣行があった。キリストが磔（はりつけ）に処せられた日を記念する聖金曜日には、司祭は黒い法衣を着る。また、死者の安息のために教会が行なう死者ミサでも司祭は黒い法衣を着る。黒はこうして喪のシンボル色となった。

紫喪服登場の背景としては、次のようなキリスト教の慣行があった。キリストの受難と磔を記念する受難節（聖週間）では、教会の中の十字架、キリストの聖画・聖像などに紫の布をかけ、司祭は紫の法衣を着た。紫はこうして喪のシンボル色となった。

西洋において黒喪服（黒喪章を含む）は現在まで続いているが、紫喪服は近年、着用されなくなった。

なお、西洋人が明るく陽気と思う白色のものとして、聖職者が着る服や祭りのときに民衆が着る服があった。

明治以前の主流喪服

以上、江戸末から桃山時代まで溯って喪服の事情を探ったが、主流の喪服は白喪服だったと言える。白喪服以外に、浅葱色や鼠色を喪のシンボル色とする喪服があったが、思い付きのものではなく、それなりの由緒があるものである。これについては第七章で述べる。

第二章 明治五年、文官の大礼服と万人の燕尾服を制定

―― 白喪服が黒喪服に替わる発端となる

一、洋式礼服制定の背景と喪服史のうえでの意味

制定は天皇の意向による

王政復古がまさに実現されようとしている明治維新直前のこと、天皇（後の明治天皇）は幕臣の礼服の制の乱れが維新後も続くようではとても国体が立たないと、これを一新することを思い立った。当時の幕臣が着用する礼服としては、衣冠・直垂（ひたたれ）・狩衣（かりぎぬ）・裃（かみしも）などがあり、これらを着分ける決まりがあいまいであった。したがって、身分の上下は着用する礼服からは識別できないような状態になっていた。礼服の制の乱れとはこのようなことであった。

そして、明治天皇は新政府の文官となる人の礼服として、地位がわかり、しかも尚武の国体を示すようなものを側近に検討させた。これから約五年を経てこの礼服としての大礼服が制定され、これと同時に万人向けの通常礼服が制定された。

大礼服と通常礼服の呼称は、礼を大礼（重い）と通常礼（軽い）の二つに分けたことに由来する。大礼服は大礼のときに着る服の意であり、通常礼服は通常礼のときに着る服の意である。通常礼服は燕尾服のことである。定義をはっきりさせるために、通常礼服（燕尾）または通常礼服（燕尾服）と、カッコで補足するときもあった。本書では官報の紹介以外は燕尾服の呼称を用いることにする。

白喪服が黒喪服に替わる発端

大礼服と燕尾服は晴れの行事・儀式用として制定されたものであるが、制定して間もなく、大礼服（帽子・上着は黒の一通りしかないが、チョッキ・ズボンは数色あるうちの黒のもの）に喪章を付けたものが喪服として用いられた。少し経つと、燕尾服（大礼服と違って帽子・上着・チョッキ・ズボンは黒の一通りしかない）も同じ喪章を付けて喪服として用いられるようになった。この喪服は、黒の礼服に黒のネクタイを付ける現在の男性喪服に繋がるものである。

両喪服に採用された西洋の喪のシンボル色・黒はやがて婦人洋喪服に採用され、現在見るような黒ずくめものが登場した。

このような経緯から、明治始めの大礼服と燕尾服の制定が現在の洋喪服の原点となったと言えるのである。

西洋の喪服と日本の伝統的喪服との間には、前者には喪章があり、後者にはそれがないという違いがある。

そのため、西洋の喪服は服に喪章を含めた分、日本の伝統的喪服の定義より広いものである。

日本に大礼服や燕尾服などによる喪服が登場すると、日本は西洋の喪服の定義（広義の定義）を採用せざるを得なかった。本書での喪服の定義は広義のものであることをお断りしておく。

二、大礼服と燕尾服を同時に制定

大礼服は官位別の三種類

大礼服と燕尾服が同時に制定され、明治五年十一月十二日の太政官布達第三百三十九号を以って公布された。書き出しは次の通り。

今般、勅奏判官及非役有位大礼服並上下一般通常の礼服、別冊服章図式の通被相定、従前の衣冠を以て祭服と為し、直垂狩衣裃等は総て廃止被仰出候事

文末の「仰出」は、この制定が天皇の指示によるものであることを示している。大礼服の着用対象者は勅任官・奏任官・判任官の文官と、位階を持っているものの、文官になってない非役有位者となっている。後者は旧公家などで、ごく少数である。

文官大礼服の官位別の地質と色は以下のような一覧表で示された。

	勅任官	奏任官	判任官
帽	黒羅紗	黒羅紗	黒羅紗
上衣	黒羅紗	黒羅紗	黒羅紗
下衣	白羅紗	鼠羅紗	紺羅紗
袴	白羅紗	鼠羅紗	紺羅紗

第二章 明治五年、文官の大礼服と万人の燕尾服を制定

勅任官は天皇が直接に任命する一等官・二等官（大臣を始めとする）の文官から成り、奏任官は太政官（内閣制になってからは内閣総理大臣）の推薦を受けて天皇が任命する三等官以下の文官から成る。勅任官・奏任官は高等官と呼ばれる。判任官は高等官の直ぐ下に属し、大臣や知事が任命する文官である。

帽・上衣・下衣・袴は、現在の表現ではそれぞれ帽子・上着・チョッキ・ズボンである。太政官布達とその後身の官報では、もっぱら前者の表現が用いられている。本書は、太政官布達・官報の紹介ではそのままエストコート・トローゼルスの補足が付くことがあった。上衣・下衣・袴については、それぞれコート・ウエストコート・トローゼルスの補足が付くことがあった。本書は、太政官布達・官報の紹介ではそのままの表現、つまり帽・上衣・下衣・袴の表現を用い、説明では帽子・上着・チョッキ・ズボンの表現を用いることにする。

さて、帽子・上着・チョッキ・ズボンの地質はいずれも羅紗（ラシャ）である。色については、帽子と上着の色は身分によらず黒であり、チョッキおよびズボンの色は官位により異なり、高い順に白、鼠、紺となっている。ここには黒ずんだ（ダーク）色ほど身分の格下を表わす基準が見られる。

ここで注目すべきことは、明治以前まで葬儀や喪に結び付いて陰気イメージのあった白が一転して高貴イメージや威厳イメージの色として扱われていることである。晴れの行事・儀式のときも白のチョッキ・ズボンを着ることになった勅任官は、この変わり様に戸惑いがあったのではないだろうか。

一覧表の後には、非役有位四位以上は勅任官に準じ、非役有位五位以下は奏任官に準ずるとの註が付いている。非役有位者は明治新政府にとってほとんど重きを成さない存在であったが、そうかと言って、大礼服を制定しないわけにはいかない。そこで、非役有位四位以上と非役有位五位以下の二つの位階区分に分け、これらの大礼服はそれぞれ勅任官と奏任官の大礼服を当てはめたということだろう。

燕尾服は一種のみ

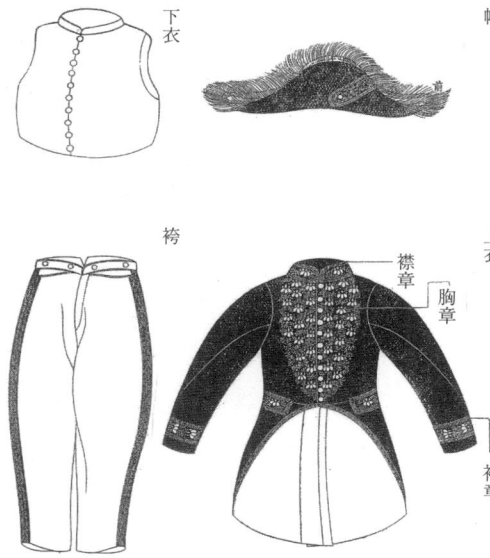

図2　文官大礼服

大礼服の形態は官位（および位階区分）によらず共通である。帽子・上着・ズボンに付ける飾り文様は官位および位階区分により異なり、これによって官位・位階区分の識別ができるようになっている。勅任官の大礼服の形態（官報に載ったもの）を図2に示す。これは、英国のコート・ドレス（宮廷服）を手本としたものという（太田臨一郎著『日本服制史』文化出版局、平成元年）。なお、ネクタイや手袋については何も記されていない。

書き出しの燕尾服部分「上下一般通常の礼服」の「上下一般」が示すように燕尾服は身分を問わず万人向けの礼服として制定されたものであり、一種しかない。地質と色は以下の通り。

形態（官報に載ったもの）は図3の通り。短胴服はチョッキのことであり、形態は大礼服のチョッキとは異なる。短胴服の呼称は後で上衣の呼称になった。国葬や大喪のとき、燕尾服は大礼服とともに会葬者の主な喪服となり、官報の喪服心得に載った。帽子はシルクハットである。

帽　　　黒
短胴服　黒羅紗
上衣　　黒羅紗
袴　　　黒羅紗

なお、明治六年二月十三日の太政官布達四十八号により、地質は羅紗以外のものでもよくなった。羅紗は太い糸（紡毛）を用いて織って起毛させた厚手の毛織物であるが、細い糸で織って起毛させない薄手の毛織物（現在の礼服に用いられている）でもよくなったわけである。

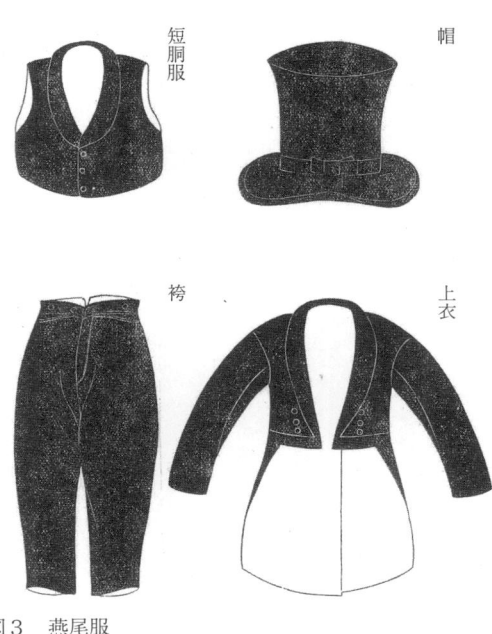

図3　燕尾服

大礼服と燕尾服を着用する節

大礼服と燕尾服を着用する節は、両礼服が制定された七日後の太政官布達で以下のように公布さ

① 大礼服を着用する節は新年朝拝、元始祭、新年宴会、伊勢両宮例祭、神武天皇即位式、神武天皇例祭、孝明天皇例祭、天長節、外国公使参朝。

② 燕尾服を着用する節は参賀、礼服御用召並びに任叙御礼。

①の節は大礼と位置づけされたものである。外国公使参朝を除く節は重要な宮中年中行事であり、朝儀と呼ばれた。

②の節は通常礼と位置づけされたものである。「礼服御用召並びに任叙御礼」は、宮府から礼服着用のうえでの出頭命令を受けて出席する官職任命式や叙位式である。

なお、明治以前の朝儀では衣冠が着用された。礼服の衣冠・直垂・狩衣・袴の中で最も格式の高いものだった。大礼服は衣冠に代わる存在のものだった。

旧来の礼服の取り扱い

文官（および位階を持つ人）の大礼服と燕尾服が制定されると、当然、明治維新前からある旧来礼服の取り扱いが問題となる。書き出しの「従前の衣冠を以て祭服と為し」にあるように旧来の礼服（衣冠・直垂・狩衣・袴）のうち最も格式の高い衣冠だけ残すこととし、神官（位階を持つ神官）の服および官幣社・国幣社・陵墓などの祭典のときに勅使官の祭服は現在でも残っているが、後者の祭服は残っていない。

この衣冠の冠・袍・単（ひとえ）・袴の地質と色は明治十七年五月の宮内省達乙四号に以下のように載っている。

27　第二章　明治五年、文官の大礼服と万人の燕尾服を制定

	親王	一等官 三位以上	二〜三等官 四位	奏任官 五位	六位以下有位
冠	有紋黒羅	同	同	同	無紋黒絵
袍（夏）	有紋黒穀	同	同	有紋緋穀	無紋緑穀
袍（冬）	有紋黒綾 裏同色絹	同	同	有紋緋綾 裏同色絹	無紋緑綾 裏蘇芳絹
単	有紋紅綾	同	同	同	紅平絹
袴（指貫）	有紋紫固織	同	紫平絹	白布	

なお、判任官は衣冠を着用せず、烏帽子狩衣を着用。判任官は衣冠を着用させる身分ではないとされたわけである。

この衣冠の制は、明治維新前からある旧来の衣冠の制（親王・有位者を対象）に、新対象者の高等官を組み入れ、一等官、二〜三等官、四〜九等官（奏任官）の衣冠をそれぞれ三位以上、四位、五位の衣冠と同じにしたものである。

身分の識別のために袍の色が使用されており、その色は身分の高い順に黒・緋・緑となっている。

奈良時代に入ってすぐの養老二年（七一八年）に律令制発足とともに編纂された養老律令の中の衣服令は、親王・有位者・無位者が朝廷に出仕する際に着用する服（朝服）の袍の色（衣服令では当色と称している）が定められたが、この当初の袍の色が上記の色へ変遷した様子は以下の通り。―印は無変更、↓は変更を示す。

| | 当初 | 中間 | 最終 |

親王　深紫→深紫→黒
一位　深紫→深紫→黒
二位　深紫→深紫→黒
三位　浅紫→深紫→黒
四位　深緋→深紫→黒
五位　浅緋→深緋→深緋
六位　深緑→深緑→緑（当初の深縹に相当する色）
七位　浅緑→深緑→緑
八位　深縹→深縹→緑
初位　浅縹→深縹　（初位は廃止）
無位　黄　→浅黄　（無位は廃止）

中間から最終への変遷は平安時代終わり頃に起こったものである。律令制発足当初の色は身分の高い順に紫・緋・緑・縹・黄で、同じ色でも深い（＝濃い）ものを上位、浅い（＝薄い）ものを下位としている。なお、縹は藍染めによるブルーで、深縹は後世に浅葱（あさぎ）と呼ばれるようになった色である。

親王以下四位の袍の色は最終的には黒に統一されたが、これによって黒は権威を象徴する色となり、存在感を示す色となった。なお、律令制発足当初の当色で最も高い身分を表わした紫は、奏任官以上（および五

第二章　明治五年、文官の大礼服と万人の燕尾服を制定

位以上）の袴の色として残っている。

律令制発足当初の当色は制定後間もなく僧侶にも適用され、また、江戸時代には相撲の行司にも適用された。僧侶の場合は当色の色の順位が必ずしも守られず、紫より赤が上という宗派も一部であるがある（例えば新義真言宗）。行司の場合は当初、軍配の房に使用されたが、明治末からは直垂の菊綴にも使用されるようになった。僧侶の場合は当初と違って、色の順位は基本的には守られている。こうして、律令制発足当初の当色は現在も身分識別色の標準として生きているのである。

神官の衣冠は二年置きに行なわれる日吉神社（ひえ）（東京赤坂）の神幸祭で見ることができる。写真1は緋の袍、紫の袴の衣冠姿の神官である。

この神幸祭はもともと、江戸時代、神輿・山車などを江戸城内に繰り出して将軍に見せた祭であり、現在の神幸祭はこれを復元したものだ。江戸城は皇居となったが、巡行のコースは同じである。

写真1　神官の衣冠姿

判任官の大礼服は調整猶予

明治六年二月十三日の太政官布達四十八号は判任官の大礼服について「判任官は大礼服調整致候迄燕尾服を以て換用不苦候事」として、誂えるまで燕尾服を以って換用してもよいとした。大礼服は高価であり、薄給

の判任官には経済的にとても誂えられないという事情があった。これとは対照的に、勅任官と奏任官の大礼服については「勅奏官は今年十月を限り大礼服調整致すべき事」と、換用服を認めず、期日を定めて早急に誂えるよう促した。

勅任官と奏任官に黒のチョッキ・ズボンの新調指示

明治十年九月十八日の太政官布達第六十五号は、勅任官と奏任官に対し羅紗地質で黒のチョッキ・ズボンを新調し、すでに持っている白のチョッキ・ズボン（勅任官の場合）と鼠のチョッキ・ズボン（奏任官の場合）は朝儀のときに着用し、朝儀以外のときはこの新調のものを着用するようにとの指示を出した。判任官に対しては新調指示が出なかった。

黒のチョッキ・ズボンの大礼服は副大礼服の位置付けのものと言える。

副大礼服を作った目的は正大礼服が持つ威厳の維持であろう。もし、正大礼服が朝儀以外のいろいろな公式行事・儀式（代表的な例として葬儀）で着用されるようになると、威厳が損なわれることは明らかだ。勅任官・奏任官・判任官の正大礼服のチョッキ・ズボンの色はそれぞれ白・鼠・紺であるが、紺（一番下位の色）よりさらにダークな黒を、副大礼服のチョッキ・ズボンの色としたということであろう。

上記布達により、朝儀以外の公式行事・儀式では、次のような着用となった。

勅任官と奏任官　黒のチョッキ・ズボンの副大礼服を着用する。

判任官　燕尾服を着用する。

第二章 明治五年、文官の大礼服と万人の燕尾服を制定

正大礼服を着用するときは特達(特別な達し)が出された。

副大礼服はすぐに、黒喪章を付けて政府要人の葬儀に打ってつけられるようになった。黒ずくめの副大礼服は、西洋の喪のシンボル色・黒が導入されるなか、葬儀に打ってつけのものであった。

上記布達には追加の指示があった。それは「官吏(=文官)通常礼服着用の場合は黒若しくは紺色の常服(英語フロックコート)を以て換用するを得べし。但、判任官以下は各庁長官の見込により羽織袴を以て代用為致不苦候事」である。文官全員のこととして、燕尾服の代わりに黒または紺色のフロックコートを用いることができるとしている。そして、判任官以下に限っては羽織袴を用いてもよいとしている。

文官はフロックコートをすでに持っていた。羽織袴は成人男子のほとんどが礼服として持っていた。燕尾服を持っていない文官が多くいた状況からこのような指示を出す必要があった。フロックコートは後の官報で通常服と呼ばれるようになった。

三、皇族と有爵者の大礼服も制定

明治六年、皇族の大礼服制定

文官（および非役有位者）の大礼服の制定から七カ月遅れの明治六年二月に皇族の大礼服が制定された。「大礼服を着用する節」には皇族も参加するから、遅かれ早かれ制定する必要があった。地質・色は以下の通り。

　帽　　黒羅紗
　上衣　黒羅紗
　下衣　白羅紗
　袴　　白羅紗

色は勅任官（および非役有位四位以上）の正大礼服とまったく同じである。形態も勅任官を始めとする文官の大礼服と同じである。飾り文様は当然、文官の大礼服のそれとは異なる。注目すべきことは、チョッキとズボンが白の一種類しかないことである。

なお、天皇の大礼服は色と形態の点は皇族の大礼服と同じであるが、飾り文様は異なり、豪華なものとなる。

皇族の大礼服制定の後、武官の大礼服も制定されたが、武官が葬儀で着用するのは普通、正装であり、大

明治十七年、有爵者の大礼服制定

明治十七年七月に華族令ができる以前の華族は、旧幕時代の公卿と大名で構成された。華族令での華族(新華族)はこの人達と明治維新の功労者とで構成され、(上から順に)公爵・侯爵・伯爵・子爵・男爵などの爵位が与えられた。爵位は名誉称号であり、第一の肩書とする傾向があった。華族令の制定を受けて、明治十七年十月に有爵者の大礼服が制定された。

地質・色は以下の通り。

帽　　黒の天鵞絨(ビロード)
上衣　黒羅紗
下衣　白羅紗と黒羅紗
袴　　白羅紗と黒羅紗

帽子の地質を除けば勅任官の大礼服(正・副)と同じである。そして、白羅紗のチョッキ・ズボンは朝儀のときに着用し、それ以外のときは黒羅紗のチョッキ・ズボンを着用すべきとしている。この指示は勅任官と奏任官の大礼服についての指示と同じである。

形態は、肩章（図4参照）が付く点を除いては文官や皇族の大礼服と同じである。爵位は上着の襟と袖の飾り文様の色で識別できるようになっている。肩章は爵位という大きな名誉の象徴として付けたものであろう。この色は以下の通り。

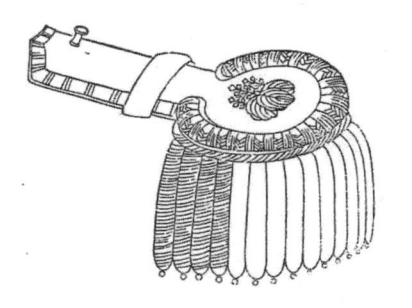

公爵　紫
侯爵　緋
伯爵　桃色
子爵　浅葱
男爵　萌黄

図4　有爵者大礼服の肩章

ここには、律令制発足当初の当色（前述したように上から順に紫・緋・緑・縹・黄で、黄以外は濃淡あり）が応用されている。（当色の）濃い紫・緋はそれぞれ公爵・侯爵を表わす色とし、薄い緋（桃色）は伯爵を表わす色としている。緑は用いていない。濃い縹（浅葱）は子爵を表わす色としている。黄（萌黄）は男爵を表わす色としている。千年以上も前の当色は、近代においても身分を識別する色として重宝だったのである。

なお、文官や非役有位の有爵者が大礼服を着る場合は当然、有爵者大礼服を着たことであろう。

大礼服がすべて出揃う

有爵者の大礼服が制定されて、すべての身分の大礼服が出揃った。紹介しなかった武官の大礼服を除くべての大礼服を朝儀のときに着用するものと、朝儀以外のときに着用するものとに大別し、特に色に着目して整理してみたい。

まず、朝儀のときに着用する大礼服は以下の通り。

	皇族	有爵者	勅任官および非役有位四位以上	奏任官および非役有位五位以下	判任官
帽子	黒	黒	黒	黒	黒
上着	黒	黒	黒	黒	黒
チョッキ	白	白	白	黒	黒
ズボン	白	白	白	鼠	紺

次に朝儀以外のときに着用する大礼服は以下の通り。なお、判任官は燕尾服を着用。

チョッキ・ズボンの色には、白を上位の身分を表わす色とし、ダークな色を下位の身分を表わす色とする基準が見られる。

	皇族	有爵者	勅任官および非役有位四位以上	奏任官および非役有位五位以下
帽子	黒	黒	黒	黒
上着	黒	黒	黒	黒
チョッキ	白	黒	黒	黒
ズボン	白	黒	黒	黒

皇族の大礼服は他の身分の大礼服と違って一種類しかなく、他の身分が黒のチョッキ・ズボンを着用するのに対し、皇族は白のチョッキ・ズボンを着用する。なお、上着・チョッキ・ズボンの地質はどの大礼服でも羅紗である。

四、判任官の大礼服の廃止

判任官は薄給で大礼服を誂える余裕がなかった

判任官がいかに薄給であったかを、勅任官・奏任官・判任官から成る判事の給料の比較で見てみたい。明治十年頃の月俸（月給）のデータは、明治十年十月の太政官第七十一号によれば次の通り。単位は円。

勅任官（検事長）　三五〇
奏任官（検事）八等級　二〇〇、一七五、一五〇、一二五、一〇〇、八〇、六〇、五〇
判任官（検事補）六等級　四五、四〇、三五、三〇、二五、二〇

この金額を現在の金額に換算するには一万倍すればよく、最低給の判任官では二十万円となる。判任官のうちでも下級の者は燕尾服を誂えるのが精一杯で、大礼服を誂える余裕などなかった。

判任官以外は全部大礼服を持っていたかと言うとそうではなかった。明治三十年の英照皇太后大喪のとき、京都の華族のほとんどは大礼服を持っていなかったために、霊柩奉葬に加わることができなかったというエピソードが日本新聞明治三十年二月四日付に載っている。

在京都華族は大礼服を有するもの少なく、今回御霊柩奉葬に付いては大礼服のなきは許されざることなりしに依り、俄かに昨日、右所有の有無を取調べにし五十六名の内、有するものはわずかに十六名のみなれば、其他のものは今日となりては如何ともする能はず、非常に落胆し居ると云へり。

大礼服を持っていなかった人は非役で大礼服を着る機会がなく、ついつい誂えなかった人と思われる。経済的理由で持てなかったということではないだろう。

文官の大礼服改定

勅任官・奏任官の大礼服の形態を大幅に変更することを柱とする文官大礼服改定が明治十九年十二月に発布された。これは暗黙のうちに判任官の大礼服の廃止を意味した。判任官はこれまで事実上、大礼服を持たなくてもよかったが、この発布で正式に持たなくてよくなった。

主な形態変更は襟の形状の変更であり、図5のように前方を開き、襟元が見えるものとなった。なお、この図は輪郭を描いたものであることに注意する必要がある。全体は白地になっているように見えるが、実際は黒地である。

改定文官大礼服は、襟元を見るだけで皇族大礼服や有爵者大礼服との見分けが付くようになった。図には蝶ネクタイが見えるが、暗黙のうちにこのタイプのネクタイを付けることを示している。輪郭図なので色は白とは限らない。

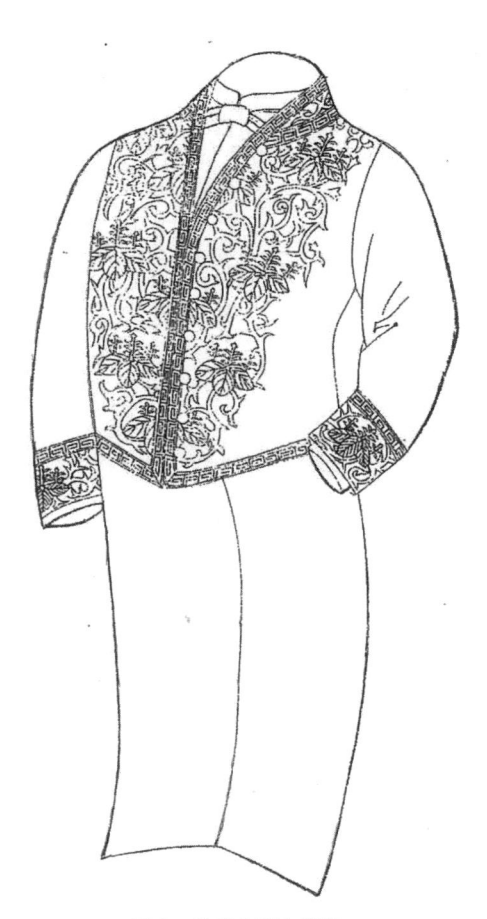

図5　改定文官大礼服

五、婦人礼服の制定

和装礼服

明治十八年から有爵者の夫人も新年朝拝に参加することになったのを受けて、前年の九月に和装礼服として礼服と通常礼服が以下のように制定された。礼服は以下の通り。

- 袿　冬地は唐織、色目・地紋勝手
　　　夏地は紗二重織、色目・地紋勝手
- 単　地は固地綾織、色目勝手・地紋千剣菱（袿の下に着用）
- 袴　地は精好、色緋
- 服　冬地は練絹
　　　夏地は晒布
- 髪　垂髪、仕様勝手
- 扇　桧扇
- 履　袴と同色の絹を用いゆ

通常礼服は以下の通り。

- 袿　冬地は繻珍・緞子・其他織物、色目・地紋勝手
　　夏地は紗、色目・地紋勝手
- 袴　地は勝手、色は緋
- 服　冬地は羽二重
　　夏地は晒布
- 髪　垂髪、仕様勝手
- 扇　勝手
- 履　勝手

礼服と通常礼服の袴の色は緋色一色しかないことに注目する必要がある。

「色目・地紋勝手」の「勝手」は何でもよいというわけではなく、用いてはならないものが指定された。一方、使用禁止された地紋は雲鶴などの五つの地紋で旧公家で使用されていたものである。なお、鈍色の「鈍」の読みはニブまたはニビである。

使用禁止された色目は黒色・鈍色・柑子色（こうじ）・萱草色（かんぞう）・橡色（つるばみ）の五色である。

これらの色は実は平安時代以来、男女を問わず皇室の喪のシンボル色となっていたものである。このため用いてはならないとしたのである。

黒色は墨染のことで、墨汁で染めたブラックである。鈍色は薄い墨染で、グレイである。柑子色は蜜柑色で、

オレンジと言ってよいものであり、萱草色は蜜柑色のやや褪せた色である。橡色はクヌギの実（橡）を染料とするやや茶色掛かったブラックで、厳密な色名は黒橡色である。鈍色は喪のグレイを表わす言葉として誕生したものであり、後に広くグレイを表わす言葉として鼠色が誕生すると、これが鈍色に代わって用いられることがあった。しかし、国葬や大喪に当たって政府が指定する喪服についてはこのようなことはなかった。喪のシンボル色はこんなにも多くあるのである。特に注目に値するのは黒があることである。喪のシンボル色・黒は西洋ばかりでなく日本にもあったのである。

上記の五色は英照皇太后大喪のとき、婦人の喪服や天皇の喪服に次のように用いられた。

天皇の喪服　黒染、柑子色

婦人の喪服　鈍色、柑子色、萱草色、橡色

喪服のどの部分に用いるのか、どのように使い分けるのか、などについては第五章（婦人の喪服の場合）と第六章（天皇の喪服の場合）で述べることにする。

洋装礼服

明治十九年六月に婦人の洋装礼服が以下のように定められた。

① 大礼服　マント・ド・クール、新年式に用ゆ

第二章　明治五年、文官の大礼服と万人の燕尾服を制定

② 中礼服　ローブ・デコルテー、夜会晩餐会等に用ゆ
③ 小礼服　ローブ・ミーデコルテー、夜会晩餐会等に用ゆ
④ 通常礼服　ローブ・モンタント、宮中御陪食等に用ゆ

　皇后が洋服を着用することになったことが制定の理由して挙げられているが、この理由は表向きのものに過ぎず、他に本当の理由として次のものがあった。政府は、日本が文明国であることを示して不平等条約を撤廃させる一環として鹿鳴館での舞踏会を催したが、ここで夫人が着たのは上記のような洋服であった。したがって政府は、この洋服を正式の礼服として位置付けせざるを得なくなった。
　なお、礼を重い順に大礼・中礼・小礼・通常礼に分けている。

第三章　明治十一年の故大久保利通葬儀は国葬並に盛大

――会葬者は大礼服に黒ネクタイと黒手袋

一、早くも黒喪服が用いられる

国葬の制ができる以前で最大の葬儀

大久保利通は薩摩藩士として版籍奉還や廃藩置県を敢行し、明治新政府の中心人物として活躍したが、明治十一年五月に暴徒によって暗殺された。故大久保利通の葬儀は皇族・大臣・参議・勅任官・奏任官・華族など、すべての上流階級が会葬し、明治になってからは最初の大きな葬儀であった。故大久保利通の葬儀は国葬並に盛大なものであった。この次の大きな葬儀は故岩倉具視葬儀であり、これは最初の国葬となった。

大礼服に黒ネクタイと黒手袋

故大久保利通葬儀の模様を報じた記事として、「官員（＝文官）で送る方は大礼服着用（黒の襟紐と黒の手袋）」（読売新聞 明治十一年五月十七日付）と、「皇族大臣参議の方々、その他勅奏官華族の人々は大礼服」（東京日日新聞 明治十一年五月十八日付）がある。

二つの記事から、会葬した上流階級はすべて大礼服を着用したことがわかり、また、その大半を占める勅任官・奏任官などは、喪章として黒のネクタイと手袋を付けたことがわかる。この喪服は西洋見聞の情報に基づいたものであろう。現在の男性洋喪服に見る黒ネクタイはこんなに早く登場しているのである。

この半年前、勅任官と奏任官は朝儀以外で着用する大礼服用として、黒のチョッキ・ズボンを新調するよ

第三章　明治十一年の故大久保利通葬儀は国葬並に盛大

う命じられていたから、上記葬儀での大礼服はこのチョッキ・ズボンのものだった。

喪のシンボル色・黒が上流階級に浸透し始める

喪章として付けた黒のネクタイ・手袋により、会葬した上流階級は黒が喪のシンボル色になったことを身をもって認識することになった。新聞記者も葬儀の取材を通じて認識することになった。上記の新聞記事を読んだ人や、葬場から墓所まで棺を運ぶ葬列を見物した人には、同じ認識をする機会があった。しかし、機会はあっても実際に認識した人はほとんどいなかっただろう。喪のシンボル色・黒は上流階級（および新聞界）には確実に浸透し始めた。

二、参考として明治十年の故木戸孝允葬儀

文官の会葬のない簡素なもの

明治十年五月、明治維新の功臣・木戸孝允は天皇のお供として京都に来たときに発病し、すぐに入院した。天皇は病床を訪問して、お見舞をし、皇后と皇太后は訪問せずにお見舞の品を贈った。これほどに重用された木戸も、治療の甲斐なく間もなく死亡した。

当地で営まれた葬儀は、本来なら大きな葬儀になるところであったが、故大久保利通葬儀のときのような大勢の上流階級の会葬がない、こじんまりしたものになった。これは木戸の遺言で葬儀が仏式で営まれたことと大いに関係していると思われる。

明治新政府は従来一般に行なわれていた仏式の葬儀を廃止し、神式の葬儀に切り替える方針を打ち出した。したがって、上流階級が神式の葬儀を営むのは半ば義務となった。故木戸孝允の葬儀は政府方針に背く仏式であったために、上流階級で会葬したのは皇后の御名代の岩倉具視ぐらいだった。そのため、故大久保利通葬儀のときのような文官の会葬がなく、大礼服による黒喪服は見られなかった。これから、黒喪服が登場したのは故大久保利通葬儀のときからということができよう。

木戸が仏式の葬儀をするよう遺言した裏には、葬儀を神式にして大勢の上流階級（ほとんどは東京在住）にわざわざ会葬に来てもらうのは忍びないという思いがあったかもしれない。

仏式葬儀と神式葬儀の大きな相違点は、仏式では遺体を火葬するのに対し、神式では遺体を焼かずに埋葬

することである。また、葬儀を執り行なうのは、仏式では僧侶、神式では斎官（神官）という違いもある。

一八四〇年に光格天皇が崩御したとき、それまで慣例だった仏式葬儀を止めて神式葬儀にした。以来、皇室の葬儀は神式となった。皇室では明治維新の少し前すでに慣例だった仏式葬儀に切り替えていたのである。この状況に加えて、廃仏棄釈（仏法を廃し、釈迦の教えを棄てる）運動が起こったことが、明治新政府の神式葬儀推進に繋がったと言えよう。

皇室で仏式の葬儀が行なわれるようになったのは、奈良時代において天皇が仏法に帰依してからである。それとともに一般人の葬儀も仏式になった。

光格天皇が崩御したときに神式葬儀になった経緯については、次のようなエピソードが残っている。御所に出入りする魚屋・八兵衛は光格天皇が崩御したとき、天皇は神道と儒教をもっぱら究められていたのに、関心外であった仏教に従って遺体を火葬にするのは忍び難いと考えた。そして、関係する僧侶達にこの思いを告げた。八兵衛の考えを伝え聞いた朝廷はこの考えに賛同し、神式にすることにした。皇室の神式葬儀は現在まで続いている。

明治時代の国葬・大喪は当然、神式のものだった。

第四章　明治十六年から二十九年までに五回の国葬

——上流階級のみが関わり、政府は喪服を模索

一、明治時代の国葬と大喪

八回の国葬と一回の大喪

明治三十年一月に英照皇太后が死亡し、翌二月に大喪が行なわれたが、この大喪が明治時代の唯一の大喪であった。大喪となるのは天皇、太皇太后、皇太后、皇后が死亡したときである。

この大喪以前に五回の国葬があった。会葬する人は上流階級に限られた。毎回、会葬者が着用すべき喪服について官報が出た。つまり、政府が会葬者の喪服を指定した。指定の喪服は毎回のように変わり、大礼服・燕尾服による喪服では喪章が変わったり、通常服（フロックコート）による喪服が単発的に認められたり、婦人の和洋喪服が認められるようになったりした。これは、政府が新時代に相応しい喪服を模索し続けたことの表われである。

英照皇太后大喪での喪服は、模索により整った上流階級の喪服に、庶民の喪服を付け加えたものであり、現在の喪服の原型をすべて含んでいる。この点から現在の喪服は英照皇太后大喪で確立されたと言えるのである。英照皇太后大喪以前の五回の国葬はこの点で大きな意味があった。

五回の国葬を列挙すると以下の通り。

一回目　明治十六年七月　　故岩倉具視国葬

二回目　明治二十四年二月　故三条実美国葬

三回目　明治二十八年一月　故有栖川宮熾仁親王国葬

第四章　明治十六年から二十九年までに五回の国葬

五人の生前の肩書は以下の通り。

四回目　明治二十八年十一月　　故北白川宮能久親王国葬

五回目　明治二十九年十二月　　故毛利元徳国葬

岩倉具視　　　右大臣

三条実美　　　内大臣正一位大勲位公爵

有栖川宮熾仁親王　参謀総長兼神宮祭主陸軍大将大勲位功二級

北白川宮能久親王　近衛師団長陸軍大将大勲位功三級

毛利元徳　　　従一位公爵

なお、英照皇太后大喪以降、明治末までに次に示す三回の国葬があった。

六回目　明治三十一年一月　　故島津忠義国葬

七回目　明治三十六年二月　　故小松宮彰仁親王国葬

八回目　明治四十二年十一月　故伊藤博文国葬

そして、明治四十五年七月に明治天皇が崩御し、大正元年九月に大喪が行なわれた。国葬となるのは天皇の片腕的存在として明治新政府を支えた人が死亡したときであった。天皇が裁可する形の国葬は八回目国葬が最後であった。

天皇と皇族が死亡したときは宮中喪となり、大喪のときはさらに臣民喪となった。臣民喪のことを新聞の多くは国中喪と称したことにより、国中喪が通称となった。本書では通称の方を用いることにする。

明治天皇大喪以降、戦前まであった大喪は順に昭憲皇太后大喪、大正天皇大喪であった。

天皇、太皇太后、皇太后、皇后の「死亡」の正式表現は崩御であり、英照皇太后が死亡したとき、官報や

新聞はこの表現を用いた。親王と三位以上の「死亡」の正式表現は「薨去(こうきょ)」であり、官報や新聞はこの表現を用いた。本書もこれらの表現を用いることにする。なお戦後は、崩御や薨去の表現は用いられなくなり、代わって逝去の表現が用いられるようになった。ただし、例外が一つあり、天皇が死亡した場合の崩御は現在も用いられている。

二、明治十六年の故岩倉具視国葬（一回目国葬）

事実上の国葬

国葬の制は岩倉具視が薨去した時点（明治十六年七月）ではまだできていなかった。明治天皇は薨去した岩倉具視のために葬儀御用係を設けて、皇族・政府要人・文官らを会葬者とする盛大な葬儀を挙行させた。この葬儀は国葬と呼ぶに相応しいものであり、この旨の公式発表はついに出されなかったが、事実上の国葬であった。この葬儀を期に国葬の制が作られた。

二回目国葬から「朕、〇〇国葬の件を裁可す」（〇〇は名前）の形で国葬である旨の公式発表が出された。国葬は明治天皇によって創設されたものであった。

会葬者喪服心得

故岩倉具視国葬に関して出された明治十六年七月二十四日付官報の中に「会葬人心得書」という標題のものがある。これは会葬する人が着用すべき喪服について箇条書きしたものである。「会葬人心得書」の目的について、読売新聞明治十六年七月二十四日付は「会葬する者の区々にならぬよう」と記している。これがないと会葬者は自分勝手のまちまちの服装をしてしまうというわけである。標題はよく変わり、第二回目国葬では「会葬者心得」、第以降の国葬でも喪服心得が官報で公布された。

三回目国葬と第四回目国葬では「奉送諸人心得」、第五回目国葬では「会葬者心得」であった。第二回目国葬での「会葬人心得」は、「会葬人心得書」と同じく会葬者の喪服を指定したものであるが、第三回目国葬と第四回目国葬での「奉送諸人心得」は、会葬者の喪服のほかに護衛警官の喪服を指定したものである。

葬儀の後、会葬者による葬送（亡骸を葬儀場から墓所に運ぶ）が行なわれるが、この行列の先頭と後尾には護衛の警官が配置される。「奉送諸人心得」は、この護衛警官の喪服をも指定したもので、「会葬人心得書」に護衛警官喪服心得と呼べるものを付け足した形のものである。第五回目国葬での「会葬者心得」は会葬者の喪服心得だけではなく護衛警官喪服心得を含んだものである。

いろいろな標題がある第一回〜第五回国葬での喪服心得を、統一した呼称の会葬者喪服心得で呼ぶことにする。第五回目国葬での「会葬者心得」と同じく、護衛警官喪服心得を含んだ広義のものとする。

五回の国葬において会葬者喪服心得が出たタイミングと国葬が行なわれたタイミングは次の通り。

　　会葬者喪服心得　　　　　国葬

一回目国葬　　薨去から三日後　　薨去から五日後
二回目国葬　　　三日後　　　　　七日後
三回目国葬　　　三日後　　　　　五日後
四回目国葬　　　四日後　　　　　六日後
五回目国葬　　　五日後　　　　　七日後

さて、故岩倉具視国葬での会葬者喪服心得は以下の通り。

国葬は薨去から五〜七日後に行なわれ、会葬者喪服心得はその二日前か前日に出された。会葬者は、よく変わる心得を注意深く見る必要があった。

① 奏任官以上大礼服着用之事
　但し、黒紗或は之に類似の裂れ地を以て帽の飾章を覆い佩刀の柄を巻き、左腕（凡そ曲尺幅二寸）を巻き、襟飾手袋は必ず黒色を用うべし。

② 大礼服所持せざる輩は通常礼服換用し苦からず
　但し、黒紗或は之に類似の裂れ地を以て帽帯及び左腕（同上）を巻く。襟飾手袋上に同じ。

主な会葬者である勅任官・奏任官に対して出された喪服心得である。大礼服は当然、黒のチョッキ・ズボンの副大礼服である。

大礼服を誂えていない人が多くいたと見えて、大礼服の代わりに通常礼服つまり燕尾服も認められている。喪章として新しく要求されているものとして、左腕に巻く黒布（大礼服と燕尾服）と帽子に巻く黒布（燕尾服）がある。なお、襟飾はネクタイのことで明治時代はこう呼ばれていた。上記の心得では手袋の呼称が使われているが、手袋という呼称の方が一般的だった。

「襟飾と手袋は必ず黒色を用うべし」の「必ず」は、政府要人の葬儀において黒でないネクタイと手袋を

慣例に反して用いる傾向が出てきたことを物語っている。

読売新聞明治十六年七月二十四日付の記事「今時は（中略）黒色でないズボン襟飾り等を用ふる者もあるが、此たびは殊に重き葬儀なれば会葬人はよく〴〵注意ありたき事なり」は、ネクタイや手袋ばかりでなく、ズボンも黒でないものを用いる傾向が出てきたことを示している。朝儀以外のとき、大礼服のズボン（チョッキも）は黒のものを着用することになったのに、これを忘れて朝儀のときの白（勅任官）や鼠（奏任官）のズボンを着用する人が現われたということだろう。

なお、大礼服において帽子の飾章を覆う黒布や佩刀の柄を巻く黒布は、（葬儀にはそぐわない）きらびやかなものを隠すためのものであり、黒であっても喪章の意味合いのものではない。

三、明治二十四年の故三条実美国葬（二回目国葬）

正式の国葬となる

かつて太政大臣をしたことがある三条実美が薨去したことを受け、（内閣総理大臣が奏上した）国葬の件を天皇が裁可したという官報が出た。内容は以下の通り。

朕茲に故内大臣正一位大勲位公爵三条実美国葬の件を裁可す

御名　御璽

明治二十四年二月十九日

内閣総理大臣　伯爵山縣有朋

内閣総理大臣が天皇から受け取った原本では、御名＝睦（天皇の名前）の署名であり、御璽＝「天皇御璽」の押印である。二回目以降も同じ形式の官報が出た。

古代からの大喪において天皇が臣下に着用させ、大喪の象徴的存在であった素服を、この国葬から喪主に着用させた。これは単なる国葬ではなく、準大喪の位置付けの国葬であることを示すものであった。素服については第七章で詳しく述べる。

会葬者喪服心得

会葬者喪服心得は以下の通り。

①文官及び有爵者は大礼服、警官は正装
但し、黒紗を以て左腕に纏い、帽の飾章を覆い、劔の柄を巻く。

②陸軍将校は正装。海軍将校は大礼服。
手套黒色。
但し、黒紗を以て左腕に纏う。

③通常礼服（燕尾）
但し、黒紗を以て帽に纏う。手套黒色。

④通常服（フロックコート）上下黒羅紗
但し、帽黒色、黒紗を纏う。手套黒色。

注目すべき変更点として、
・葬儀に出ることになった陸海軍将校の喪服が含まれている。
・大礼服および燕尾服で黒ネクタイが不要となる。
・通常服（フロックコート）が認められる（④）。

通常服（フロックコート）が官報に始めて登場した。通常服は明治十年前後から急速に普及し、官吏（国

第四章 明治十六年から二十九年までに五回の国葬

会議員や一般公務員）の事実上の制服となり、教官・学生や商人の間にも着用が広まった。現在の背広のような存在であったわけである。普通、上着・チョッキは無地の黒で、ズボンは縞模様の黒っぽいものである。

この官報では通常服（フロックコート）と、カッコでフロックコートである旨の補足が入っているが、以降の官報の紹介ではこの補足を入れることはなかった。通常服＝フロックコートの認識が浸透したためであろう。官報の紹介以外ではフロックコートを用いることにする。

形態は図6（小学館発行の一九八八年版『日本大百科全書』より）に示すように、ダブルである点は燕尾服と同じであるが、丈が前、後ろとも膝までである点が燕尾服と異なる。

フロックコートが国葬・大喪での会葬者喪服として認められたのは、明治時代では今回が最初にして最後であった。

図6　フロックコート

四、明治二十八年の故有栖川宮熾仁親王国葬（三回目国葬）

宮中喪期間、参内者に喪服を着用させる勅令

有栖川宮熾仁親王が薨去した当日、宮中喪期間に参内する人の喪服について官報が出た。書き出しは以下の通り。

熾仁親王皇殿下薨去に付き宮中喪五日間、高等官有爵有位有勲者参内の節、左の通り喪服着用致す可き旨仰出さる

「仰出さる」は「天皇が命令した」と同意である。宮中喪期間に参内する者は、天皇の命令により所定の喪服を着用することになったのである。

「左の通り喪服着用」の喪服は、宮中喪期間参内者喪服心得と呼べるものである。皇族の国葬のときは、薨去した当日に上記のような書き出しと宮中喪期間参内者喪服心得から成る官報を出すのが恒例となった。

宮中喪期間参内者喪服心得は以下の通りである。

① 男子

第四章　明治十六年から二十九年までに五回の国葬

この心得は略装喪服から成るが、どのように略装化されているかの分析は、会葬者喪服心得を挙げた後に行なう。

会葬者喪服心得

① 文官及び有爵者は大礼服、警察官は正装。

会葬者喪服心得は以下の通り。

・大礼服
・黒紗を左腕に纏う。
・襟飾白色。手套鼠又は白色。

通常礼服
・襟飾白色。手套鼠又は白色。

通常服（上下黒）
・黒紗を以て帽に纏う。
・襟飾黒色。手套黒又は鼠色。

② 婦人
・服地黒色。
・手套黒又は鼠色。

- 黒紗を左腕に纏う。
- 黒紗を以て帽の飾章を覆う。
- 黒紗を以て剣の柄を巻く。
- 襟飾手套白。

②陸軍将校は正装。海軍将校は大礼服。
- 黒紗を左腕に纏う。

③通常礼服（燕尾）
- 黒羅紗を以て帽を纏う。
- 襟飾手套白。

④婦人服
- 服地無紋黒色。
- 帽子及び飾黒色。
- 手套扇子黒色。
- 諸飾品黒色。

注目すべき変更点として、大礼服・警察官正装でネクタイおよび手套が白となる（①）。燕尾服でネクタイおよび手袋が白となる（③）。婦人洋喪服が認められる（④）。

略装喪服化の分析

まず、フロックコートは会葬者喪服心得では認められないが、宮中喪期間参内者喪服心得は必ずしも礼服(大礼服や燕尾服)を着用しなくてもよいとしている。両心得に共通の服(大礼服・燕尾服・婦人服)において略装喪服化の分析をしたのが表2である。

フロックコート喪服について

フロックコートは葬儀という厳粛な儀式で着用するには格調不足で不適当という思想が出てきて、三回目国葬から明治末までの国葬・大喪において会葬者喪服としてはまったく認められなくなった。その一方、宮中喪期間に着る喪服としてはまったく問題ないとされたのである。

英照皇太后大喪からしばらく経つと、フロックコートによる喪服は庶民の葬儀における男子の喪服となった。この辺の事情は第五章で述べる。

なお、フロックコートは明治四十四年制定の皇室喪服規程では会葬者喪服として認められるようになった。

なお、同規程は明治天皇大喪から適用された。

婦人洋喪服が認められたのは、婦人も会葬に出るようになったことを受けたものである。この喪服は服・帽子・手袋はもとより、扇子・装飾品もすべて黒という黒づくめのものであるが、四回目・五回目国葬でも認められ、そして英照皇太后大喪でも認められて標準喪服となった。

鼠色の手袋について

宮中喪期間参内者喪服心得の男子の大礼服・燕尾服・フロックコートにおいて、鼠色の手袋は選択肢として次のように認められている。

・（大礼服）　手套鼠又は白色
・（燕尾服）　手套鼠又は白色
・（フロックコート）　手套黒又は鼠色

この鼠色の意味について考えてみたい。

天皇ご臨席のもとで開催された学習院開業式・地方官会議・上野不忍共同競馬会社開業式（いずれも明治十年代）の錦絵には大礼服を着て鼠色の手袋をしている天皇や政府首脳が描かれている。学習院開業式では三条太政大臣であり、地方官会議では天皇・政府首脳、上野不忍共同競馬会社開業式では天皇である。錦絵の作者は想像をかなり入れて描いており、鼠色の手袋の着用状況は事実と断定できない面があるが、上記の状況は通例としてあったと見てよい。

鼠色の手袋は明治十年代においては、晴れの行事・儀式において用いる最も格式の高い手袋であったことがわかる。明治二十年代になると白の手袋が鼠色の手袋に取って代わってこの位置付けの手袋になり、鼠色の手袋は普通の格式の手袋になった。鼠色は当然、喪のシンボル色であったことを述べたが、鼠色は喪のシンボル色の一つではなかった。

第一章で江戸時代に鼠色喪服があり、明治時代になると、これはあくまでも和服での話であり、洋服での話は別という思想が生まれた。

67　第四章　明治十六年から二十九年までに五回の国葬

表2　二つの喪服心得比較

喪服		会葬者喪服心得	宮中参内者喪服心得と略装喪服化点（下欄）
大礼服	黒腕章	必要	
	ネクタイ=白	白	
	手袋=白	白または鼠	
	帽子の飾章を黒布で覆う	覆う必要なし	黒布で帽子の飾章を覆ったり、剣の柄を巻く必要はない。
	黒布で剣の柄を巻く	巻く必要なし	
燕尾服	ネクタイ=白	白	
	手袋=白	白または鼠	
	帽子を黒布で巻く	巻く必要なし	黒布で帽子を巻く必要はない。
婦人服	服地=黒、無紋	黒、紋があってもよい	黒い服で、手袋を黒または鼠にすればよい。
	手袋=黒	黒または鼠	
	帽子とその飾=黒	黒である必要なし	
	扇子=黒	黒である必要なし	
	諸飾品=黒	黒である必要なし	

五、明治二十八年の故北白川宮能久親王国葬（四回目国葬）

北白川宮能久親王が薨去した当日、有栖川宮熾仁親王が薨去したとき（三回目国葬）と同じ書き出しで始まる官報が出た。そして、これに続く宮中喪期間参内者喪服心得は三回目国葬の宮中喪期間参内者喪服心得とまったく同じものであった。

宮中喪期間参内者喪服心得

会葬者喪服心得

三回目国葬の会葬者喪服心得とまったく同じものであった。

六、明治二十九年の故毛利元徳国葬（五回目国葬）

会葬者喪服心得

詳細は以下の通り。

① 文官及び有爵者有位者大礼服。警察官正装。
 ・黒紗を左腕に纏う。
 ・黒紗を以て帽の飾章を覆う。
 ・黒紗を以て剱の柄を巻く。
 ・襟飾及び手套白。

② 陸軍将校正装。海軍将校正装。
 ・黒紗を左腕に纏う。

③ 通常礼服（燕尾）
 ・黒羅紗を以て帽を纏う。
 ・襟飾手套白。

④ 婦人服（洋服）
 ・服地無紋黒色。
 ・帽子及び飾黒色。

- 手套扇子黒色。
- 諸飾品黒色。
⑤婦人服（和服）
- 袿白。
- 袴緋。

注目すべき変更点として、婦人和装喪服が認められる（⑤）。

①〜④は前々回国葬および前回国葬の会葬者喪服心得と同じものである。

第二章で述べたように婦人和装礼服（礼服と通常礼服）の袴の色は緋色の一通りで、袿の色は黒色・鈍色・柑子色・萱草色・橡色を除いて自由である。会葬者喪服心得の婦人服（和服）の色はこれに準拠する必要がある。よって、袴の色は当然、緋色となる。袿の色は各種選択の余地があるが、結局、白とした。この白は、葬儀に着る白無垢の白を倣ったものと見ることもできるし、また、神道のシンボル色・白を倣ったものと見ることもできる。

この婦人和服は英照皇太后大喪では認められなかったが、明治四十二年の伊藤博文国葬では認められた。袴の赤（緋色）は、現代の感覚からすれば目出度い色、祝賀の色であり、葬儀に相応しくないものと感じるが、当時はこの感覚はなかった。この感覚がようやく出始めたのは明治後期からである。この経緯は「こぼれ話」のところで述べる。

七、一～五回目国葬での喪服の移り変わり

会葬者喪服心得の対象となった喪服

対象となった喪服の移り変わりをまとめると下表の通り。※印が対象。

	大礼服	燕尾服	警官将校正装	フロックコート	婦人洋服	婦人和服
一回目国葬	※	※				
二回目国葬	※	※	※			
三回目国葬	※	※	※	※		
四回目国葬	※	※	※	※	※	
五回目国葬	※	※	※	※	※	※

五度の国葬を通じ、喪服の対象とすべきものがすべて登場した。
なお、三回目国葬と四回目国葬のときは会葬者喪服心得のほかに宮中喪期間参内者喪服心得が出たが、対象となった喪服は大礼服・燕尾服・フロックコート・婦人洋服であり、警官将校正装と婦人和服は含まれていなかった。

ネクタイ・手袋の色および黒腕章・黒帽章の要・不要

会葬者喪服心得におけるネクタイ・手袋の色および喪章としての黒腕章・黒帽章（帽子に巻く黒布をこう呼ぶことにした）の要・不要の移り変わりをまとめることにする。なお、ネクタイ・手袋は色が黒のときのみ喪章であり、白や鼠のときは喪章ではない。

まず、文官の大礼服・燕尾服の場合は以下の通り。○印は必要、×印は不要を表わす。

	ネクタイ	手袋	黒腕章	黒帽章
一回目国葬（燕尾服）	黒	黒	○	×
二回目国葬（燕尾服）	黒	黒	○	○
三回目国葬（大礼服）	×	黒	×	×
三回目国葬（燕尾服）	×	白	○	○
四回目国葬（大礼服）	白	白	×	×
四回目国葬（燕尾服）	白	白	○	○
五回目国葬（大礼服）	白	白	×	×
五回目国葬（燕尾服）	白	白	×	○

第四章　明治十六年から二十九年までに五回の国葬

大礼服では、ネクタイ・手袋は三回目国葬から喪章の役目を無くし、喪章は黒腕章だけとなった。後から振り返ると大礼服喪服はこれで確定した。燕尾服では、ネクタイ・手袋は三回目国葬から喪章の役目を無くし、喪章は黒腕章だけとなった。英照皇太后大喪のとき黒腕章が追加され、これで燕尾服喪服は確定した。次に警官・将校の正装・大礼服の場合は以下の通り。○印は必要、×印は不要を表わす。

	ネクタイ	手袋	黒腕章	黒帽章
二回目国葬 (海軍将校の大礼服)	×	黒	○	×
(陸軍将校の大礼服)	×	×	○	×
(警官の正装)	×	×	○	×
三回目国葬 (海軍将校の大礼服)	白	白	○	×
(陸軍将校の正装)	×	×	○	×
(警官の正装)	×	×	○	×
四回目国葬 (海軍将校の大礼服)	白	白	○	×
(陸軍将校の正装)	×	×	○	×
(警官の正装)	×	×	○	×
五回目国葬 (海軍将校の大礼服)	白	白	○	×
(陸軍将校の正装)	×	×	○	×
(警官の正装)	×	×	○	×

陸軍将校の正装および海軍将校の正装・大礼服は黒腕章を付けさえすればよいのは始終同じであった。警官のネクタイ・手袋は三回目国葬から色が白になり、喪章ではなくなった。そして、喪章は黒腕章だけとは確定した。

後から振り返ると、陸軍将校と海軍将校の喪服は二回目国葬で確定した。英照皇太后大喪のとき警官は白ネクタイを付けなくてもよくなり、陸海軍将校と同じく黒腕章を付けるだけでよくなり、これで警官の喪服は確定した。

大礼服と燕尾服は服・白ネクタイ・白手袋の三点で一揃い

大礼服と燕尾服は服（上着・チョッキ・ズボン）、白ネクタイ、白手袋の三点で一揃いとなり、ネクタイと手袋は白以外のものは付けられなくなった。日本の黒喪服の歴史は大礼服や燕尾服に黒ネクタイや黒手袋を付けることで始まったが、開始から二十年足らずのうちに、黒ネクタイ・黒手袋を喪章として付けることができなくなったのである。これは以降もずっと続いた。白ネクタイ・白手袋には大礼服や燕尾服に高貴イメージや威厳イメージを付与する意味があった。

明治三十年の英照皇太后大喪から、燕尾服の喪章は黒帽章に黒腕章が加わった。すると、大礼服喪服、燕尾服喪服、警官・将校喪服などに共通する喪章は黒腕章であり、これが主喪章の位置付けとなったのである。

白ネクタイと白手袋は徹底化されなかった

英照皇太后大喪では、皇室の菩提寺は古くから京都の泉涌寺であったから、葬送は京都でも行なわれたが、燕尾服の人で黒ネクタイと黒手袋を付けていた人がかなり多くいたことが、日本新聞明治三十年二月五日付の記事「燕尾服を着したるもの、内には黒の手袋、黒の襟飾など非礼の装ひを為したる者、中々に沢山に見えたり。燕尾服〳〵といはる、結果は却て不体裁なる拝観の数を増加せずや」でわかる。黒ネクタイと黒手袋を付けた人は官報を見ずに、大久保葬儀や一回目国葬のときの古い例に従ったものだろう。

なお、日本新聞の正式の題は日本であるが、文章の中で用いると、日本国名と同じで紛らわしいので日本新聞とすることにした。日本新聞は明治時代の国葬・大喪について最も詳しく報道した新聞であった。このことは、明治二十二年の二月十一日という紀元節（現在は建国記念日）に創刊して国粋主義的編集方針を貫いたことと関係していよう。日本新聞は明治末に衰え、大正始めに廃刊となった。

喪のシンボル色・黒は上流階級に完全浸透

国葬の度に会葬者喪服心得の官報が出て黒の喪章が指示され、上流階級はこれに従った喪服を付けることにより、喪のシンボル色・黒を身をもって知った。こうして、喪のシンボル色・黒は上流階級に完全に浸透した。しかし、庶民にはまったく浸透しなかった。

八、旧来喪服の存廃状況

諸国風俗問状の回答に見る喪服の存廃状況

第一章で取り上げた「諸国風俗問状の回答に見る喪服」で、江戸後期に各種の喪服が着用されたことがわかったが、これらの喪服は明治に入ってしばらくの間は着用された。しかし、五回目の国葬が行なわれた明治半ばになるにつれ、男子の喪服で廃れるものが現われた。白袴や喪服に換用の一般袴が廃れた。また、鼠色喪服や浅葱色喪服もほとんど廃れた。

このように多くの喪服が廃れて行くなか、喪服に換用の羽織袴は健在した。一方、婦人の喪服で廃れるものはまったくなかった。

鼠色喪服や浅葱色喪服は明治半ばの盛大な民間の葬儀で着用されることがあった。明治二十七年一月に京都で行なわれた東本願寺前法主最如上人光勝の葬儀は、僧侶の会葬者だけでも二千数百名に上る盛大なもので、喪主の新法主光螢師は「鼠色の麻衣を着し、、向掛ある草履を穿ち青竹を杖つき、力なげに徒歩す」（大阪朝日新聞明治二十七年一月二十八日付）とあるように鼠色喪服を着用したのである。

明治三十三年六月に行なわれた東京角力協会取締役の高砂浦五郎の葬儀では会葬者の関取は羽織袴の上に浅葱色の帷子を着た。

第五章 明治三十年の英照皇太后大喪は全国民が喪に服す

―― 政府指示の各種喪服は以降の標準

一、宮中喪と国中喪になる

国中喪期間三十日間、宮中喪期間一年間

英照皇太后が崩御した翌日の明治三十年一月十二日、国中喪と宮中喪についての官報が相次いで出た。国中喪についての官報は以下の通り。

皇太后陛下崩御に付臣民の喪期を本日より三十日間と定む

「臣民の喪期」で国中喪になったことを間接的に表わしている。一般国民が三十日間、喪に服することとなった。

宮中喪についての官報は以下の通り。

皇太后陛下昨十一日崩御に付左の通り宮中喪仰出さる

一週年　自明治三十年一月十一日
　　　　至明治三十一年一月十日
一期　　二十五日
二期　　二十五日
三期　　三百十五日

有栖川宮熾仁親王と北白川宮能久親王が薨去したときの宮中喪は五日間であったが、今度は一年間であり、三期から成る。三十日間の国中喪期間に対して、宮中喪期間は一年間と長かった。

宮中喪期間参内者喪服心得

同じ十二日に宮中喪期間参内者喪服心得の官報が出た。書き出しは以下の通り。

皇太后陛下崩御に付き宮中喪一週年間、皇族及び文武官員有爵有勲者参内の節、左の通り喪服着用致す可き旨仰出さる

なお、宮中喪期間参内者喪服心得に喪服着用対象者になっている皇族の文字が見えない。つまり、皇族の喪服心得の部分がない。これは、「皇族の喪服は宮中喪期間参内者喪服心得に準ず」という含みによるものである。実は、以前に出た宮中喪期間参内者喪服心得にも、また、会葬者喪服心得にもこの含みがあった。宮中喪期間参内者喪服心得は期別になっており、一期での宮中喪期間上流階級喪服心得は以下の通り。二期、三期で変更があるものはその内容をカッコで示した。例によって皇族は対象外となっているが、皇族の喪服はこれに準拠する。

①文官及び有爵者有位者大礼服　　上衣下衣及び袴同色
　・黒紗を左腕に纏う。
　・黒紗を以て帽の飾章を覆う。（二期以降、覆う必要なし）
　・黒紗を以て剣の柄を巻く。
　・襟飾及び手套白。

②通常礼服　　上衣下衣及び袴同色
　・黒紗を左腕に纏う。

③通常服　上衣下衣及び袴黒羅紗
・帽黒　黒羅紗を以て之を巻く。(二期以降、巻く必要なし)
・襟飾及び手套白。
・帽黒　黒羅紗を以て之を巻く。
・黒紗を左腕に纏う。(三期では纏う必要なし)
・襟飾及び手套黒。(二期での手套は黒又は鼠色。三期では手套不要)

④婦人袿袴
・扇　ボンボリ型・黒骨・鈍色地。
・袴　麻、柑子色。(三期では生絹、萱草色)
・袿　麻、黒橡色。(三期では生絹、鈍色)
・素服　白麻(二期以降、素服不要)
・元結　白。
・髪　垂髪、鬢を引く。

⑤婦人洋服
・服は黒、地質は毛織、飾は黒の羅紗。(二期以降、毛織や羅紗である必要なし)
・帽は黒の羅紗を用いて造る。(二期以降、羅紗である必要なし)
・手套、扇傘及び飾品等総て黒。(二期以降、手套のみ必要。色は黒、鼠色、白等)
・靴及び足袋黒。(三期以降、黒である必要なし)

80

①の注（上衣下衣及び袴同色）は上着・チョッキ・ズボンは同じ色にするという意味であるが、皇族以外の大礼服は上着・チョッキ＝黒の一種、ズボン＝白・鼠・黒の三種で、共通する色は黒であるから、要は「黒のズボンにせよ」ということである。白のズボンは朝儀に限ってはくものであるから、間違ってこのズボンをはかないよう注意を促すために付けた注である。

②の注　①の注と同じ内容）は、燕尾服は上着・チョッキ・ズボン＝黒の一種であるから、本来は不要のものである。念のため付けたわけである。

大礼服および燕尾服における、五回目国葬のときからの変更点は→印で示したところである。第四章と同じく、○印は必要、×印は不要を表わす。

　　　　　　　　ネクタイ　手袋　黒腕章　黒帽章
（大礼服）　　　白　　　　白　　○　　　×
（燕尾服）　　　白　　　　白　　×→○　　○

燕尾服に黒腕章を加えたことは、黒腕章を主喪章と位置付けした結果とすることができる。

③の注（上衣下衣及び袴黒羅紗）は、色は紺もあり、また、地質は羅紗以外もあったから付ける必要があった。素服は第七章で詳しく述べるような特別な意味を持つものである。

④の婦人桂袴は始めて登場したもので、皇居で女性皇族に仕える高等女官向けのものである。

第二章で、皇室の喪のシンボル色として黒色（墨染）、鈍色、柑子色、萱草色、橡色（黒橡色）の五つがあることを述べたが、婦人桂袴には黒色を除く四つが以下のように用いられている。

桂　黒橡色（三期では鈍色）…喪初期は黒橡色、喪後期は鈍色
袴　柑子色（三期では萱草色）…喪初期は柑子色、喪後期は萱草色

喪が軽くなる後期では、黒橡色は薄い黒の鈍色に変え、柑子色は柑子色のやや褪せた色の萱草色に変えているわけである。初期の喪のシンボル色の黒橡色と柑子色を後期では薄めているわけで、微妙な色使いが行なわれている。

「喪後期は鈍色」は現在の皇室の洋喪服に適用されている。例年八月十五日に戦没者追悼式が天皇、皇后両陛下をお迎えして日本武道館で行なわれるが、天皇はモーニングコート（ズボンは縞のもの）にグレイ（鈍色）のネクタイをし、皇后はグレイのツーピースを着用し、グレイの帽子をかぶる。なお、各種武官の正装・礼装・正服での喪服心得も載っているが省略した。一律に黒腕章だけ付ければよいとなっている。五回目国葬では警官の正装は白のネクタイと白の手袋が必要であったが、不要となった。

会葬者喪服心得

会葬者喪服心得はずっと後の一月二十九日の官報に載ったが、宮中喪服期間参内者喪服心得から④通常服（フロックコート）を除いただけのものである。なお、フロックコート喪服を宮中喪服期間参内者喪服心得で認め、会葬者喪服心得で認めないのは三回目国葬から始まったことである。

国中喪期間文官喪服心得

十三日、文官は国中喪期間、次のような喪服を着るようにとの官報が出た。宮中喪服期間の参内のときや大喪式の会葬のときは当然、それ用の喪服を着用するという条件付きのものである。

これは国中喪期間文官喪服心得と呼べるものであるが、文官の事実上の制服はフロックコートであること

・襟飾黒
・黒色の布片を以て帽を巻く
・黒色の布片を左腕に纏う

を前提にして作ったものである。

宮中喪期間参内者喪服心得にある通常服（フロックコート）喪服と見比べたとき、略装となった点は、左腕に纏う黒い布の地質は紗に限らず何でもよくなったこと、帽子に巻く黒い布の地質は羅紗に限らず何でもよくなったこと、黒手袋が不要となったことの三つである。ここには、正式のフロックコート喪服を安直なものにして文官の誰でも気軽に着用できるようにするという意図が見て取れる。

しかし、文官のなかには羽織袴に帽子をかぶって公務に就く者もいた。そこで、この出で立ちの場合は「黒色の布片を以て帽を巻くこと」という官報が出た。フロックコートの帽子と同じにしたわけである。

なお、職務上帯剣の制がある文官は単に黒腕章だけでよいとした。

各省の文官に対して、一月十六日から追加事項を入れた国中喪期間文官喪服を着用するようにとの指示が内閣総理大臣から出された。各議員に対しては衆議院議長から同じ指示が出された。

国中喪期間学生喪服心得

一月十六日、文部大臣は次のような訓令を出した。

皇太后陛下崩御遊ばされ候に付、臣民の喪期間公私立学校に於ては左の通心得しむべし

① 謹慎静粛を専らとし、深く敬悼の意を表せしむべし
② 制服又は筒袖を用いるものに在りては黒色の布片を左腕に纏わしめ、其他に在りては左肩に適宜之を添付せしむべし
③ 制帽を定むものに在りては黒色の布片を以て徽章を覆うて帽を巻かしめ、其他にありては適宜帽を巻かしむべし
④ 女生徒は服装を成るべく質素にし、目立つべき頭髪の粧飾を廃せしむべし

これは国中喪期間学生喪服心得と呼べるものである。

大喪執行に関する明治天皇の御沙汰

政府は、宮中喪期間や国中喪期間、喪服を着用させるのは文官・武官や学生など政府管掌下の者だけでよく、管掌下にない庶民に喪服を着用させる必要はないと考えていた。明治天皇が大喪使長官（明治天皇が任命した、大喪を取り仕切る最高責任者）に出した指示の中に「皇妣（皇太后）の葬儀は将来の表準（標準）とも相成るべきに付、一時臣民哀悼忠愛の感情に任せ」があり、庶民の喪服について適用すると、「庶民が喪服を着用するかどうかは当面、自由意志に任せよ」となる。しかし、政府のこの考えは議論を起こすこととなった。

二、国中喪期間庶民喪服心得がついに出る

日本新聞の「一般士民の礼服を制定すべきの議」

国中喪期間文官喪服心得が出た二日後の一月十五日、日本新聞は「一般士民の礼服を制定すべきの議」という題の論説を載せた。この要旨を嚙み砕いて紹介すると以下の通り。

文官が通常着る礼服は燕尾服に限ると定められたが、現在は文官ならぬ庶民も燕尾服を着用しないと公の儀式に出られなくなった。旧幕時代は上は公卿から下は庶民まで持っている羽織袴はこの袴のようなものなのに、礼服として認められていない。燕尾服は生地が輸入物のため値段が高く、また、地方では誂えることができず、その結果、庶民で持っている人はほとんどいない。

日頃、英照皇太后の特恩を蒙った府民の中には発柩や埋柩の当日、御霊柩の後に付いて歩き、哀悼の意を表したいと思っている人がいる。しかし、燕尾服を持っていないため、葬列に加わりたくともできない。この遺憾は都民ばかりでなく全国民が抱いているものである。抜本的な対策として、現行の礼服の制の全面改定があるが、今すぐには望めない。上流階級の礼服の制はしばらく今のままとして、大喪の機会に政府で庶民の礼服を定めてもらいたい。それも、大喪挙行の前に速やかにやってもらいたい。

大喪に際し、庶民の喪服の制がないのは日本の体面に関わる問題であり、庶民が礼儀を失することにもなる。

この議のポイントは「大喪に当たり政府は庶民に喪服を強制していないが、燕尾服は持っていないから、公に認められる喪服がない状況にある。この際、庶民の正式喪服を制定してほしい」である。

この論説を読んで同感した有志の集まり（識者を中心とする）ができた。喪服案として以下のようなものが出た。

・男子の喪服は、黒の紋付羽織袴で羽織の肩に白い布片を付けたもの（帽子黒、足袋・靴下白）。
・婦人の喪服は白無垢（帯白、足袋白）。

男子の喪服は新しいアイデアのものである。礼服の羽織袴は喪服に換用できるのに、喪章を付ける西洋流の喪服を見習い、日本古来の喪のシンボル色である白の布片を喪章として付けた。婦人の喪服は従来の婦人喪服のなかで最も格式の高いものであった。羽織袴と同じように礼服の白襟紋付に白い布片を付けるというアイデアが出てもよかったが、出なかった。

請願書提出を受けて国中喪期間庶民喪服心得が出る

当の有志達は一月十八日に、「庶民の喪服を制定してもらいたい」旨の請願書を内閣総理大臣と大喪使長官に送った。発棺・埋棺の当日、この喪服を着て葬送行列に就きたい」旨の請願書を内閣総理大臣と大喪使長官に送った。

第五章　明治三十年の英照皇太后大喪は全国民が喪に服す

請願に対する回答が一月二十一日の官報に載った。この回答は、庶民が国中喪用として使用できる喪服を多数挙げたもので、国中喪期間庶民喪服心得と呼べるものである。「礼服を着用する場合」と「礼服を着用しない場合」とに分けてある。

国中喪期間庶民喪服心得は以下の通り。

礼服を着用する場合

① 和服（男子）
　羽織袴（左肩に黒布を付す）
　・羽織　紋付、地色黒。
　・上着　紋付。

② 和服（婦人）
　白襟紋付（左肩に黒布を付す）

③ 西洋服（男子）
　通常礼服（燕尾服）
　・帽黒　黒布を以て之を巻く。
　・黒布を左腕に纏う。
　・襟飾及び手袋白。

④ 西洋服（婦人）
　通常服（ローブ・ドヴィジット）

・服及び帽黒。
・服帽その他の飾黒。
・手套黒。

礼服を着用しない場合

① 和服（男子、婦人）
・衣服の左肩に黒布を付す。

② 西洋服（男子）
・黒布を左腕に纏う。

③ 西洋服（婦人）
・服の飾黒又は帽手套のみ黒。

有志達の案の一つ目の肩に白布を付ける紋付羽織は、「礼服を着用する場合」の①のように白布ではなく黒布を付けるものとなり、同案の二つ目の白無垢は、②のように肩に黒布を付ける白襟紋付となり、有志達の案と掛け離れたものとなった。ここで注目すべきことは、喪のシンボル色・白が否定され、その代わり喪のシンボル色・黒が採用されたことである。この採用は国中喪期間庶民喪服のすべてに言えることである。

「礼服を着用しない場合」の③と④は庶民のほとんどが持っていないものである。

「礼服を着用しない場合」は、庶民の持つ各種の和服・洋服を喪服にできるようにとの配慮のもと、和服（男子、婦人）・西洋服（男子）・西洋服（婦人）といった広義の服装名を挙げている。西洋服（男子）は具体的にはフロックコートである。フロックコートでは黒腕章だけでよいとしている。

庶民も自主的に喪服を着用し始める

国中喪期間庶民喪服心得が出たことを受けて、庶民の間に自主的に着用しようとする動きが出て、フロックコートに黒腕章を付けたり、和服の肩に黒布を付ける人が多く現われた。こうして、上は皇族から下は男子学生までの国民が喪服を着ることになった。

国中喪期間庶民喪服心得が出た大元を辿ると日本新聞の「一般士民の礼服を制定すべきの議」に行き着く。他の新聞で同主旨の論調の記事を載せたものもあった。もし、新聞がこのような動きをしなかったら、国中喪期間庶民喪服心得は出ず、庶民が国中喪で喪服を着ることはなかったであろう。そして、黒喪服の庶民への浸透はずっと遅れることになったであろう。この点で日本新聞を始めとする新聞が果たした役割は大きかった。

三、上流階級と庶民双方の喪服が整う

五つの喪服心得

英照皇太后大喪に当って次々とでた喪服心得は五つに上った。これを出された順に挙げると以下の通り。

① 宮中喪期間参内者喪服心得
② 国中喪期間文官喪服心得
③ 国中喪期間学生喪服心得
④ 国中喪期間庶民喪服心得
⑤ 会葬者喪服心得（①からフロックコート喪服を除いたもの）

政府は一回目国葬以来、西洋の喪のシンボル色・黒を用いた喪服を模索・試行錯誤しながら導入してきたが、英照皇太后大喪で皇族以下全国民の喪服の標準を整えることができた。明治天皇が英照皇太后大喪に当たって出した御沙汰の「大喪は以降の大喪の標準とすべき」の通りとなったのである。

以降での整理・統合

上記五つの心得は臨機応変で出されたもので、全体的には繁雑さがあり、整然としたものにするため、いつかは整理・統合をする必要があった。結果として、下記の二つの機会のときこれが行なわれた。明治

第五章　明治三十年の英照皇太后大喪は全国民が喪に服す

四十四年の皇室喪服規程制定のときと大正元年の明治天皇大喪のときである。

〈明治四十四年の皇室喪服規程制定のときの整理・統合〉

皇室喪服規定は大喪のとき、宮中喪期間に参内する者が着る喪服、大喪式に会葬する者が着る喪服、および国中喪期間に文官が着る喪服を定めたものである。この制定のときの整理・統合は次の通り。

・①宮中喪期間参内者喪服心得を廃止し、これを元にして皇室喪服規程を作った。名称を変えた形のものである。

・②国中喪期間文官喪服心得を廃止し、これを皇室喪服規程に準拠する形とした。これにより、文官は国中喪期間、この規程にある通常服喪服を着ることになった。そして、英照皇太后のとき認められた羽織袴喪服は認められなくなった。

・⑤会葬者喪服心得を廃止し、これを皇室喪服規定に準拠する形とした。これにより、英照皇太后のとき認められなかった通常服喪服が認められるようになった。

なお、③国中喪期間学生喪服心得と④国中喪期間庶民喪服心得の整理・統合は明治天皇大喪のときに行なわれた。

明治天皇大喪のとき文官は、英照皇太后大喪のとき出た国中喪期間文官喪服心得が出ないので戸惑った。上記のような整理・統合になったことがわからなかったのである。そこで内務省は「此際の官吏服装は昨年宮内省第十一号告示皇室喪服規程に依ること」という官報をわざわざ出した。

また、この官報と同時に「一般臣民服喪期間は大喪服喪令に依り一ケ年たるべきこと」という官報も出した。英照皇太后大喪のときは三十日であったから、今度も同じ期間と思う人が多くいたから、この注意をする必要があった。

皇室喪服規程は宮内省第十一号告示として明治四十四年六月十五日に官報に載った。書き写したものを巻末に載せておいた。ただし、次の二つのカッコ内は筆者が書き足したものである。

・男子喪服制式第一号、第二号の末尾の（大礼服の襟飾・手套は白色とす。）
・男子喪服制式第三号の末尾の（通常礼服の襟飾・手套は白色とす。）

これらは当然記入すべきものなのに、皇室喪服規定程を作成した当時はこれでもよかった。当時はこれでもよかった。作成から十六年経った昭和二年の大正天皇大喪のとき、宮内省は「大礼服・通常礼服の襟飾・手套は白色とす」の注意を出した。上記の常識が常識ではなくなっていたのである。

なお、皇室喪服規程はこの名称から「皇室の人が着用する喪服の規程」と受け取られかねないが、大喪のときに文官を始めとする上流階級が着用する喪服の規程なのである。

〈明治天皇大喪のときの整理・統合〉

国中喪期間学生喪服心得と国中喪期間庶民喪服心得は以下のような簡単な心得に統合され、大正元年八月一日閣令第二号として出された。

  洋服 左腕に黒布を纏う
  和服 衣服の左胸に蝶形結の黒布を付す

蝶形結は、蝶ネクタイのような結びである必要はなく、布片の中間を結束するものでよかった。英照皇太后大喪のときの学生は帽子に黒の布片を付ける必要があったが、今度は不要となった。

第五章　明治三十年の英照皇太后大喪は全国民が喪に服す

英照皇太后大喪で出された五つの喪服心得は、宮内省第十一号告示の皇室喪服規程と閣令第二号の心得の二つに整理・統合された。

四、庶民は喪のシンボル色・黒を始めて知る

国中喪期間学生喪服心得や国中喪期間庶民喪服心得を通じて

英照皇太后大喪の前の五回の国葬で出た会葬者喪服心得や宮中喪参内人喪服心得は、西洋から導入された喪のシンボル色・黒を上流階級に浸透させたが、国葬には無縁の存在でこれらの心得を見ることもなかった庶民は、喪のシンボル色・黒が導入されたことを知らなかった。しかし、英照皇太后大喪で学生や庶民も喪に服することになって、国中喪期間学生喪服心得や国中喪期間庶民喪服心得が出て、喪のシンボル色・黒を始めて認識した。

国中喪期間、哀悼の意を表すために掲げる国旗には、旗竿の上部に黒の布片を付けることが定められたが、この布片も喪のシンボル色・黒を広く庶民に認識させるのに寄与した。

大喪以前の庶民は喪のシンボル色は白と認識

明治以前の主な喪服は第一章で述べたように白喪服であった。具体的には白袴、白無垢、白い着物、白い布を肩に掛けたり、頭に被せたりするものなどであった。明治維新後、このうちで白袴は早いうちに用いられなくなったものの、その他の白喪服は大喪以前まで依然として用いられていたから、大喪以前までは庶民にとっての喪のシンボル色は白であった。

庶民の喪服制定に動き出した有志達が、羽織袴の肩に白布を付けるものを男子の喪服案としたのは、このような事情があったからだった。

五、英照皇太后大喪後の黒喪服の民間葬儀への浸透状況

フロックコート喪服

英照皇太后大喪での国中喪期間、文官は国中喪期間文官喪服心得によりフロックコートを着て黒ネクタイを付け、黒腕章をし、黒の布片を帽子に巻いた。庶民はこのような喪服を着た文官を身近に見て、フロックコート喪服を自分達の喪服の新たな選択肢として捉えるようになった。

そして、英照皇太后大喪からあまり経たないうちに民間の葬儀においてフロックコートに黒ネクタイを付けた喪服を着用することが流行し始めた。

明治天皇大喪のときの時事新報大正元年九月十二日付に、以下のような黒ネクタイに関する記事が載っている。

平素、黒の襟飾（ネクタイ）は、色変り物が九分売れるものならば、僅かにその十分の一位しか売れないので、市内の唐物店で持合わせて居たものは極く僅少であった。処が、先帝崩御の翌日即ち七月三十一日から黒襟飾の売れることは羽が生えて飛ぶような有様となり、忽ち品切れになって売れて（中略）各製造所は平素の一個年分を一個月で売尽した位だった。

国が指定する国中喪期間の洋装喪服は「左腕に黒布を纏う」であり、黒ネクタイをする必要はなかった。

第五章　明治三十年の英照皇太后大喪は全国民が喪に服す

しかし現実には、黒ネクタイをする人が多く現われた。民間の葬儀で普及していたフロックコートを着て黒ネクタイをする洋装喪服を採用したということであろう。なお、唐物店は現在で言えば洋品店である。

上記の新聞は、黒ネクタイのタイプなどに関して次のように記している。

喪中襟飾の型は無双ダビー、改良ダビー、蝶ダビー、改良長蝶ダビー、ダブル蝶等の数種で就中無双ダビーが最も売行好く、是等に要する地質は和製琥珀、綾石目、変り織、壁縮等は重なるもので、売行きの早いに連れて原料の払底を告げた結果、遂に三割方以上の騰貴となった。

実に多くのタイプがあり、また、多くの地質があった。最も売れ行きが良かったという無双（表と裏を同じ布で仕立てた）ダビー（derby）は現在最も普通に用いられている「幅タイ」と同類のものである。

フロックコートの丈を短くした形の背広は明治始めに導入されたが、明治時代はごく一部の人に着用されたに過ぎず、大正時代からやっと普及し始めた。それとともに庶民は黒の背広に黒のネクタイを付けた喪服を着用するようになった。現在の男子の一般的な喪服は基本的にはこの喪服と同じで、背広型のブラックスーツに黒ネクタイを付けたものである。

フロックコートの前裾を裁ち落とした形のモーニングコートに黒ネクタイ（幅タイ）を付けた喪服は現在、ブラックスーツ喪服より格調の高いものとして皇室の葬儀や代議士の葬儀などにおいて着用されている。ズボンは縞のものである。この喪服は、燕尾服喪服に取って代わったようなものである。

婦人の洋装喪服

婦人洋喪服に言及した東京朝日新聞大正元年九月十日付記事の中に「婦人の洋服一着は百円乃至三百円かゝる」がある。当時は当然誂えであるが、百円〜三百円掛かったというわけである。この価格帯を現在の価格帯に換算すると百万円〜三百万円となる（第二章で明治十年頃の金額は現在の金額に換算すると一万倍になると述べたが、大正元年頃もこの換算が成り立つ）。最も安いものでも、現在の価格換算で百万円もしたわけで、当時の上流階級の婦人と言えどもなかなか誂えられないものだった。ましてや一般婦人にとってはとても誂えることができないものだった。

一方、フロックコートの価格（上記の時代より二十五年ほど前のデータであるが）は、郵便報知新聞明治十九年十月二十四日付の「洋服流行」と題する次の記事の中にある。

近来洋服を着用する者多く、且つ、冬気に際するを以て新裁の注文多く、陸軍軍人の服制改革に付、来月三日の天長節に着すべき正服の注文等輻湊し、士官の制服に使用する濃紺の羅紗は目下京浜間に品切となり、各裁縫店とも非常に繁忙なり。又、昨今は官吏始め商人に至るまで黒の綾羅紗仕立てのフロックコートを好むに付、同品も何程か価を上げたり。則ち、黒綾羅紗最上等一組二十三円位、並十八円位。仕立代は最上等六円、普上等五円五十銭。其他縞羅紗の地合にてソコッチの類も大に行われ、服一組仕立代は最上等十六円、中等十二、三円。上仕立代四円二十五銭、並上三円七十銭位なり。又、フラネルは独逸製のモロフ厚地が流行し、其価一ヤール四十五銭位、英国製薄口地一ヤール七十五銭位にて是また大に捌けるといふ。

第五章　明治三十年の英照皇太后大喪は全国民が喪に服す

フロックコートの価格は生地代と仕立て代に分けて紹介されているが、最も高いもので二十九円位（生地代二十三円位、仕立て代六円）であり、フロックコート喪服は黒ネクタイを付けるだけでよいので、婦人の洋装喪服の価格と較べるとおおよそ五分の一で、庶民でも手の届く価格だった。なお、背広喪服はより一層安上がりだった。

価格に大きな開きが出た理由について考えてみたい。

男子洋服は明治維新直前から藩で軍服が作られ始め、維新直後には軍服に加え、礼服の大礼服・燕尾服や通常服のフロックコートが作られるようになった。仕立て職人は明治始めから登場しており、需要が増した明治二十年前後にはフロックコートを主とする店が続々誕生した。

東京の例では、明治十九年に呉服店の白木屋が洋服店を開業し、明治二十一年に同じく呉服店の越後屋（現三越）が洋服店を開業した。双方とも、従来から営業の呉服店に隣接して建てられた。他に丸善裁縫店や山岸民次郎経営の洋服裁縫店と大谷義武経営の洋服裁縫店（双方とも明治天皇の洋服裁縫を担当した）があった。

一方、婦人洋服が公の場に姿を見せたのは、明治十六年、西洋の貴族社会の社交場を模して東京・日比谷に鹿鳴館が造られ、ここで舞踏会などが毎夜のように開催されてからである。男子洋服と較べると二十年近く遅れた登場であり、しかも、当初着用した女性は華族の婦人や女子高等師範学校の教師・学生などに限られた。

錦絵「貴女裁縫之図」（松斎吟光画、明治二十年）は、一般にはまったく知られていない婦人洋服作成の工程を紹介したもので、五人の貴婦人がそれぞれ①生地を裁つ、②ミシン掛けする、③アイロン掛けする、

④編み物をする、⑤ハケ掛けするところが描かれている。錦絵「女官洋服裁縫之図」(楊州周延画、明治二十年)も同様趣旨のもので、三人の貴婦人がそれぞれ①生地を裁つ、②ミシン掛けする、③完成品を手にするところが描かれている。この二枚の錦絵は、明治二十年頃の婦人の洋服は仕立て職人に頼むのではなく自分で作るものであったことを示すものである。

このような状況は以降も続き、そのうち仕立て職人がわずかながらもやっと登場して誂えでできるようになったが、その価格は東京朝日新聞が紹介したように極めて高いものであった。

需要が少ない点や男子洋服と較べると、構造が複雑で仕立ての手間が多く掛かる点がこの原因になった。高い価格はその後も続き、婦人洋喪服の普及を遅らせることとなった。

こうして、明治以前から用いられてきた白無垢、白い着物、白い布を肩に掛けたり頭に被ったりするものなどが大正時代に入っても、さらに昭和時代に入っても依然として用いられた。婦人洋喪服が本格的に普及したのは戦後かなり経ってからである。

明治末の民間の葬儀において白無垢が着用されたことを示すものとして、明治四十一年五月に練習艦・松島が沈没した際の犠牲者の合同葬儀の記事「八代艦長の同夫人が白無垢の小袖に白綸子の帯結ひ締め、下げ髪したる扮装にて（いでたち）(後略)」(東京朝日新聞　明治四十一年五月二十三日付)がある。上流階級の婦人でも洋喪服を着用せず、白無垢を着用したのである。

第六章　英照皇太后大喪での天皇の喪服は黒喪服

――律令時代以来の大喪で着用してきたもの

一、天皇が着用する喪服は黒喪服の錫紵

錫紵(しゃくじょ)はどのようなものか

英照皇太后が崩御した五日後の東京朝日新聞明治三十年一月十六日付は天皇が着用する喪服・錫紵(しゃくじょ)について以下のように紹介している。

冠　　紗無紋、縄纓(えい)
袍　　麻の墨染（袍は闕腋(けってき)）
半臂(はんぴ)　麻の墨染
表袴(うえのはかま)　麻の墨染、裏は柑子(こうじ)色
下襲(したがさね)　麻の墨染
単　　麻の墨染
大口(おおぐち)　平絹(ひらぎぬ)、表裏とも柑子色
布帯　麻の墨染
縄帯　藁と荒苧(お)とを掬絢(すくいな)いて鼠色の宿紙を以て巻く
桧扇　青花即ち浅葱色
足袋　白平絹

皇室の喪のシンボル色の墨染は服の主な部分の袍・袴・単に用いられ、その他半臂・下襲・布帯にも用い

られている。他の皇室の喪のシンボル色として、大口は表袴から少しはみ出してはくものであり、錫紵の外観はこの部分だけ柑子色で他の部分はすべて墨染である。したがって、錫紵は黒喪服と言えるものである。

ブラック系の皇室の喪のシンボル色には墨染と黒橡色があるが、錫紵には墨染しか用いられていない。そして、墨染は錫紵以外には用いられていないということがある。

倚盧殿(いろ)で服喪する慣行

上記東京朝日新聞は錫紵の紹介に続いて「倚盧殿の事」という題の記事を次のように載せており、冒頭は次の通り。

大喪は固(もと)より国の大典なり。明治中興の聖代に於て始めて行わせらる、此度の御儀式の如き、純然たる国風に則っとらせられ、明治中興の洪範(こうはん)は神武創業の時に取せられるという。

次に仮屋である倚盧殿の作り方を図入りで説明し、ここで天皇が服喪する期日について次のように述べている。なお、文中の天子=天皇、宮居=京都御所、至尊=天皇、御素服=錫紵である。

天子喪に当たらせ給う折の事ども漏れ承わるが、中に御拝の事は、いと古き例に據(よ)らせ給うものゝ、由にて、即ち宮居の御奥の御学問所なる床板をば残りなく外して、新たに一室を作為ひ給ふ。これを倚盧

殿と申すなる。図する所は其有様なり。御帳と呼ばせらるゝ御室は悉く竹をもて柱とされつ。廻らすに筵を以てせらる。御発棺と御大喪との両日は至尊御素服を召させ給ふてこの倚盧殿に出御ましまし、恭々して神霊を御拝あらせ給ふとぞ。

錫紵の着用に迷いがあった

報知新聞明治三十年一月二十二日付の記事「天皇陛下の御喪服は御式によらせらるべきか、未だ叡慮の程を伺ひ定むるに至らざる由承る（うけたまわ）」にあるように、古式に則って錫紵を着用するかどうか決まらない状況が続いた。

上流階級の主な喪服が大礼服になった状況のもと、天皇は錫紵の着用を止めて大礼服を着用することを考えていたという。結局、古式に則って錫紵を着用することに決まった。

風邪で寝込んで錫紵を着用することはなかった

東京朝日新聞明治三十年二月三日付は「天皇、皇后両陛下には御風邪に渡らせらるゝを以て京都行幸啓も御止め仰せ出されしのみか、御発柩に際しても御仮床に入御中に在せられ、今度の大典に与からせ給はざるは深く御遺憾に思召させらるゝ」と、両陛下が風邪で寝込んで大喪式に出られそうもない状況について報じている。

大喪式は慣例に従って京都の泉涌寺で行なわれることになっていたが、結局、両陛下とも風邪で寝込んで

いたため京都に行くこともできなかった。このようなことで、天皇が錫紵を着用することはなかった。

重い風邪になった経緯は次のようであった。天皇陛下は前年十二月三十日から風邪に罹り、皇后陛下は一月八日から風邪に罹った。両陛下は風邪をおして重体の英照皇太后（一月十一日崩御）を見舞った後、風邪をこじらせ気管支炎になった。

なお、明治天皇大喪（大正元年）と昭憲皇太后大喪（大正三年）での大喪式は京都・泉涌寺ではなく東京・青山葬場殿で行なわれたが、両大喪において大正天皇は皇居内に造られた倚盧殿で錫紵を着用して服喪した。大正天皇大喪のとき、皇位継承した昭和天皇が錫紵を着用して倚盧殿で服喪した様子が東京日日新聞昭和二年二月十六日付に詳しく載っている。要点を挙げると以下の通り。

・午前九時　大喪使らが宮中正殿に倚盧殿を作る。
・午前十時～十時半　錫紵の装着。
・午前十時半　下記の者を同行して倚盧殿に入る。
（前行）伊藤式部長官と一木宮相（冠、黒橡色の袍、鈍色の単・袴、素服、扇）
御剣奉持の土屋侍従、御璽奉持の牧野侍従
徳川侍従長、甘露寺・木下・北小路各侍従（伊藤式部長官らと同じ出で立ち）
・午前十一時まで　多磨御陵に向かって茵に正座し黙禱。
・倚盧殿での服喪は一時間。

天保十一年（一八四〇年）に光格天皇が崩御したときに、皇位継承した仁孝天皇は十二月二十四日に倚盧殿に入り、翌年一月七日に出た。倚盧殿には十三日間いたわけであるが、東京朝日新聞明治三十年一月二十九日付に掲載の篠崎小竹手録には、本来の期間は十三月間であり、「月」を「日」に替えて十三日間になっ

たと記されている。大正天皇大喪ではわずかの一時間であった。倚盧殿での服喪は大正天皇大喪が最後となった。

錫紵の由来

七一八年から編纂が始まり、七五七年から施行された養老律令の喪葬令に「天皇は二親等以内の喪のときは、喪服として錫紵を着用する」とある。色については「浅墨染」（薄い墨染）とある。やがてこの色は天皇以外の人の喪服の色に用いられるようになったが、それとともに鈍色の名が付いた。鈍色は喪服に関してのみ用いられる慣用色名であった。

養老律令は、大宝律令（七〇一年に編纂されて直ちに施行されたが、すぐに散逸）を再編集したものであり、これからして錫紵が定められたのは大宝律令ができた八世紀初頭の、律令国家が誕生して間もない頃としてよい。錫紵はもちろん天皇専用の喪服である。

当時の中国には錫衰（せきすい）という喪服があった。『周礼、春官、司服』に「王は三公、大卿の為には錫衰」とあるように、錫衰は三公（中国で最高の位にある三つの官職）およびこれに次ぐ位の大卿が死亡したとき、王が着用する喪服であった。日本は中国のこの制を見習った。

錫は粗く織った麻布を指し、衰は喪服の意である。衰は粗く織った麻地の喪服のことである。色は白である。ところが日本は、錫は金属の錫だと誤って解釈した。そして、錫衰の色は金属の錫が呈するグレイと思い、天皇の喪服の色を薄い墨染とした。錫の字の後に麻の一種の紵の字を付けてこの喪服を錫紵と称した。以上が錫紵誕生の実情のようだ。

第六章　英照皇太后大喪での天皇の喪服は黒喪服

当時の中国には倚盧殿を作ってここで服喪する慣行があり、日本はこれを見習った。制定された当時の錫紵は薄い墨染色であるから鼠色喪服と呼べるものであったが、平安時代後期には、当章冒頭の東京朝日新聞が詳しく紹介したように黒喪服となった。この変更のとき、袍が両脇の下を縫った縫腋式から縫わない闕腋式になり、下襲の地質が絹から麻になる変更もあった。この辺りの事情は、『日本喪服史古代篇』（増田美子著、源流社、二〇〇二年）を参考とした。

二、参考として皇后の喪服

桂　袴

英照皇太后大喪の宮中喪期間、皇后が着用する喪服・桂袴について報じた記事として、東京日日新聞明治三十年一月十六日付の「皇后陛下、今度の御喪服は御洋装を廃し給ひて、古例により白羽二重の御衣に橡色の御袿、柑子色の御袴を穿かせ給ふ由にて、地質は何れも麻もて作り、第一期、第二期には右の御装にて御喪に居らせ給うやに聞く」がある。

皇后の喪服・桂袴をまとめると次のようになる。

・袿　麻、黒橡色
・袴　麻、柑子色

主要部分である袿の色が黒であるから、この喪服も黒喪服とすることができる。黒喪服の錫紵ができてからそれほど時間を置かない時期にできていたとしてよいだろう。

高等女官も皇后と同様な喪服

前出の東京日日新聞記事の後には「御宮城内に宮仕え遊ばさるゝ各高等女官及び青山御所に御侍づき参らせたる各高等女官並びに中山二位局も陛下同様の服装をはかせらるゝに承る」の記事がある。高等女官は皇

后陛下と同じ喪服を着用することになった。宮中喪参内喪服心得の婦人袿袴がこれである。大喪での和装喪服はその都度調製するものであり、英照皇太后大喪では京都の装束御用掛・高田茂が一手に引き受けた。

三、皇室の喪の主シンボル色・黒

天皇の喪服の墨染

皇室の喪のシンボル色の重み付けをすると、第一のものは何と言っても天皇の喪服に用いられている墨染である。そして、第二のものは婦人の喪服の袿に用いられている柑子色、第三のものは天皇の喪服の大口や婦人の喪服の袴に用いられている萱草色（袴）とすることができる。

明治時代には、墨染は天皇の喪服に用いる黒、黒橡色は天皇以外の喪服に用いられているが、昔においては必ずしもそうでなく、黒橡色を共通して用いることがあったようだ。

律令時代、黒橡色は奴婢の服の色だった。したがって、律令時代が終わって奴婢という身分のない時代となり、この時代は皇室の喪のシンボル色になり得なかった。この身分の存在に起因していた黒橡色の悪いイメージが完全に払拭されるに及び、この色を皇室の喪のシンボル色として使用できるようになった、ということであろう。

黒は平安時代から皇室の喪の主シンボル色であった。このことは次に述べるように、明治始めの西洋流黒喪服の導入に当たって重要な意味を持った。

西洋流黒喪服が円滑に導入された理由

古代からの白喪服の流れがまだある明治始め、大礼服と燕尾服が礼服として制定され、これに黒のネクタイと黒の手袋を付けた西洋流黒喪服が登場したが、この登場に当たって抵抗や反発がまったく見られなかった。西洋流黒喪服は円滑に導入されたのである。

喪のシンボル色を白から黒へ変えるのは、現代人から見れば、陽から陰へ、正から負へ変えるような変更であるから、大きな抵抗や反発があってもよかったはずである。しかし、それがなかった。これを解く鍵は皇室の喪の主シンボル色・黒の存在である。

明治維新とともに王政復古し、皇室の権威が再び絶大なものとなった。それとともに皇室の喪のシンボル色・黒も重みが増した。そのために、同じ黒を用いる西洋流黒喪服の導入に問題はなかった。

もっとも、西洋流黒喪服の導入当時、皇室の喪の主シンボル色・黒の存在を知っていたのは、皇室関係者、かつての大喪に関わったことのある上流階級、故実に詳しい学者などに限られていたと言ってよい。

庶民は、英照皇太后大喪のときに始めて黒喪服がすでに導入されていたことを知り、西洋の喪のシンボル色は黒であることを知った。しかし、皇室の喪の主シンボル色・黒の存在はなおも知らなかった。

第七章　喪主の喪服は国葬と英照皇太后大喪で共通

――昔の大喪で臣下に着用させたもの

一、喪主の喪服は官報の葬送行列書に載る

葬送行列書

葬場から墓所まで棺を運ぶ葬送行列は、国葬・大喪では多数の人が参列する長々としたものになるから、喪主を始めとする各人がどこに並ぶかを示す表が必要になる。そのために葬送行列書と呼べるものを記した官報が出た。

この表の表題は一回目国葬では葬送列書、二回目国葬では葬儀行列書、三回目と四回目の国葬では御葬送行列、五回目国葬では葬送行列、英照皇太后大喪では御葬送御列であった。これらのまちまちな表題を本書では統一して葬送行列書と呼ぶことにする。

一回目国葬での葬送行列書の書き写したものは表3の通り。右上が行列の先頭で、左下が最後尾である。棺の位置は行列の中ほどであり、喪主の位置は棺の後方である。馬車や騎馬などの表示は乗り物を示す。乗り物が何も記入されていない人は歩行である。なお、馬車は西洋型のものである。

115　第七章　喪主の喪服は国葬と英照皇太后大喪で共通

表3　葬送行列書

列	内容
1	巡査長　騎馬　　巡査長　騎馬
2	巡査長　騎馬　方面監督　騎馬　　巡査長　騎馬　　儀仗兵　　歩兵第一連隊第一第二大隊　　騎兵第一大隊　　真榊　紅旗　白旗　紅旗
3	白旗　騎馬　巡査長　騎馬　祭官　祭官　騎馬　騎馬　副斎主　斎主　馬車　祭官　祭官　騎馬　騎馬　銘旗　伶人　伶人　真榊　白旗　白旗
4	紅旗　神饌辛櫃　祭官　呉床雨皮　祭官　騎馬　旭日大勲章　親族　親族　伶人　伶人　紅旗　白旗
5	榊　　造華　造華　伊国勲章　親族　菊花大勲章　親族　岩倉槇子　家従　家従　伶人　伶人　根越榊
6	榊　　造華　造華　伊国勲章　親族　岩倉増子　馬車　家従　家従　【柩】
7	榊　　造華　馬車　親族　馬車　親族　馬車　葬儀御用掛　馬車　岩倉久子　戸田極子　馬車　吉田静子　家従　家従
8	呉床雨皮　小姓　　家従　岩倉具定　家令　岩倉梭子
9	小姓　喪主　岩倉具綱　家従
10	有馬恒子　中御門富子　富大路納親　馬車　岩倉直麿　馬車　堀河康隆　一族　馬車　一族　馬車　親族　馬車　親族　馬車
11	広幡昭子　馬車　岩倉亥尾子　南岩倉具威　中御門経隆
12	（会葬）皇族馬車　大臣馬車　参議馬車　宮内卿馬車　勅任官馬車　麝香間祗候馬車　奏任官人力馬車或八　葬儀御用掛　馬車　華族人馬車或八
13	会葬諸員人馬車或八　儀仗兵　歩兵第一連隊第三大隊　歩兵第二連隊第三大隊　工兵第一大隊　野砲兵第一大隊
14	山砲兵第一大隊　輜重兵中隊　方面監督　巡査長　騎馬　巡査長　騎馬

喪主の喪服は奇妙な「喪服加素服」

一回目国葬のときの葬送行列書では喪主の喪服について何も記されていなかったが、二回目国葬（故三条実美国葬）のときの葬送行列書から喪主の喪服は次のような共通の表わし方で記された。

喪主　歩行
　　　喪服加素服

喪主の喪服は「喪服加素服」という奇妙なものである。「喪服加素服」の右に書いてある「歩行」は文字通り歩いて行くことを示すものである。喪主は江戸時代からの慣例に従い、必ず歩行でなければならなかった。

なお、五回目国葬までは馬車に乗ったり、馬に乗ったりする人がいたが、英照皇太后大喪からはすべての人が歩行になった。明治以前の葬送行列の姿に戻したのである。それとともに葬送行列書の喪主のところに記入されていた「歩行」は記入されなくなった。全員歩行は戦前の大喪まで続いた。

「喪服加素服」がどのようなものか、新聞の記事や挿絵で明らかにして行きたい。

喪主が成人の場合と少年の場合とでは少し異なっており、まず、少年喪主の場合について明らかにする。

二回目国葬のとき、少年喪主の服装について日本新聞明治二十四年二月二十六日付は「喪主は三条公美公、尚少年の身にして、麻の素袍に黒冠を戴き、上に白麻の垂衣を蓋ひ」と報じ、東京朝日新聞明治二十四年二月二十六日付は「喪主則ち三条公美氏、麻の喪服に黒冠を戴き、上に同じく麻の素服を蓋ひ」と報じている。

この二つの記事を合わせると、「喪服加素服」は「喪服」と「加素服」から成っており、「喪服」は麻の素

117　第七章　喪主の喪服は国葬と英照皇太后大喪で共通

図8　成人喪主の「喪服加素服」姿　　図7　少年喪主の「喪服加素服」姿

袍であり、「加素服」は白麻の垂衣で「上に着るタイプの素服」であることがわかる。「加素服」の色は白麻が示すように白であり、「喪服」の色は挿絵から黒であることがわかる。なお、日本新聞に拠れば「喪服」の装束名は素袍、「加素服」のそれは垂衣である。

少年が喪主となったもう一つの国葬は四回目国葬（故北白川宮能久親王国葬）で、少年の成久王殿下が喪主となった。葬送行列書では喪主および同行する近親の少年（恒久王と輝久王）は次のような表わし方で記された。

喪主成久王殿下　歩行　喪服加素服

恒久王殿下　歩行　喪服

輝久王殿下　歩行　喪服

喪主の成久王殿下の喪服は「喪服加素服」であり、恒久王と輝久王の「喪服」姿をスケッチした挿絵（図7参照）を載せている。日本新聞（明治二十八年十一月十二日付）は喪主の「喪服加素服」姿と、恒久王と輝久王の「喪服」である。

左端は喪主の成久王殿下であり、この右は恒久王と輝久王である。喪主の「喪服」は恒久王と輝久王の「喪服」と同じ形態としてよい。少年の「喪服」と「加素服」はこのようなものであった。

次に成人喪主の場合について明らかにする。

三回目国葬（故有栖川宮熾仁親王国葬）のとき、日本新聞明治二十八年一月三十日付は家従二人を従えて歩く喪主・有栖川威仁親王をスケッチした挿絵（図8参照）を載せている。左端が喪主であり、後ろにいる二人が家従である。

この説明記事として「御喪主有栖川威仁親王殿下には喪服の上に素服を着し、青き竹杖をつき藁履を穿たせ給ひ、家従及び御付武官を従え愁然として徒歩し給ふ」がある。しかし、「喪服」や「加素服」の形態や色についてはまったく触れていない。他の新聞も同様である。上記挿絵から、「喪服」と「加素服」の色はそれぞれ黒と白であることはわかる。「加素服」の形態は少年喪服の「加素服」のそれと異なっているように見える。

英照皇太后大喪のときの喪主は成人であるが、日本新聞明治三十年一月二十四日付は喪主の「喪服加素服」を次のように詳しく紹介している。

① 冠　巻纓(けんえい)
② 袍　黒橡色、麻
③ 袴　黒橡色、麻
④ 単　鈍色、麻
⑤ 素服
⑥ 藁沓(わらぐつ)、杖、扇（黒骨、鈍色）

①〜④が「喪服」に当たるものである。これは、衣冠（第二章の「旧来の礼服の取り扱い」のところで示した）と同じく冠・袍・袴・単で構成されている。衣冠と違うところは、袍・袴色が皇室の喪のシンボル色の黒橡色となり、単の色が鈍色になり、さらに、地質が麻になっている点である。この「喪服」は衣冠の喪服版と

呼べるものである。国葬のときの成人の喪主の「喪服」は、挿絵（図8）からこれと同じものと判断してよいだろう。

成人が喪主となった国葬のとき、英照皇太后大喪のときと同じ「喪服」が着用されたということは、この国葬が大喪に準ずる位置付けのものであったことと言える。なお、少年の素袍「喪服」には黒橡色と鈍色が用いられたと思われる。成人喪主の衣冠喪服や少年喪主の素袍喪服はかつての大喪の例を参考としたものだろう。

しかし、英照皇太后大喪のときには喪主以外の人も着用することとなった。同大喪のときの日本新聞（明治三十年一月二十四日付）はこの件につき、「素服は元来御喪主のみに限らせらる、も其太夫以下の着用するは特賜に係わる義なりと」と報じている。英照皇太后大喪では「特賜」つまり天皇が特別に賜るとして、この慣例が破られることになった。

そして、英照皇太后の身近にいた太夫ら（皇太后太夫、皇太后亮、華族二名らの男子）も「加素服」を着用した。太夫らの出で立ちが喪主と違うところは袴の色が鈍色になっている点だけであった。

また、高等女官も桂の上に「加素服」を着た。皇室喪服規程にはこの着用規定はなく、明治天皇大喪において高等女官が「加素服」を着ることはなかった。

第一回目国葬のときの葬送行列書には喪主の喪服については何も記されていなかったわけであるが、これについて触れた新聞記事もないので、喪服がどんなものであったか不明である。

「喪服」の上に「加素服」を重ね着するという喪服は現在からすれば奇妙に見えるものであるが、古代以来の大喪で臣下が着用する喪服の変遷の中で出てきたもので、詳しい由来については後で述べる。

二つの挿絵（図7と図8）が示すように「加素服」を着用するのは喪主だけという国葬の慣例があった。

喪主が杖をつくことの意味

挿絵の図7、8からわかるように、喪主は青竹をつき、藁沓や草履（わらじ）を履いた。これは大喪での慣例であり、上流階級の葬儀でも行なわれることがあった。中国の葬儀の例を倣ったものである。杖をつくのはそれなりの意味があった。肉親を失った悲しみに打ちひしがれて歩けないほど疲労こんぱいしていることを、杖をつくことで表わした。

参考として、大久保利通葬儀のときの喪の喪服

国葬の制が始まる以前の大久保利通葬儀のとき、喪主の喪服について述べた記事が二つある。「喪主の諸公子は皆白の直垂に黒の帽なり」（東京日日新聞　明治十一年五月十八日付）と「利通公の息子さん方はいづれも白装束に立て烏帽子で（後略）」（読売新聞　明治十一年五月十八日付）である。二つを合わせると、「喪主は白一色の直垂を着て黒の立烏帽子を被った」である。一般礼服の直垂に白一色のものはないから、白一色の直垂は喪服である。なお、立烏帽子（烏帽子はどんなタイプにせよ、「烏」が示すように色は黒と決まっている）は直垂に付き物である。

江戸時代、武士の礼服として直垂は裃より格式の高いものであった。武士の喪服は普通、白裃であったが、上記葬儀での喪服は、これより格式の高い喪服として白直垂があったことを示していよう。

二、複雑な「加素服」の由来

奈良時代

史書の『続日本紀』には素服の事例が奈良時代から登場している。奈良時代末までに登場した事例を年代順に挙げると次の通り。なお、『古事類苑』(明治二十九年から大正三年にかけて神宮司庁より刊行)に拠った。

① 『続日本紀十聖武』神亀五年(七二八年)九月丙午、皇太子薨、(中略)在京官人以下、及畿内百姓、素服三日。

② 『続日本紀十七聖武』天平二十年(七四八年)四月庚申、太上天皇(元正)神殿に於て崩ず。丁卯、天下に勅す、悉く素服。

③ 『続日本紀十八孝謙』天平勝宝二年(七五〇年)十月癸酉、太上天皇(元正)、奈保山陵に於て改葬す。天下素服挙哀。

④ 『続日本紀十九孝謙』天平勝宝八歳(七五六年)五月乙卯、聖武天皇崩御。己未、文武百官、己未、始素服、

① は皇太子が薨去したときに在京官人と畿内の人々が素服を着た、というものである。

②〜④ は天皇が崩御したときに天下の文武百官などに素服を着用させた、というものである。これ以来、大喪のとき臣下に素服を着用させる慣行が始まったのである。

中国前漢(前二〇二年〜後八年)の歴史を記した『漢書』に素服の事例が出ており、中国ではこんなに古

くから素服が着用されていたのである。日本はこの素服を取り入れたようだ。素服の地質は中国と同様に麻であった。当初、藤づるもあったが、後で麻と指定されるようになった。『日本後紀十三桓武』に、「大同元年（八〇六年）三月、桓武天皇崩御、服、遠江貲布を用う」とあるように、貲布は目の細かい上等の麻のことである。素服の色はいずれの地質（麻、藤づる）にせよ白だった。

平安時代

平安時代中期、次の記録にあるように白から鈍色に変わった。

『西京記臨時四』喪服　天暦八年（九五四年）正月四日（醍醐后藤原隠子）昭陽舎に於いて崩ず、其後清涼殿北近廊に移住す。十日亥刻、倚盧(いろ)に座す。(中略)。即素服（鈍色貲布、衣袴同、布頭巾、索帯等也）を着す。同刻左大臣及び殿上侍臣女房等、修明門外に於いて皆素服を着す。

同じ頃、素服は公卿や殿上人(てんじょうびと)などの側近の臣下にのみ着用させるようになった。

中世時代

中世になると素服の形態が大幅に変わった（色は不変で）。『和長卿記』の明応九年（一五〇〇年）の記述に「素服様、長さ服を半し、衿有り、袖なき如き物也。故に装束上にこれを打ち懸ける也」とあるように丈

の長いものから打ち懸け状のものに変わった。そして、素服は通常着や吉服の上に打ち懸けて着るものとなった。明治の国葬・大喪で喪主が着た「加素服」も打ち懸け状のものである。

江戸時代

江戸中期、大喪のときに臣下に素服を着用させる慣行が途絶えた。しかし、文化十年（一八一三年）の後桜町天皇大喪のときから復活した。この辺りを『実久卿記』は「今度、素服久々中絶之処、御再興也、其体小忌衣（おみごろも）の如し。麻、織色（おりいろ）也」と記している。ここでは打ち懸け状を小忌衣状と表現している。織色は濃い浅葱色である。鈍色からこの色に変わったのである。そして、臣下に素服を着用させる慣行は幕末まで続いた。

明治時代

明治に入って国葬の制が始まり、親王や民間人の葬儀にこの制が適用されると、形態はそのままで素服の色を元々の白に戻し、「加素服」として喪主に着用させた。なお、素服の色が白になったのは江戸末の可能性もある。「加素服」にはこのように奈良時代以来の長い歴史があるのである。

明治以前では素服は大喪のときにのみ着用するものであり、素服は大喪の象徴であった。大喪でもない国葬で喪主が素服を着用するのは本来ならあり得ないことであった。素服着用の裏には、国葬は大喪に準ずるものとの明治天皇の考えがあったと思われる。

三、天皇は喪主にならずの不文律

英照皇太后大喪のときの喪主

現代の葬儀の慣例からすれば、英照皇太后大喪の喪主は子の明治天皇がなるところである。しかし実際は、近親ではあるものの肉親ではない有栖川威仁親王がなった。「天皇に親なし」という思想が古くからあり、天皇が喪主とならないという古くからの不文律が適用されたのである。

天皇は当初、このような不文律は近代国家には馴染まないから、自分が喪主になると考えていた。しかし、近代国家と言っても王政復古の近代国家だから、皇室の葬儀は古来の伝統を守る必要があるという考えが支配的となり、天皇は大喪使長官を務める有栖川威仁親王を喪主とする旨の御沙汰を一月十八日に出した。このように、不文律はすんなり適用されたわけではなかったのである。

明治天皇大喪のときの喪主

明治天皇大喪に当たり、喪主は英照皇太后大喪のときと同様に決められるとのうわさが広がった。都新聞大正元年八月五日付は、このうわさに基づいて次の記事を載せている。

御大喪の儀礼に関する一切の形式は予て一個の草案あれば専ら之に則るべく。従って御喪主は御近親の

各宮殿下中に御一名御修行成るべきが、有栖川宮殿下は目下御病体にも在し、旁多分は閑院宮殿下之に服さるゝ事となるべきかと拝承す。

翌日の都新聞は、このうわさの内容と違って「喪主は新天皇陛下がなるはず」との宮内官の話を紹介している。

大行天皇御大喪に関する御喪主は当然新天皇陛下たるべきことは申上げるまでもなきことなり。今上陛下が御孝道を重んぜさせられ、範を後世に貽したまはんとて夫々係官を仰付られ、御大喪の事務に当らせ給へることは實日夜感佩し奉る所にて、当日、天皇皇后両陛下並に皇太后陛下には青山式場に行啓ましまし、天皇陛下御喪主の任に当らせらるゝ御思召のことは夙に承る所なり。然るに閑院宮中将殿下、近々大行天皇御大喪の御喪主仰付らるゝやの説を伝ふるものあり。万々一御埋棺の為め京都に行幸あらせらるゝときは格別として、御大喪の御喪主を他の宮方に仰付らるゝが如きは萬無かるべし。

同新聞はこれに続いて、新天皇陛下はやはり喪主にならないと言う人の話も紹介している。

又、説を成す者あり。今回の御大喪に就ては伏見宮殿下が御喪主とならせらるゝ例がなく、以前は仏式なりしも孝明天皇の御時より神道に則らせ玉へるものにて此際と雖も先帝喪主たらず。天皇に父母なしと云える事あり。御異例ならば知らず。然らざれば陛下御喪主たる事なしと。

伏見宮殿下は大喪使総裁（英照皇太后大喪のときの大喪使長官に相当）である。英照皇太后大喪のときの大喪使長官がなったので、今回も大喪使総裁の伏見宮殿下が喪主になるではないかとの憶測が出たのである。

結果的には宮内官の話の通り、子の新天皇（大正天皇）が喪主となった。今から思えば大正天皇の英断だった。閑院宮載仁親王殿下が天皇の御名代を務め、葬送行列の霊柩の後方を歩いた。天皇自身が葬送行列に出るのはいろいろ問題があろう。

葬送行列での閑院宮殿下の喪服は「喪服加素服」ではなく、陸軍中尉の正装に黒腕章を付けたものであった。なお、葬儀場での天皇の喪服は大元帥の正装に黒腕章を付けた、同じく西洋流喪服であった。

上述のように喪主は天皇がなることや、喪主（天皇御名代を含めて）が軍服喪服を着用することは以降の大喪の標準となり、昭憲皇太后大喪、大正天皇大喪（戦前最後の大喪）においても同じことが行なわれた。

四、「諸国風俗問状」回答の喪服三種の由来

白喪服の由来

七世紀前半に書かれた『隋書』倭国伝には当時の日本の葬儀において肉親が白喪服を着ることが記されている。どのような階級の人の葬儀かは不明である。多分、庶民の葬儀ではなく、上流階級の葬儀だろう。朝鮮半島には三世紀頃すでに白喪服を着る風習があったことがわかっている。日本の白喪服はこの影響を受けたのではないかと思われる。中国では紀元前二世紀にすでに素服という白喪服が着用されていた。中国の文化や風習は朝鮮半島に伝わり、そして朝鮮半島からさらに日本に伝わるということがよくあった。日本の白喪服もこのルートで伝わってきたのではないだろうか。

律令時代の大喪では天皇は臣下に素服を着用させ、白喪服が強制的に着用されることになった。白喪服は麻などの粗末な地質でよく、染色も不要であり、最も安直な喪服である。このような点で大衆に最も受け入れられやすいものであり、明治以前までの喪服の主流となったと考えられる。

鼠色喪服の由来

平安時代中期に素服は鈍色（鼠色）になったが、これを受けてか後期には貴族の私的な葬儀で鼠色喪服が用いられ始めた。このような由来を持つ鼠色喪服は格式の高い特別な喪服と位置付けされ、まず、上流階級

に用いられ、やがて、開けた地域で大衆にも用いられるようになったと考えられる。

浅葱色喪服の由来

「諸国風俗問状」を出した人の一人の石原正明は著書『年年随筆』の中で「尾張のなごやにて、人の死たる時、子は白小袖、浅葱の裃をきる。これは諸国にわたりたる風俗なれば、室町殿のころよりの事なるべし」と述べている。これから浅葱色喪服がかなり普及していたことは確かだ。「諸国にわたりたる」の「諸国」は全国ではないことは「諸国風俗問状」のまとめからわかる。浅葱色は薄い藍色である。

『三年間記』に「麻裃は今都下の商売喪に用いる無紋の浅葱也。これ鈍色にてはなけれども、鈍色に似かゝりたるとも云うべし」とあるように浅葱色は鼠色に似ているということで採用されたようだ。

五、新しい喪服の登場にはいつも天皇が絡む

中国の模倣から出発した喪服系統の略史

日本の喪服は中国の模倣から出発した喪服系統と、西洋の喪服の模倣から出発した喪服系統とに分けることができる。

まず、中国の模倣から出発した喪服系統の略史は以下の通り。

・奈良時代の初め、天皇が大喪のとき着る喪服として錫紵（色は薄い墨染＝グレイ）が登場。
・奈良時代、大喪のとき天皇が臣下に着用させる喪服として素服（色は白）が登場。
・この素服は後で一般人の白喪服（白裃、白無垢など）の登場に繋がった。
・奈良時代中期、素服の色は錫紵の色と同じになる。
・この素服は一般人の鼠色喪服の登場に繋がった。
・平安時代後期に錫紵の色は濃い墨染（ブラック）になる。
・この錫紵は皇后の黒喪服（黒橡色のブラック）の登場に繋がった。
・江戸中期に再開された素服の色は浅葱色（薄い藍色）。
・この素服は一般人の浅葱色喪服の登場に繋がった。
・明治天皇が創設した国葬のときの喪主は黒喪服（和装）の上に素服（色は当初の白）を着用。

上記に出ている喪服は、中国の喪服をそっくり模倣した喪服と、これに改変（服の形態または色を変えた

西洋の喪服の模倣から出発した喪服系統の略史

を加えた喪服から成るが、登場には天皇が絡んでいる。

以下の通り。

・天皇を中心とする明治新政府が礼服として西洋流の文官大礼服と万人向け燕尾服を制定。
・すぐに、大礼服や燕尾服に黒ネクタイ・黒手袋を喪章として付けた喪服が登場。
・天皇が創設した国葬でフロックコートに黒のネクタイ・手袋・腕章を喪章として付けた近年の男子喪服の登場に繋がった。
・この喪服はブラックスーツに黒ネクタイを付けた近年の男子洋装喪服の登場に繋がった。
・上記国葬で、黒ずめの婦人洋装喪服も登場。
・この喪服は黒のワンピースやツーピースの近年の婦人洋装喪服の登場に繋がった。
・英照皇太后大喪で、羽織袴・白襟紋付・学生服などに黒の片布を喪章として付けた喪服が登場。
・この大喪の前後から黒腕章が男子洋装喪服の主喪章となる。
・上記に出ている喪服の登場には明治天皇が絡んでいる。

両喪服系統において新しい喪服の登場には天皇が直接的・間接的に絡んでおり、日本の喪服史は天皇抜きに語れない。一方、西洋の喪服はキリスト教と関係しており、その点、日本とは対照的である。

第八章　英照皇太后大喪では随所に喪のシンボル色・黒

——皇室系のものと西洋系のもの

一、皇室の喪のシンボル色・黒を使用したもの

大喪式場・幄舎の黒幕

京都・泉涌寺に仮設された大喪式場のスケッチが、日本新聞明治三十年二月十日付に載っている。これを図9に示す。なお、付帯工事をしている最中のスケッチである。中央に三棟から成る幄舎（あくしゃ）がある。柱を立て屋根を作っただけで壁を設けない簡単な構造のものである。三棟の間口はそれぞれ七間、四間、七間で、両端の棟は会葬者が座る場所で、中央の棟は通路である。幄舎の側面は図からわかるように黒幕で覆われている。なお、スケッチには見えないが、幄舎の後ろには葬場殿があり、ここは白幕で覆われている。

日本新聞明治三十年二月五日付は、このような葬儀場の作り方は寛弘八年（一〇一一年）の一条天皇大喪のときの例を参考にしたものだろうとしている。英照皇太后大喪の準備はこの頃の故実に則るという方針の元に進められたという経緯がある。

外面的には、黒幕は喪を表わすものであり、白幕は死を表わすものである。黒と白はこのように使いわけられている。皇室の喪のシンボル色・黒は、黒喪服の形のほかに黒幕の形でもあった。大喪式場の場所には次のような変遷があった。

黒幕には金巾（かなきん）と呼ばれる綿布が用いられ、白幕には緞子（どんす）と呼ばれる絹布のものが用いられた。内面的には、黒幕は遺族や会葬者が集う所を示すものであり、白幕は死者が中にいることを示すものである。

昭和天皇大喪のときも図9と基本的に同じ大喪式場が設けられた。

第八章　英照皇太后大喪では随所に喪のシンボル色・黒

図9　大喪式場幄舎の黒幕

京都・泉涌寺に大喪式場を設ける慣行が長くあった。そして、江戸後期に葬儀が神式になって寺院と関係なくなってもこの慣行が続いた。しかし、明治天皇大喪から大喪式場は東京の、寺院と無関係の所に設けられた。明治天皇大喪では赤坂離宮に隣接した所であった。この変更とともに従来の御陵の場所（泉涌寺の裏）も変更され、明治天皇大喪では同じ京都でも桃山となった。

黒幕は喪を表わす幕として以下に紹介するように、駅・自身番・民家など、幄舎以外のいろいろな所にも用いられた。

駅の黒幕

東京朝日新聞明治三十年二月三日付が「大喪使にては未明より事務官属官の人々、人夫を督して青山仮停車場に出張し、御霊柩乗御の御場所並びに奉送場に設けられし仮舎に黒の幔幕を張り（後略）」と報じているように、東京の青山仮停車場に黒幕が張られた。

自身番の黒幕

大喪に当たって京都市は市内の警戒のため、明治維新前の自身番

図10　自身番の黒幕

を復活させた。そして、日本新聞明治三十年二月六日付に載ったスケッチ（図10参照）に示すように黒幕を張りめぐらした。東京朝日新聞明治三十年二月四日付はこの自身番の模様について次のように報じている。

　自身番はかねて取設けたる町々も多かりけるが、今日よりは全市挙げて之を実行せり。中にも麩屋町・竹屋町下る等にては其厳なること一入なり。広き店に黒幕張り、之が中央に膝板てふものを置きて二人の男、前に座して張番す。膝板には筆太に自身番と記す。座せる膝もこの板もて隠すがゆえに膝板とはいふなんめり。（中略）厳たる其状況、古の関所にや似たらん歟。古風なる其有様、昔を今に見るが如し。

　以前の大喪のときも自身番が警戒にあたったが、黒幕を張るということはなかった。

図11　民家の黒幕

民家の黒幕

　日本新聞明治三十年二月七日付の「京都堺町通御霊柩御通行之図」と題するスケッチ（図11参照）には、御霊柩が通る道筋の京都堺町の民家・商店に黒幕（幅三尺）が張られている光景が描かれている。
　都新聞明治三十年二月五日付はこの光景について次のように報じている。

　この日の京都は静粛謹慎を極めたり、輦道（れんどう）の諸街は皆な黒布を以て二階の版戸格子（まど）を掩い、軒下には入口、壁、塀の嫌いなく一帯の黒幕を張り渡し、毎家に浄水桶を置き、清めは箒（ははぎ）を添え、三間毎に白張の提灯を掲げ、大抵皆な戸を鎖し業を休み、湯屋は火を揚げず、西陣の機織場に機杼の声を絶ち、皆謹んで敬弔の誠意を表せる様は殊勝の至りに見られたり。

　この黒幕の準備について、読売新聞明治三十年一月二十八日付は次のように報じている。

京都大宮御所より泉山御陵地に至る御道筋の軒前に張るべき喪幕は延長四十四町を要し、地合は金巾にして、大忠事辻忠郎兵衛氏より六十二カマを購入し、京都織物株式会社織物部に於て黒色に染上ることゝなりたる由。

京都市の議会は大喪式が京都で行なわれるのは名誉なこととして実施することを決めた事項の一つに、このように黒幕を張ることがあった。なお、黒幕には喪幕の呼称があった。

黒幕が幄舎以外で用いられるのは、今回の大喪が始めてであった。京都市民は大喪式場・幄舎に黒幕を張る古例を伝聞により知っていたのだろう。

なお、大喪式が東京で行なわれた明治天皇大喪と昭憲皇太后大喪では、東京において上と同じように、御霊柩が通る道筋その他の民家・商店に黒幕が張られた。昭憲皇太后大喪のときに黒幕が張られていた日本橋通一丁目の模様を東京朝日新聞大正三年五月二十五日付に載った写真2で示す。黒幕のほかに弔旗（後述）が掲げられ、白張提灯が立てられている。

写真2　黒幕（昭憲皇太后大喪）

商店の黒暖簾

京都上京区室町の三井呉服店では入口に黒の暖簾を付けた。なお、明治天皇大喪のときの東京では、東京朝日新聞大正元年八月一日付が「黒布を暖簾に代えて掲げたるは銀座二の越後屋呉服店、日本橋の松屋、通二丁目茶商山本、同一丁目福宝堂、白木屋等皆然り」と報じているように、これを見習って黒暖簾を掛ける商店が多く現われた。

二、西洋の喪のシンボル色・黒を使用したもの

英照皇太后大喪では西洋の黒喪章を応用した（と思われる）ものがいくつも登場した。まず、国旗の黒布を取り上げる。

国旗の黒布

弔旗としての国旗については次のような官報が出た。

臣民の喪期間、臣民に於て哀意奉意の為め国旗を掲揚するものは左式に依るべし。
一　前期十五日間は旗竿の上部に旗の長さに齊しき黒色の布片を付す。
二　後期十五日間は旗竿の上部に旗の長さの半に齊しき黒色の布片を付す。
　　　・但し、御発棺及御埋棺の当日は前期の式に依る。

前期の弔旗を図12に示す。

この弔旗を決めるに当たっては次のような経緯があった。

帝国臣民が帝国の祝祭に国旗を掲げて祝意を奉するは則ち之あり。皇室に此度の如き御凶事あるに当りては如何なる礼を用ひて

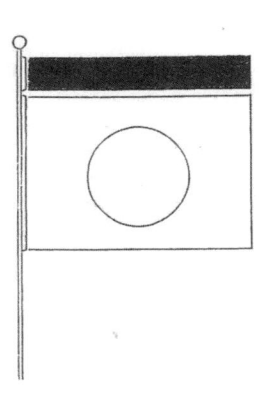

図12　弔旗

第八章　英照皇太后大喪では随所に喪のシンボル色・黒

哀悼の情を表し奉るべきか。同じ国旗を掲げ、其上に黒紗を結びて哀を表するこそ至当なんめれとて、其筋に議起り、本日の官報を以て公示さるゝ所あらん筈なりと聞く（東京朝日新聞　明治三十年一月十四日付）

国旗に黒色の布片を付けるというのは外国に例がないことであった。東京朝日新聞明治三十年二月九日付が「各国公使館の弔旗」と題して「一昨七日及び昨八日の両日、英・独・露・仏の各国公使館はいづれも半旗を掲揚して敬弔の意を表し、緊急事務の外は一切廃務したり」と報じているように、外国の弔旗は、国旗を下方にずらして掲げる半旗であった。なお、こうせずに掲げる国旗は全旗と称される。

半旗が始めて掲げられたのは明治十一年の大久保利通葬儀のときで、郵便報知新聞明治十一年五月十八日付は「東京駐剳（とう）各国公使館にては国旗を竿半に卸して我国大臣の喪を弔（とむらい）するを表せり」と報じている。

黒色の布片は、西洋流喪章の応用と見たが、幄舎の黒幕の応用とも見ることができる。弔旗を掲げた東京の様子を東京朝日新聞（明治三十年一月十七日付）は次のように報じている。

昨日は晴天となりし為め、定めの弔旗を掲ぐるもの極めて多く、殆んど都下一般に及ぼしたる様子なりしが、其の附着する黒片は前号に記せし如く、都下の呉服屋にて黒紗の品切となりし為め、或いは黒縮を用い、或いは黒メリンスを用い、其他種々なる裂地を用いて更に一定せず。中には黒八丈を用いて、不用となりし時、半襟にせんとするもありけるよし。法衣屋の古着など大方は呉服屋に買取られたるよし。貧乏寺にて古着を高価に売るもの多かるべしとぞ。

なお、明治天皇大喪では図12の竿球を黒布で覆ったもの一種となり、これを国中喪期間の一年間掲げるこ

どの家も弔旗を掲げたが、黒色の布片を付けるに当たっては苦労があった。

図13　一面全部に付けた黒枠

141　第八章　英照皇太后大喪では随所に喪のシンボル色・黒

とになった。しかし、弔旗を掲げない家もあり、また、指示の黒布を用いなかったことが、次の投書（都新聞大正元年八月二日付）からわかる。

　小生昨日遍く市中を廻りて実見するところによると市の幹道なる大通などで偶には弔旗を掲げない家がありますし、又弔旗を掲げたもの、中には、紫の布で竿頭の球を包んだり、垂げた布が黒布でなくて紺や藍の布を用いて居るのを見かけます。其の形式の違例であり、且つ、区々（まちまち）であることは甚だ恐れ多い事と思います。望むらくは規定の例に準じ、謹んで誠意を表したいものであります。

新聞の黒欄

英照皇太后が崩御したことが明治三十年一月十二日に宮内大臣から発表され、翌日十三日付の各新聞は英照皇太后崩御を一面全部を使って報じた。この面を太い黒線で囲んで（黒枠を付けて）敬弔の意を表わす新聞が多かった。このような新聞の一つの東京朝日新聞の一面を図13に示す。

なお、見出しは、順に「皇太后陛下の崩御」「廃朝」「皇太后陛下を哭し奉る辞」「閔泳喚と紹勅」「御葬儀」「国中喪」「歌舞音曲停止」である。

東京朝日新聞の場合、黒枠を他のページにも付けた。翌日からは一面だけ付け、これを国中喪期間の最終日（二月十日）

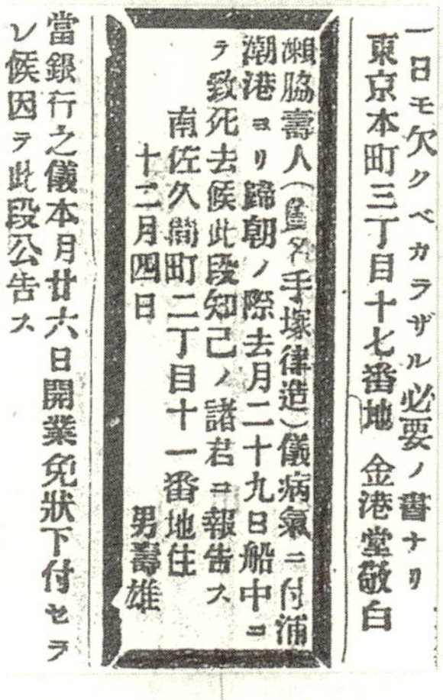

図14　黒枠付きの新聞死亡広告

一日モ欠クベカラザル必要ノ舊ナリ
東京本町三丁目十七番地　金港堂敬白

瀕港壽人（醫名手塚律造）儀病氣ニ付浦潮港ヨリ歸朝ノ際去月二十九日船中ニ致死去候此段知己ノ諸君ニ報告ス
南佐久郡町二丁目十一番地住　男壽雄
十二月四日

當銀行之儀本月廿六日開業免状下付セラレ候因ヲ此段公告ス

まで続けた。

新聞の黒枠付き死亡広告は早くも明治始めに登場している。曙新聞明治十一年十二月六日付に載ったものを図14に示す。内容は「船で帰国の途中に死亡したので、この件を知己の方にお知らせする」というものである。広告を出したのは故人の親か、それとも息子か。これが日本の新聞の黒枠付き死亡広告の最初と言えるものであるが、西洋を見習ったものだ。黒枠には喪章の意味があった。

そして、黒枠付きの死亡記事（広告ではなく）は明治二十四年二月に三条実美が亡くなったときに登場している。以来、黒枠付きの死亡記事は黒欄と呼ばれるようになった。英照皇太后大喪以前の黒欄は紙面の一部であったが、この大喪では始めて紙面全部が黒欄となった。以降の大喪でもこのような黒欄が用いられた。

宮内省の黒印

日本新聞明治三十年一月十七日付の記事に「宮内省にては諸官衙を始め諸家より到来の書状・領収書に一々省名の朱印を捺(お)すの例なるも、大喪中は特に黒印を用うる事に為したりと」がある。宮内省は外部からきた書状・領収書に「宮内省」の朱印を押していたが、大喪中は朱印ではなく黒印を押すことにしたというわけである。

東京市庁の黒印・黒罫紙・黒枠名刺

明治天皇大喪のときであるが、東京市庁と各区役所は黒印を使用することになったことが、万朝報大正元

第八章　英照皇太后大喪では随所に喪のシンボル色・黒

年八月一日付の記事「大喪中、公文書その他用紙は全部黒罫紙を用い、印象の如きも黒印を捺すことに御内定したる由、右に付き宮内省その他に出入の人々は孰れも黒枠付きの名刺を用ふること、なしたり」からわかる。

喪のシンボル色・黒は明治天皇大喪では、黒罫紙や黒枠名刺にも用いられるようになった。なお、通常の罫紙は赤茶の罫のものである。

英照皇太后大喪ではこのように皇室の喪のシンボル色・黒と西洋の喪のシンボル色・黒が随所に見られ、明治天皇大喪ではさらに展開された。

第九章 英照皇太后大喪で登場した黒白縞の幕二種

―― この黒は後で喪の意味を持つようになる

一、黒白縦縞の鯨幕

大喪式場・入り口の鯨幕

第八章の図9（大喪式場幄舎の黒幕）では、入り口に鯨幕が見られる。鯨幕とは黒布と白布を交互に縫い合わせて黒と白の縦縞を作り、その上下に黒布を付けたものである。鯨の体は黒い表皮層の下に白い脂肪層があり、鯨幕はこれを連想させることからこの名が付いた。入り口に鯨幕を張るのは幄舎に黒幕を張るのと同じく古式に則ったものである。

なお、右上の櫓（写真櫓）にも鯨幕が張られている。写真櫓は陸軍参謀本部の写真班が大喪式の模様を写真撮影するために特別に設けられたものであった。天皇は風邪のために京都に来られないということで、御霊柩が京都に着いてから大喪式までの一連の模様を写真にしてほしいとの要請を出していた。

大喪式場以外の鯨幕

御霊柩を迎える京都七条駅にはその前日の二月三日に鯨幕が張られたが、この模様について東京朝日新聞明治三十年二月四日付は「停車場にては御霊柩を載せたる御車を停めらるる場所は鯨幕を張り、一般人民の窺ひ得ざる様なせり」と報じている。鯨幕は御霊柩を載せた車両を見えなくするために用いられた。

同新聞明治三十年二月四日付は御霊柩が御所に着いたときの模様について「御轝は御門を入りたまひて正面の御車寄に着御あり。供奉これに随う。時正に十一時五十分。御門は即時に鯨幕打って蔽い奉る」と報じている。ここでも鯨幕は遮蔽のために用いられた。

鯨幕は伊勢神宮の式年遷宮で昔から用いられてきた

鯨幕は、皇室の祖神を祀る伊勢神宮の式年遷宮の際の地鎮祭において古くから用いられ、現在も用いられている。新しい神殿を造る地に鯨幕を張り、その前で地鎮祭（草刈り始めの儀式と鍬入れの儀式から成る）を行なう。ここでの鯨幕は後ろの風景を遮蔽する役目のほかに荘厳な儀式を演出する役目もある。伊勢神宮の神殿の特徴の一つに、建物の敷地に白石を敷きつめ、その周囲に黒石を敷きつめていることがある。黒石には、白石が醸し出す神殿の清浄さを強める効果がある。白を黒で囲む鯨幕のデザインは敷石の配色が元になっているのではないかと思いたくなる。白石は神道のシンボル色・白を実感させるものだ。

鯨幕は慶応二年（一八六六年）に宮中で催された神楽でも用いられた。この役目は式年遷宮の地鎮祭の場合と同じとすることができる。鯨幕は英照皇太后大喪までは皇室専用の遮蔽幕と言えるものだった。

上記三つの所（写真檜、駅、御所、伊勢神宮）での鯨幕の使用例は、鯨幕は喪を表わす幕・喪幕ではなく、あくまでも遮蔽幕であったことを示す。

二、鯨幕は後で喪を表わす幕となる

八回目国葬の頃から喪を表わす幕となる

鯨幕は七回目国葬となった皇族・小松宮親王の葬儀で用いられた。そして、八回目国葬となった民間人・伊藤博文の葬儀で用いられた。鯨幕はこの頃から喪を表わす性格を帯びてきた。しかし当時はまだ、一般の葬儀で用いられることはなかった。明治天皇大喪では、完全に喪幕と受け止められるようになった。大正天皇大喪では浅草六区に黒白段段幕(後述)とともに鯨幕が張られた。これは、鯨幕は喪幕という認識が庶民の間にも出てきたことを物語っている。

鯨幕は現在の葬儀でよく用いられている

鯨幕は現在、民間の葬儀場入り口の受付用テントの囲いに用いられたり、葬儀場内の壁に張られたりしている。前者の例を写真3に示す。これは東京・両国の回向院で撮影したものである。見ればわかるように、上下に付けるべき黒布を上だけに付けたもので、略形鯨幕と呼ぶべきものである。本来の鯨幕とは模様が少し異なり、のである。

現在の皇室の葬儀において鯨幕は古式の通りに葬儀場入り口に張られる。皇室はあくまで遮蔽幕と捉えているだろうが、テレビや新聞でこの鯨幕を見た一般人にとっては喪幕と映る。

149　第九章　英照皇太后大喪で登場した黒白縞の幕二種

写真3　葬儀場の鯨幕

写真4　地鎮祭での鯨幕と紅白幕

略形鯨幕の黒を青に変えたものは青白幕または浅葱白幕と呼ばれるが、例年東京・元赤坂の赤坂御苑で開かれる、天皇、皇后両陛下主催の「春の園遊会」と「秋の園遊会」で用いられる。また、一般参賀では皇宮警察の警備櫓に張られる。かつての皇室慶事の場で、鯨幕が担っていた遮蔽の役目を今は青白幕が担っているわけである。一般人が参加する園遊会や一般参賀では鯨幕はもう使えなくなって、その代わりのものとして青白幕が登場した形である。

青白幕は民間の地鎮祭でも用いられる。地鎮祭で青白幕が用いられる理由はここにある。地鎮祭は神道に則ったものである。神道の神にはいわゆる「八百万の神」がいるが、その頂点に立つのは皇室の祖神の天照大神である。

地鎮祭では、しめ縄が張られ、その奥に青白幕が張られた所で神主が工事の安全を祈願する。青白幕の両側には民間の晴れの行事・儀式で用いられる紅白幕が張られるのであり、紅白幕はこれが祝賀行事であることを示すものである。ある県立病院の建設の際の地鎮祭の光景を写真4に示す。このモノクロ写真ではもともとはカラー写真である。カラー写真では青白幕と紅白幕が一目瞭然でわかるが、モノクロ写真では残念ながら両者の区別が付かない。

鯨幕の複雑な変遷を整理すると以下のようになる。

・英照皇太后大喪までは厳かな雰囲気を醸し出す皇室専用遮蔽幕。
・以降の国葬で用いられ、喪幕の性格を帯び始める。
・明治天皇大喪から一般人にとっては喪幕となる。
・現在の皇室において、葬儀では鯨幕を用い、祝賀行事では青白幕が用いられる。
・伊勢神宮の地鎮祭では鯨幕が用いられ、民間の地鎮祭では青白幕が用いられる。

三、黒白横縞の黒白段段幕

駅の黒白段段幕

京都七条駅(霊柩を載せた汽車が停車する)の構内には、黒白段段幕が張られた。黒布と白布で横縞を作ったもので、上から黒・白・黒・白・黒の五段が標準的なものである(図15参照)。黒幕で霊柩を載せた車両を見えないようにするとともに、黒白段段幕で構内全体を見えないようにした。

図15 標準的な黒白段段幕

黒白段段幕は寛政三年(一七九一年)に江戸城で開催された上覧相撲で用いられたことがある。上記の使用例が示すように黒白段段幕はもともと遮蔽幕であり、喪幕ではなかった。黒白段段幕は明治以前までは幕府用の遮蔽幕と言えるものであった。

遮蔽幕としての鯨幕や黒白段段幕は屏風の屋外版のような存在のものであった。

四、黒白段段幕も後で喪を表わす幕となる（ただし、戦前まで）

明治天皇大喪から喪を表わす幕となる

写真5　黒白段段幕（明治天皇大喪）

明治天皇大喪では、浅草六区の各活動写真館は黒白段段幕を張り、謹慎として休業した。遮蔽のためではなく喪幕として張ったものである。この模様を東京朝日新聞大正元年八月二日付に載った写真5で示す。右手前と左奥に黒白段段幕が見える。なお、中央には左腕に黒腕章をしている警官が見える。

当所は昭憲皇太后大喪と大正天皇大喪でも黒白段段幕を張って休業した。なお、大正天皇大喪のときの黒白段段幕は黒・白・黒・白・黒・白・黒の七段という特殊なものであった。

ただし、浅草六区以外のものは黒・白・黒三段の簡略形のものである。これを張った模様を東京朝日新聞昭和元年十二月二十八日付に載った写真6で示す。幕の下には奉弔の文字が書かれ、上部を黒塗りとした白張提灯が立てられている。黒白段段幕は大正天皇大喪では完全に喪幕となった。

第九章　英照皇太后大喪で登場した黒白縞の幕二種

なお、簡略形の黒白段段幕は、昭憲皇太后大喪のときの黒幕写真(第八章の写真2)の上部に見えるように、昭憲皇太后大喪から用いられ始めたとしてよいだろう。大正天皇大喪では英照皇太后大喪以来の黒幕が姿を消し、この黒白段段幕だけが用いられるようになった。黒幕はあまりにも陰気すぎるという理由だろうか。

表弔のために市中に張る黒幕・黒白段段幕のほかの喪装には弔旗や提灯があった。喪装は大喪の表弔装飾という意味で、明治天皇大喪のときから新聞が見出しに用いるようになったものである。

用例は、読売新聞大正元年九月十三日付の記事「各街衢の喪装　其重なるものをいふと、市内の目貫な る銀座通りは人道と車道との間に貫(ぬき)を立て黒幕を張り(後略)」にあり、また、同紙翌日付の記事「喪装の

写真6　黒白段段幕(大正天皇大喪)

市中　昨日の市中は東京市あつて以来の悲痛な光景を呈した。全市を挙げて業を休み喪飾を施して表弔の限りを尽くし(後略)」にある。

喪の装束の意味の喪装(読み=もそう)も同時に用いられた。この用例として、英照皇太后大喪のときの朝日新聞明治三十年一月二十七日付「喪装の模様換」の見出しで「大喪使長次官を始め事務官一同の喪装の束帯を決定せしことは曾て報せしが(後略)」の記事がある。

葬送行列は戦前の大喪では歩行であったが、戦後初の貞明皇后大喪では馬車と騎馬となり、次の昭和天皇大喪では自動

三種の喪幕の流行り廃り

英照皇太后大喪までは、喪幕は黒幕だけであったが、この大喪を契機に鯨幕と黒白段段幕が喪幕としての性格を帯びるようになり、明治天皇大喪から喪幕となった。この時点から喪幕は三種となった。これらの流

写真7　弔旗だけの新宿（昭和天皇大喪）（朝日新聞社提供）

車とサイドカーとなった。同時に葬送行列の道筋などに張る喪装はまったく見られなくなった。ただ、弔旗だけは戦前と同じく掲げられた。昭和天皇大喪のとき弔旗だけを掲げた新宿の模様を写真7（朝日新聞　平成元年二月二十四日付に掲載）で示す。

昭和天皇大喪のときの葬儀は新宿御苑で行なわれたが、入り口から葬儀場までの短い距離、歩行の葬送行列が組まれた。戦前と同じ様式のものであるが、短く切り詰めたものである。この葬送行列を朝日新聞平成元年二月二十四日付夕刊に載った写真8で示す。これは一般の人に見ることができないものだった。

なお、大正天皇大喪のときの葬送行列は東京朝日新聞昭和二年二月一日付にスケッチ（図16参照）で載っている。すべて人が歩行で、非常に長い行列であった。七段目中央には御霊柩が描かれ、この左下の八段目には軍服姿の天皇御名代が描かれている。本来なら、昭和天皇大喪のときの葬送行列もこのようなものになるはずだった。

第九章　英照皇太后大喪で登場した黒白縞の幕二種

写真8　葬送行列（昭和天皇大喪）（朝日新聞社提供）

行り・廃りをまとめてみたい。

黒幕については、中古より大喪式場の幄舎に用いられ、現在も同じ用い方がされている。黒幕は英照皇太后大喪以来、大喪のときに市中でも張られるようになった。しかし、戦後の大喪からは市中では張られなくなり、一般の人にとってはまったく忘れられた存在となった。

鯨幕については、英照皇太后大喪では、従来通りの役目の遮蔽幕として大喪式場の入り口などに用いられたが、喪幕としても受け止められ、以降の国葬では喪幕として用いられるようになった。一般人の葬儀において喪幕として用いられるようになったのは戦後のことである。大喪式場に張るのは戦後の大喪でも続行されている。

黒白段段幕については、英照皇太后大喪で単なる遮蔽幕として用いられたが、明治天皇大喪では限られた所（浅草六区など）で喪幕として用いられた。以降の大喪から喪幕として広く用いられるようになり、この状況が戦前の大喪まで続いた。この間、民間の葬儀で用いられることはなかった。戦後において、大喪でも民間の葬儀でも用いられることはない。

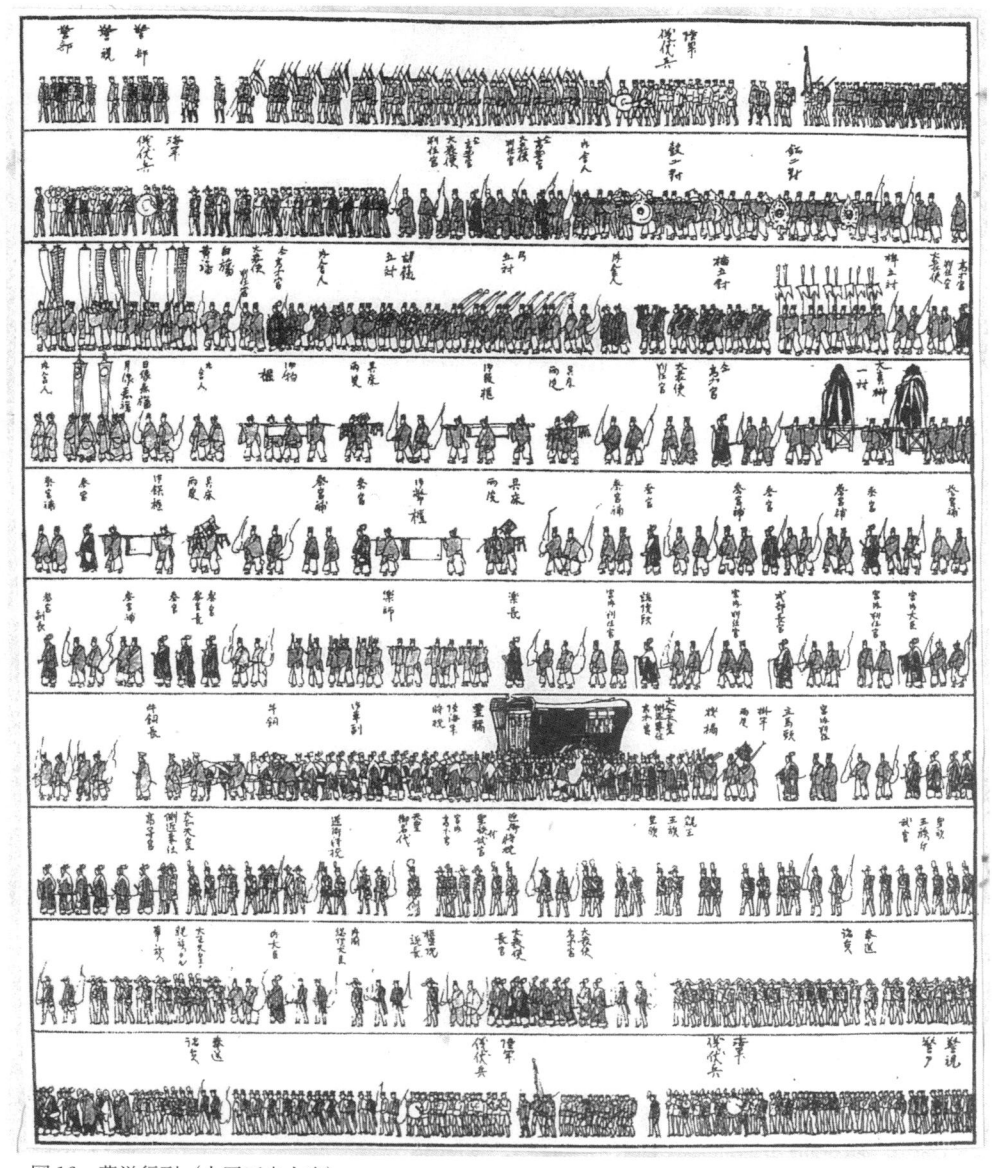

図16 葬送行列（大正天皇大喪）

こぼれ話

その一、中国の喪服事情

一九九七年二月十九日に死亡した中国の最高実力者、鄧小平の追悼大会（葬儀に相当）は同月二十五日に行なわれたが、葬儀委員長の江沢民国家主席および幹部は黒の背広に黒ネクタイをし、右腕に黒腕章を付けた。三月二日の散骨式では親族の男性は江沢民国家主席らと同じく、黒の背広に黒ネクタイをし、黒腕章を付けた。女性は黒の洋喪服を着用した。西洋流の黒喪服が着用されたのである。しかし、男性は左胸に白の造花（ボタンの花の形）を付けた。

追悼大会の前日、遺体は病院から霊柩車に乗せられ北京市内を通って墓地に運ばれたが、当局が沿道で別れを告げさせるために動員した学生四千人も胸にこの造花を付けた。造花の白には喪のシンボル色としての意味があるのである。なお、白の造花は汽車や電車の先頭車両の前面にも付けられた。

古代の中国の王が高位の臣下の葬儀のときに着用する喪服の錫衰や、王の葬儀のときに臣下が着用する素服は白だった。喪のシンボル色・白は古代に確立したものである。西洋式の黒喪服を採用したものの、古来からの喪のシンボル色・白はしっかり残しているのである。造花の白はこのシンボル色であり、白い造花は中国流喪章なのである。

黒喪服は鄧小平という政治家トップの葬儀で着用されたわけであるが、黒喪服の着用は一般の葬儀にまでは浸透せず、政府関係者や都市の富裕層などごく一部の葬儀に限られていると言えよう。中国に西洋流黒喪

中国語の白事は日本語の弔事のことである。喪のシンボル色・白からきたものである。こうしたことから、白事（弔事）用の袋は白で、紅事（慶事）用の袋は赤である。共に水引がなく、香奠や〇〇祝などを書かず、名前も書かない。日本の袋と較べると至ってあっさりしたものである。

中国の風俗・習慣を古くから取り入れてきた韓国の喪服事情についても述べる必要があろう。韓国（広く朝鮮半島）の伝統的喪服は中国と同じく白い麻製の着物であり、白喪服である。韓国の都市・地方を問わずこの喪服が依然として着用されている。喪主や近親が着用し、一般会葬者は西洋流黒喪服を着用するのが普通である。韓国の西洋流黒喪服が導入されたのは戦後のこととしてよいだろう。

服が部分的にせよ導入されたのは、西洋諸国と友好的関係を持ち始めた最近のこととしてよい。

その二、葬送行列の紅旗

現在の葬儀に赤はまったく見られない。赤は目出度い色、祝賀の色とされているから、葬儀に相応しくないとして避けられている。ところが明治の国葬では葬送行列の旗の色として堂々と用いられていた。第七章で故岩倉具視葬儀（一回目国葬）のときの葬送行列書を示したが、ここに次のような記述がある。

紅旗　白旗　白旗
白旗　紅旗　紅旗
紅旗　白旗　紅旗

紅旗白旗四対が立てられたのである。なお、故大久保利通葬儀では紅旗白旗五対が立てられた。旗は帯状の布を竹竿の最上部から吊り下げたもので、捧持者は垂直に立てて持つ。

二回目〜六回目国葬までの旗は以下の通り。

二回目国葬　紅旗白旗四対
三回目国葬　紅旗白旗五対
四回目国葬　紅旗白旗五対
五回目国葬　紅旗白旗四対
六回目国葬　紅旗白旗四対

このように紅旗が白旗との対で恒例として用いられた。

なお、五回目国葬の後の英照皇太后大喪では紅旗は用いられず、白旗白旗五対であった。この旗は金襴織りの特製のもので、幅は二尺二寸、長さは一丈二尺五寸（約三メートル八十センチ）である。葬送行列が通

る街路を横断して張ってある電線に旗が引っ掛かるのを回避するため、高さが二丈（約六メートル）以下の電線については二丈より高く張り替える工事が行なわれた。

旗を立てることにはどんな意味があるのだろうか。

長崎の総氏神を祀る諏訪神社の巡幸祭の模様を描いた錦絵「長崎諏方神社大祭式行列図」（長谷川竹葉画、明治十二年）には先頭に白旗白旗十二対が立てられ、中間の神輿や神具の前の五カ所には紅旗白旗一対が立てられている。白旗白旗十二対は行列全体の存在を目立たせるもののように見え、紅旗白旗一対は神輿や神具を目立たせるもののように見える。実際、白旗白旗対や紅旗白旗対にはこのような目立たせる意味があったと思われる。葬送行列の白旗白旗対や紅旗白旗対にも同じ意味があったと思われる。

英照皇太后大喪で喪服が黒喪服となったことが全国民に知れわたり、黒幕・鯨幕・黒白段段幕などが京都で用いられると、国葬で赤を使用するのを避けようとする気運が出てきた。そして、明治三十六年二月の小松宮彰仁親王国葬（七回目国葬）のときから、目出度い色・祝賀の色のイメージがある赤を旗に使用しないことが方針として打ち出された。

そして、七回目国葬での旗は無紅色方針のもと白旗白旗四対となった。

太后大喪のときの白旗白旗の対を見習ったものだろう。そして、八回目国葬（戦前最後の国葬）での旗も七回目国葬と同じく白旗白旗四対であった。

明治天皇大喪での旗は黄旗白旗十対となった。黄旗白旗の対が新しく登場したのである。そして、昭憲皇太后大喪および大正天皇大喪でも同じ黄旗白旗の対であった。大正天皇大喪の黄旗白旗は第九章の図16の三段目の左端に見るように五対であった。

最近の昭和天皇大喪のときの葬送行列の写真（第九章の写真8）には五対の旗が見えるが、これも黄旗白

旗の対であったのである。大喪で黄旗白旗の対を立てるのは明治天皇大喪に始まり、それ以来現在までずっと受け継がれているのである。

上記の黄旗はどのような理由で採用されたのだろうか。『類聚雑例』に拠れば、長元九年（一〇三六年）の上東門院（御一条天皇の母）大喪のときの葬送行列では、「真言」と書かれ、白木の竿に付けた絹の黄旗一本が立てられた。大治四年（一一二九年）の白河法王大喪のときの葬送行列においても黄旗が立てられた記録があり、また、久寿二年（一一五五年）の左大臣藤原頼長の妻の葬儀のときの葬送行列においても黄旗が立てられた記録がある。黄旗は葬送行列が葬儀場に着いたとき、ここに立てられるものであった。

明治天皇大喪において黄旗白旗十対の形で黄旗を用いたのは、上記のような平安時代の例を倣った結果にちがいない。明治天皇大喪のとき、黄旗と白旗はそれぞれ葬儀場の前の鳥居の左右に立てられた。黄旗と白旗を葬儀場の前にこのように立てるのは現在も続行されている。

全国戦没者追悼式は例年八月十五日、天皇、皇后両陛下をお迎えして、東京・北の丸公園の日本武道館で開かれるが、祭壇の中央には「全国戦没者之霊」と書かれた白木の大きな柱が立ち、その両脇には両陛下からの献花が置かれる。こんもりと盛られた献花の下半分は黄菊から成り、上半分は白菊から成る。注目すべきことは例年八月十五日、天皇、皇后両陛下をお迎えして、祭壇の後ろには黒幕をバックにして黄菊と白菊を山形に挿したものが飾られる。山形の下方は黄菊で上方は白菊である。これも黄色と白の配色である。

黄菊と白菊による黄と白の配色は、皇室の葬儀で葬儀場の前に立てる黄旗白旗の配色と同じであり、これを模したものかと思いたくなる。最近の民間の葬儀でも黄菊と白菊が祭壇に飾られるようになった。

その三、香奠袋の黒白水引・黄白水引

現在、関西以西では黄白水引の香奠袋が用いられ、一方、関東以東では黒白水引の香奠袋が用いられる。黄白水引や黒白水引の由来は意外にも不明で、冠婚葬祭の研究家でもわからないというのが実情である。この由来について考えてみたい。

『言成卿記』には、弘化三年（一八四六年）に崩御した仁孝天皇の中陰（四十九日）法要の際に寺に献進するそのし方が記されている。西寺に献進する金額は、公卿は金二百疋、殿上人は金百疋である。なお、一疋は二十五文である。

献進金（当然、硬貨である）の入れ物については作り方が図示されている。細長い入れ物の上方に御香奠と書き、下方に金二百疋と書き、その中間に紅白の水引をするとしている。これは公卿の場合の例であり、殿上人の場合は金二百疋の代わりに金百疋と書くことになる。

注目すべきことは、不祝儀なのに紅白水引が用いられていることである。なお、祝儀のときの献進金の入れ物にも紅白水引が用いられた。紅白水引には「献進」の意味があるにすぎず、現在のような「祝儀」の意味はなかった。したがって、不祝儀なのに紅白水引が用いられても、赤は目出度い色に直接結び付く色ではなかった。この事情は明治に入っても変わりなく、葬送行列の紅旗もまったく問題なく用いることができたわけである。

上記の仁孝天皇の中陰法要の際の香奠献進の話は、皇室の不祝儀にも香奠献進の慣習があったことを示すものであるが、広く上流階級の不祝儀にも公卿や殿上人が香奠を献進する慣習があったとしてよいだろう。一方、庶民の不祝儀には香奠献進の慣習はなく、この代わりのものとして現物（現金以外の品物）献進

があった。現物の面白い例として美濃紙があった。妓楼の茶屋に不幸があったとき、他の茶屋は美濃紙一帖を香奠の代わりとした。当の茶屋はこれで直ちに障子を張り替えて商売を再開した。この張り替えには死のけがれを祓う意味があったのだろう。

庶民社会での香奠が現物から本来の金銭に代わったのは近年のことであり、それとともに香奠袋ができた。水引の紅（赤）の代わりの色として関西では黄旗の黄が選ばれ、関東では西洋の喪のシンボル色・黒が選ばれたと思われる。なお、水引の白は、色の中で最も重要な色として配色されることになっており、また、向かって左（右より上位）に用いることになっているという（江戸時代後期に著わされた『貞丈雑記』）。

その四、喪服の無光沢条件

皇室喪服規程の「女子喪服制式」の礼服及通常服（洋服）には「衣は黒色とし、地質適宜、光沢なきものとす」との規定がある。地質については、何を用いてもよいが、光沢があってはならない（無光沢でなければならない）としている。地質は実際上、絹織物あるいは毛織物となるが、糸の選択と織り方によっては光沢のあるものができる。特に絹織物はこれが顕著である。

明治始めに新政府によって制定された大礼服および燕尾服の地質は羅紗であった。羅紗は無光沢のものであるから、皇室喪服規程の大礼服・燕尾服・フロックコートの地質も羅紗であった。「光沢なきものとす」との規定はない。無意味であるからである。注目すべきことは、光沢のものも無光沢のものもある黒のネクタイ・腕章（フロックコートに付ける）に「光沢なきものとす」との規定がないことである。これは、光沢のものでもよいということを意味する。

天皇の喪服の錫紵、皇后の喪服の桂袴、喪主の喪服の「喪服、加素服」などの地質はいずれも麻であるが、麻に染めた黒は麻糸の粗い表面組織から自ずと光沢のないものとなる。皇室ゆかりの喪服の地質は無光沢なのである。これが皇室喪服規程にも反映されていると見ることができる。

現在、一般人が着用する喪服にも無光沢が適用されている。皇室喪服規程が引き継がれた結果か、それとも光沢は葬儀に相応しくないと感じる日本人の感性から来たものか。フランスの色彩研究家・ミシェル・パストゥローは著書『ヨーロッパの色彩』（パピルス、一九九五年）の中で、光沢・無光沢を重視する日本人に驚きを示している。西洋人は光沢・無光沢にまったく無頓着で、これを重視するのは世界中で日本人だけ

のようだ。最も身分の高い者が着る衣冠の袍は黒であるが、この黒は橡で濃く染めたうえに茜で染めた深みのあるものであり、かつ、絹地に染めたものなので光沢のあるものである。この点で、皇室ゆかりの喪服の黒と大きく異なる。このような二種の黒が使い分けられてきた。

皇室喪服規程

（注）カッコはわかりにくい点を補うために筆者が付けたものである。ただし、女子喪服制式の中にある扇（ボンボリ）のカッコは除く。なお、同制式の中にある「布」は麻布である。

第一条　喪服は皇室令其の他の命令に別段の定めあるものを除くの外、此の規程の定める所に依る。

第二条　男子の喪服は服装の種類及喪期の区別に従ひ、左の制式に依る。

男子喪服制式

服装の種類	第一号			
	喪期の区分及喪章	第一期	第二期	第三期
帯剣帯刀の制ある制服（大礼服・軍服）	黒紗幅凡三寸を左腕に纏う	同上	同上
帯剣帯刀の制ある制服にして剣又は刀を佩用せざるときは第二号に依る。	黒紗を似て剣又は刀の柄を巻く。但し、短剣又は短刀はこの限りに在らず。	（不要）	（不要）

服装の種類	第二号（大礼服の襟飾・手套は白色とす。）			
	喪期の区分及喪章	第一期	第二期	第三期

服装の種類	第三号 喪期の区分及喪章		
	第一期	第二期	第三期
帯剣帯刀の制なき制服（大礼服・軍服）	黒紗幅凡三寸を左腕に纏う 但し、潤袖の制服はこの限りにあらず。	同上	同上
通常礼服及通常服	黒紗幅凡三寸を左腕に纏う	同上	同上
	黒紗幅凡三寸を以て帽を巻く。	(不要)	(不要)

通常服の帽、襟飾は黒色とし、上衣、下衣、袴、手套は第一期に限り黒色とす。但し、鼠色の手套を用いることを得。(通常礼服の襟飾・手套は白色とす。)

(大礼服の襟飾・手套は白色とす。)

第三条　陸海軍の下士及兵卒は喪章を付せざることを得。

第四条　女子の喪服は服装の種類及喪期の区分に従ひ、左の制式に依る。

女子喪服制式

服装の種類	第一号 喪期の区分及喪章		
	第一期	第二期	第三期

服装の種類	礼服及通常服 / 喪期の区分及喪章 第一期	第二期	第三期
衣	衣は黒色とし、地質適宜、光沢なきものとす。黒紗の飾を付す。其の他の飾は総て黒色とす。	同上	衣は黒色又は灰色、白色の類とし、地質は適宜とす。飾は衣黒色なるときは色適宜。衣灰色、白色の類なるときは黒色とす。
帽、帽飾、髪飾	帽、帽飾、髪飾は総て黒色とす。但し、大喪及一年の喪には黒羅紗を背後に垂る。	帽は黒色とし、帽飾、髪飾は黒色又は灰適宜。	帽は黒色とし、帽飾、髪飾、帽は色、白色の類とす。
覆面	覆面は黒色とす。	覆面は黒色又は白色の類とす。	同上。
手套、扇、傘、靴、足袋	手套、扇、傘、靴、足袋は黒色とす。但し、第三期に於ては灰色、白色の類を用いることを得。		
第二号			
袿袴	袿は黒橡色布とし、袴は柑子色布とす。	同上	袿は鈍色生絹とし、袴は萱草色生絹とす、但し、冬期は袿に萱草色の裏平絹を用う。
袿袴（高等官、高等官待遇者着用）の袿袴			

髪は第一期及第二期に於ては垂髪鬢を引き、第三期に於ては垂髪鬢を引かず。元結、足袋は白色。扇（ボンボリ）は骨黒色、地鈍色。草覆の緒及靴は柑子色又は萱草色とす。高等官及高等官の待遇を受くる者、袿袴を用いるときは本号に依る。

服装の種類	第三号 喪期の区分及喪章		
	第一期	第二期	第三期
袿袴（判人官、判人官待遇者着用の袿袴）	袿は黒橡色布とし、袴は萱草色布とす。	同上	同上

髪は第一期及第二期に於ては垂髪鬢を引き、第三期に於ては垂髪鬢を引かず。判任官及判任官の待遇を受くる者、袿袴を用いるときは本号に依る。元結、足袋、草履の緒は白色。扇（ボンボリ）は骨黒色、地鈍色。靴は萱草色とす。

第五条　二期に分つ喪には第一期に於て（上記の）第二期の喪服、第二期に於て（上記の）第三期の喪服を用ひ、期を分たざる喪には（上記の）第三期の喪服を用う。但し、女子は通して（上記の）第三期も喪服を用いることを得。

［著者略歴］

風見 明（かざみ　あきら）

1939年栃木県生まれ。
早稲田大学理工学部卒（修士）。三洋電機㈱での半導体開発のかたわら、身近な日本文化を研究し、「『技』と日本人」（工業調査会）、「『色』の文化誌」（工業調査会）を著し、７０人のエッセイよりなる「日本再発見」（ＮＴＴ出版）の著者の一人となる。定年後には「相撲、国技となる」（大修館書店）、「日本の技術レベルはなぜ高いのか」（ＰＨＰ研究所）を著す。

明治新政府の喪服改革
（めいじしんせいふ　もふくかいかく）

2008年 9 月20日　印刷
2008年10月10日　発行

著　者　　風見　明
発行者　　宮田哲男
発行所　　株式会社　雄山閣

〒102-0071　東京都千代田区富士見2－6－9
振替 00130-5-1685　電話 03-3262-3231
FAX 03-3262-6938
印刷所　東洋経済印刷
製本所　協栄製本

© Akira Kazami 2008　Printed in Japan
ISBN978-4-639-02059-2　C1021

●本書のサポートページ：弊社Webサイトに掲載する場合があります。下記のURLにアクセスし，サポートの案内をご覧ください。

https://www.morikita.co.jp/support/

●本書の内容に関するご質問は，森北出版 出版部（書名を明記）宛て書面にて，もしくは下記のe-mailアドレスまでお願いします．なお，電話でのご質問には応じかねますので，あらかじめご了承ください．

editor@morikita.co.jp

●本書により得られた情報の使用から生じるいかなる損害についても，当社および本書の著者は責任を有しないものとします．

■本書に記載している製品名，商標および登録商標は，各権利者に帰属します．

■本書を無断で複写複製（電子化を含む）することは，著作権法上での例外を除き，禁じられています．複写される場合は，そのつど事前に（一社）出版者著作権管理機構（電話03-5244-5088，FAX03-5244-5089，e-mail: info@jcopy.or.jp）の許諾を得てください．また本書を代行業者等の第三者に依頼してスキャンやデジタル化することは，たとえ個人や家庭内での利用であっても一切認められておりません．

入門
設備保全工学

編著者 豊福俊泰・尼崎省二・中村一平

Maintenance Engineering
Toyofuku Toshiyasu・Amasaki Shoji・Nakamura Ippei

養北出版株式会社

序

　わが国の社会資本は，第二次世界大戦終戦（1945年）後，道路，鉄道，空港，治水，水道などの不足する社会資本の整備が漸次進められ，大規模な橋梁，トンネル，ダムなどの構造物が建設された高度成長期を経た今日では，脱ダム宣言，道路特定財源廃止論などの事例が報道されるように，これ以上の社会資本の整備は不要の意見が聞かれるまでに，700兆円を超える大量のストックを蓄積する時代を迎えている．
　これらのコンクリート構造物，橋梁，トンネルなどの社会資本施設は，建造後50年を超え老朽化するものが増加する時代を迎えており，建設技術中心から，近年，維持管理技術の一層の発展，進歩が求められている．
　本書は，高専，大学，大学院の学生のための教科書としたものであり，加えて維持管理業務に携わる技術者の入門書としたものである．講義の時間数との関係もあり，社会資本のストック額が最大である道路の構造物に関する維持管理を中心に，構成した．まず，1章では社会資本の維持管理の概論について，2章では維持管理の基本について，3章では社会資本のアセットマネジメント・ライフサイクルコストとその事例について述べた．次に，道路の構造物ごとに，4章ではコンクリート構造物，5章では鋼構造物，6章ではトンネル，7章では舗装，8章では高速道路について述べた．終わりに，9章では供用を終えた構造物の解体・撤去について，10章では今後の維持管理の展望について述べた．
　膨大な社会資本の維持管理について，最新の知識も含め十分に理解できるように記述できたかは，はなはだ危惧するところであるが，広く活用されることを念じてやまない．
　本書をまとめるにあたり，巻末に記載するように多数の図書，文献を参考にさせていただいた．特に，維持管理技術の現状については，国土交通省，（財）土木研究センター，（株）高速道路総合技術研究所をはじめ多くの方々から，有益なるご教示をいただいた．これらの著者の方々・諸氏に心より謝意を表するとともに，本書の出版にご尽力いただいた森北出版株式会社諸氏に，厚く御礼申し上げる次第である．

2009年2月

著　者

目 次

1章　社会資本の維持管理〔豊福〕 …………………………………… 1
1.1　はじめに ………………………………………………………… 1
1.2　社会資本整備の歴史 …………………………………………… 1
1.3　社会資本ストック ……………………………………………… 3
1.4　社会資本の建設プロジェクト ………………………………… 5
1.5　社会資本の維持管理の現状 …………………………………… 6
1.6　社会資本の維持管理の将来予測 ……………………………… 9
演習問題 ……………………………………………………………… 11

2章　維持管理の基本〔豊福〕 ………………………………………… 12
2.1　維持管理に関する技術基準 …………………………………… 12
2.2　維持管理の定義 ………………………………………………… 14
2.3　要求性能と変状 ………………………………………………… 15
2.4　維持管理の方法 ………………………………………………… 17
2.5　維持管理技術者の育成 ………………………………………… 27
演習問題 ……………………………………………………………… 28

3章　ライフサイクルコスト〔豊福〕 ………………………………… 29
3.1　建設プロジェクトにおけるアセットマネジメント ………… 29
3.2　舗装マネジメントシステム …………………………………… 32
3.3　橋梁マネジメントシステム …………………………………… 38
3.4　ライフサイクルコストを考慮したミニマムメンテナンス
　　　構造物の事例 ………………………………………………… 39
演習問題 ……………………………………………………………… 45

4章　コンクリート構造物の維持管理〔尼﨑〕 ……………………… 46
4.1　はじめに ………………………………………………………… 46

4.2	コンクリート構造物の要求性能と変状・劣化機構	46
4.3	維持管理の方法	52
4.4	コンクリート構造物の調査方法	54
4.5	劣化機構の推定および劣化予測	68
4.6	評価および判定	85
4.7	対　策	93
4.8	コンクリート構造物の補修・補強	100
4.9	記　録	112
演習問題		114

5章　鋼構造物の維持管理 〔中村〕 …… 115

5.1	はじめに	115
5.2	鋼構造物の要求性能と変状	115
5.3	維持管理の方法	117
5.4	点　検	117
5.5	変状機構の推定および変状予測	120
5.6	評価および判定	122
5.7	対　策	127
5.8	鋼構造物の補修・補強	127
5.9	記　録	134
5.10	橋梁マネジメントシステム	134
演習問題		134

6章　トンネルの維持管理 〔豊福〕 …… 135

6.1	はじめに	135
6.2	トンネルの要求性能と変状	135
6.3	維持管理の方法	138
6.4	点　検	138
6.5	変状機構の推定および変状予測	141
6.6	評価および判定	144
6.7	トンネルの補修・補強	146
6.8	記　録	149

演習問題 ……………………………………………………………………… 149

7章　舗装の維持管理〔中村〕……………………………………… 150

7.1　はじめに ……………………………………………………………… 150
7.2　舗装の要求性能と変状 ……………………………………………… 150
7.3　維持管理の方法 ……………………………………………………… 154
7.4　点　検 ………………………………………………………………… 155
7.5　変状機構の推定および変状予測 …………………………………… 156
7.6　評価および判定 ……………………………………………………… 158
7.7　対策の種類と選定 …………………………………………………… 160
7.8　舗装の修繕 …………………………………………………………… 160
7.9　記　録 ………………………………………………………………… 163
7.10　舗装マネジメントシステム ………………………………………… 164
演習問題 ……………………………………………………………………… 164

8章　高速道路の維持管理〔中村〕………………………………… 165

8.1　はじめに ……………………………………………………………… 165
8.2　のり面 ………………………………………………………………… 165
8.3　交通安全施設 ………………………………………………………… 168
8.4　交通管制 ……………………………………………………………… 169
8.5　維持修繕作業 ………………………………………………………… 170
8.6　環境対策 ……………………………………………………………… 172
8.7　道路保全情報システム ……………………………………………… 173
演習問題 ……………………………………………………………………… 173

9章　解体・撤去〔豊福〕……………………………………………… 174

9.1　はじめに ……………………………………………………………… 174
9.2　鉄骨・鉄筋コンクリート構造物の解体・撤去 …………………… 174
9.3　解体材の処理と再利用 ……………………………………………… 178
演習問題 ……………………………………………………………………… 178

10章　維持管理の展望〔豊福〕………………………………………… 179

 10.1　はじめに ……………………………………………………………… 179
 10.2　維持管理から設計・施工へのフィードバックの事例 ……………… 179
 10.3　設計・施工から維持管理への引継ぎの事例 ………………………… 181
 10.4　維持管理の合理化，情報システム化 ………………………………… 182

演習問題略解 ………………………………………………………………………… 183
付　表 ………………………………………………………………………………… 185
参考文献 ……………………………………………………………………………… 188
索　引 ………………………………………………………………………………… 192

1章 社会資本の維持管理

1.1 はじめに

　道路，橋梁，トンネル，上下水道などの社会資本（infrastructure）は，人類の歴史とともに整備され，進歩・発展し，今日に至っている．世界最古の都市は，紀元前8,000年頃にあったエリコ（パレスチナ）といわれており，紀元前3,000年以降にはメソポタミアに多数の都市国家が形成され，エジプトのピラミッド，モヘンジョダロの煉瓦造り建造物，古代中国の長城などに代表されるように，世界各地で種々の大規模な構造物が建設された．特に，紀元前300年頃のローマ帝国では，アッピア街道を始め延長8万kmに及ぶ都市間を結ぶ道路網が整備され，巨大都市ローマでは，約200年間にわたって建造物，大浴場，水道など大量の施設が建設された．歴代の皇帝は都市建造物の老朽化に伴う補修費用の増大に耐え切れず，ついには遷都に至ったことが知られている．

　人間は病気や怪我をすると，治療や手術によって延命するが，最期は寿命に至る．それと同様に，建造された社会資本は，年月の経過とともに劣化，老朽化，破損が発生すると，補修，補強によって供用期間の延長が図られるが，最終的には破壊に至り，その寿命を迎える．

　建設（construction）と維持管理（maintenance）の技術は，歴史とともに刻まれたこの一連のくり返しによって進歩してきた．人類の文明の進化と，今日までの世界各国の経済発展は，社会資本の整備に支えられたものであり，このことによって生活の向上も図られてきたのである．

1.2 社会資本整備の歴史

1.2.1 日本における社会資本整備

　わが国では，600年代に大陸から伝えられた仏教文化とともに道路網が発達し，宇治橋や山崎橋の架設など土木技術の発展がみられた．鎌倉時代には鎌倉街道が整備され，江戸時代には1604年に東海道五十三次が設置された．また，諸街道の整備，道路幅員の設定が行われた．猿橋，長崎眼鏡橋，錦帯橋など多数の橋も架けられ，建設技術の発達とともに，これらの施設を長期間にわたって供用するための維持管理技術

が発達した．

　明治時代には，鉄道が近代化政策の中心として位置づけられた．1872年，新橋〜横浜間が開通し，以来，鉄道はわが国の陸上交通の主役となった．道路交通の中心は牛馬車であったが，自動車が1899年に初めて輸入されると，第一次世界大戦（1914〜1918年）中の物資輸送用トラックを中心に急激に保有台数が伸び，1919年に「道路法」，「道路構造令」および「街路構造令」が制定された．また，1921年に砂利道・路肩の維持修繕などに関する「道路維持修繕令」が制定された．

　第二次世界大戦後の復興期からは，国土の整備を図るため，1958年に開通した関門国道トンネルを初め，名神高速道路，東海道新幹線，東名高速道路，成田国際空港，青函トンネル，明石海峡大橋など各種の建設プロジェクトが急速に進められ，次々と社会資本整備が行われてきた（巻末の付表1参照）．急速な経済成長を背景にした高度成長期には，「国土の均衡ある発展」を目標とした社会資本の整備が推進され，地域格差は残っているものの，一定水準の社会資本整備が達成された．このような社会資本の歴史は，維持管理の歴史でもある．今後は，社会の成熟に伴い，これまでに建設された施設の老朽化の時代を迎えようとしている．

1.2.2　社会資本の老朽化を経験したアメリカにおける維持管理

　1980年代当初のアメリカでは，1930年代のニューディール政策により大量に建設された社会資本施設の老朽化が進み，「荒廃するアメリカ」といわれて社会問題となった．当時の社会資本施設の状況を道路橋梁でみると，機能的陳腐化・構造的欠陥のある橋梁の割合が全体で約45%を占めていた．悪路や欠陥橋梁の増加によって，経済的・社会的に大きな損失がもたらされ，落橋などによって人命が奪われることすらあった．アメリカで社会資本施設の荒廃が顕在化してきた理由は，1973年のオイルショック以降，緊縮財政やインフレにより社会資本の整備財源が不足し，維持管理・更新に対して十分な投資がされなかったためと考えられている．

　米国連邦政府は，悪化した財政収支の中，1982年に制定した陸上交通支援法で，1959年以降一定となっていたガソリン税率を引き上げることにより財源を確保し，道路投資を拡充した．1991年に成立したISTEA（総合陸上輸送効率化法，1992〜1997年）では，橋梁の架換え・修復に対する補助が大幅に増額された．このISTEAと後継法のTEA-21（21世紀陸上交通最適化法，1998〜2003年）により道路整備財源が確保され，老朽化した道路施設の再生が進められた結果，欠陥橋梁の割合が減少した（図1.1）．橋梁の維持管理費用の資金配分には，橋梁マネジメントシステムが活用され，効率的な財源運用が行われてきた．

　そのアメリカでは，2007年8月1日夕刻のラッシュ時に，ミネソタ州ミネアポリ

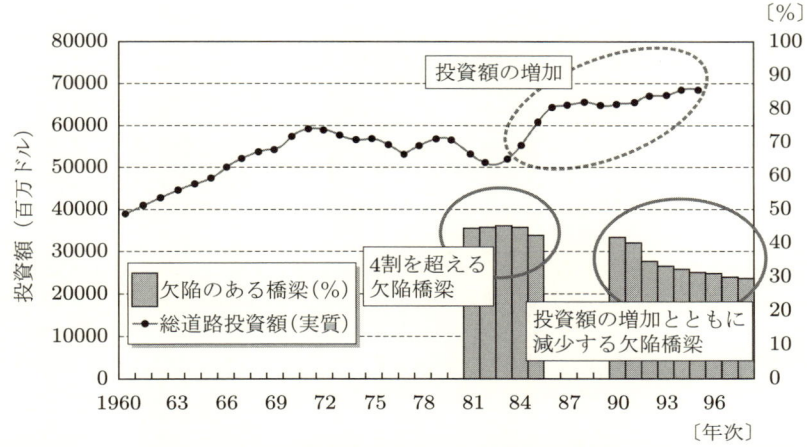

図 1.1 アメリカにおける欠陥橋梁の推移［国土交通省編：平成15年度国土交通白書］

ス市郊外で，州間高速道路35W号線の鋼3径間連続トラス橋が，わずか5秒程度で崩落し，50台以上の車が巻き込まれる事故が発生した．この橋は，構造的な欠陥があり，「架換えが必要」であると判定されていたにもかかわらず，管理するミネソタ州交通局が架換え時期を2020年まで先送りしていた．この事故は，わが国における維持管理の現況に対する警告となっている．

1.3 社会資本ストック

社会資本の定義は，各種の見解があるが，社会的に共通な資本，社会の安定を実現するために必要な資本であり，「国民から預託された共有財産」と考えられている．その範囲は政府資本（中央政府の公共事業，地方政府の投資的経費，公的企業）を範囲とする狭義の社会資本，さらに民間資本を加えた広義の社会資本がある（表1.1）．

内閣府が推計した道路，港湾，航空など社会資本20部門の粗資本ストック（公的固定資本形成，狭義の社会資本）は，図1.2に示すように年々増加しており，2003年において約698兆円となっている．社会資本ストックの分野別内訳は，道路が最も大きく33.5％であり，農林漁業13.5％，文教施設10.7％，治水10.0％，下水道6.6％，水道6.4％などが大きな割合を占めている（図1.3）．

これらの社会資本施設を，長期間にわたって維持し供用していくためには，適切な時期に補修・補強などの処置を実施することが大きな課題であり，特に近年は維持管理の重要性が高まってきている．

表 1.1 経済審議会地域部会社会資本分科会で用いた社会資本の範囲（1967 年）

区分	社会資本	
	政府資本	民間資本
1. 交通・通信施設	道路（建設省所管），港湾，空港，鉄道（国鉄等），電信電話，郵便	私鉄，有線放送施設
2. 住宅・生活環境施設	公営住宅，公務員住宅，住宅公団賃貸住宅，上水道，簡易水道，下水道，終末処理施設，ごみ処理施設，し尿処理施設，都市公園	住宅
3. 厚生福祉施設	国公立病院，国公立診療所，保健衛生施設（保健所等），社会福祉施設，児童福祉施設，労働福祉施設，国立公園	私立病院，私立診療所，私立歯科診療所，社会福祉施設
4. 教育訓練施設	国公立学校施設（幼稚園～大学，各種学校），社会教育施設，社会体育施設，職業訓練施設	民間（同左）
5. 国土保全施設	治山，治水，海岸の各施設	
6. 農林漁業施設	農業（基幹かんがい排水，ほ場整備，開干拓，防災，構造改善基盤整備事業），林業（林道，造林，国有林機械），漁業（漁港，漁場造成）の各施設（原則，農家負担金等の受益者負担分は社会資本ではない．）	
7. その他	公共工業用水道，1～6 に該当しない中央政府社会資本（主に広義の官庁営繕で建物，工作物，船舶であり，防衛関係は含まない），1～6 に該当しない地方政府社会資本（庁舎等），専売公社	

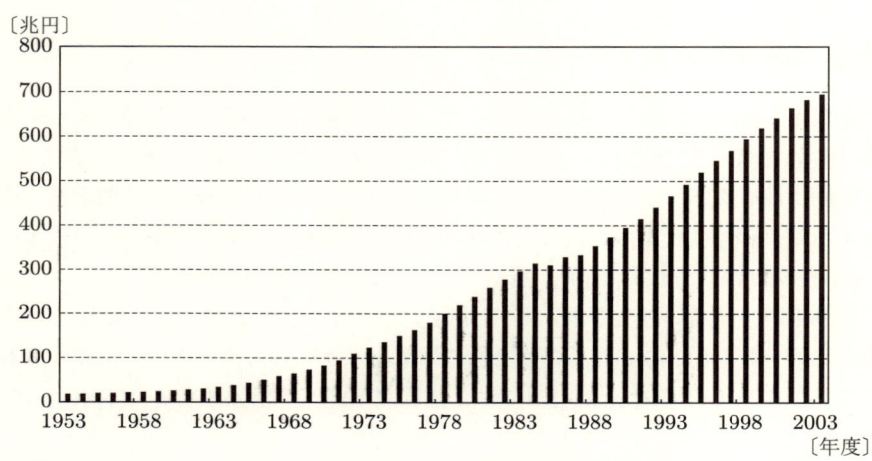

図 1.2 社会資本ストック（2000 暦年基準）［内閣府政策統括官：日本の社会資本 2007］
　　（注）図 1.3 に示す 20 部門の社会資本で，民営化された旧国鉄は 1987 年度以降除外，旧電電公社は 1985 年度以降除外して調査

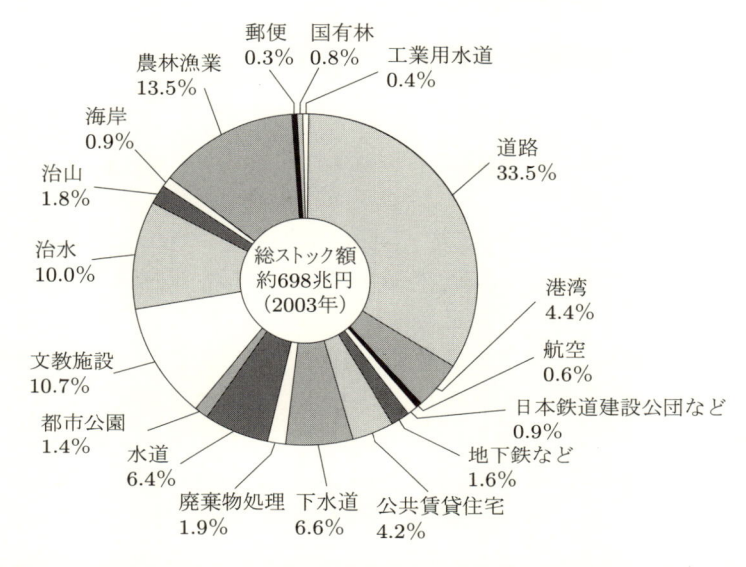

図 1.3 社会資本の内訳［内閣府政策統括官：日本の社会資本 2007 から作成］

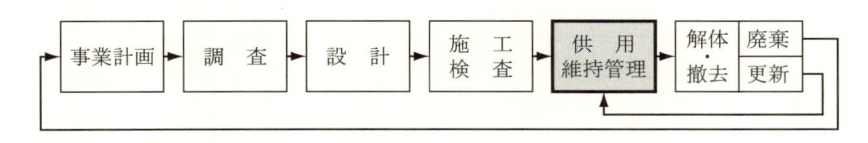

1.4 社会資本の建設プロジェクト

　建設プロジェクトの一般的なサイクルは，図 1.4 のとおりである．建設プロジェクトが企画立案されると，事業計画が具体化されて，調査，設計後に施工が行われ，社会資本として供用される．供用後は，運営，維持管理を行いながら，場合によっては更新され，所定の供用年数を経て，廃棄され，ふたたび新たな建設プロジェクトが企画立案される．社会資本の整備段階では，事業計画～施工の比率が高く，その後の整備完了段階では，供用～更新・廃棄の比率が高くなる．

図 1.4 建設プロジェクトのサイクル

1.5 社会資本の維持管理の現状

図1.3に示した社会資本の維持管理の現状は，道路，港湾，海岸など社会資本ストックの分野別に見てみると，次のとおりである．

(1) 道 路

道路の種別は，道路法に基づく道路（高速自動車国道，一般国道，都道府県道，市町村道）と，道路法以外の法令に基づく道路（農道，林道，港湾道路など）に大別される．道路法に基づく道路は，総延長約 1,197,008 km であり，内訳は高速自動車国道（東日本高速道路株式会社・中日本高速路道株式会社・西日本高速道路株式会社を，以下，NEXCO という．NEXCO 管理）0.6％，一般国道指定区間（直轄国道）1.9％，一般国道指定区間外（補助国道，都道府県管理）2.7％，主要地方道・一般都道府県道（都道府県管理）10.8％，市町村道（市町村管理）84.0％であり，市町村管理の道路が大部分を占めている（道路統計年報 2007，巻末の付表 2 参照）．

道路の施設は，土構造物（盛土・切土），舗装，橋梁，トンネル，排水施設，駐車場，交通安全施設（防護柵，視線誘導標，歩行者立体横断施設），交通管理施設（交通信号機，道路標識），防護施設などである．

舗装率は，全延長のうち簡易舗装が 53.1％で，舗装道は 26.2％にすぎない．舗装道の内訳は，アスファルト系（アスファルト舗装など）が 82.4％と大半を占めており，セメント系（コンクリート舗装など）路面は 17.6％となっている（付表 2）．橋長 2 m 以上の橋梁上部工は，全 677,787 橋のうち，PC 橋 40.4％，鋼橋 38.6％，RC 橋 17.3％，鋼と PC・RC との混合橋 2.2％，木橋 0.8％，石橋 0.2％である（付表 3）．トンネルは，全 8,970 箇所のうち，100 m 未満 29.5％，100 m～500 m 未満 50.1％，500 m～1 km 未満 12.4％，1 km ～3 km 未満 7.3％，3 km～5 km 未満 0.6％，5 km 以上 0.1％となっている（付表 4）．

維持管理として，土構造物，舗装，橋梁，トンネル，排水施設，駐車場，交通安全施設，交通管理施設，防護施設の補修・補強などが行われている．

(2) 港 湾

港湾の施設は，港湾法に基づく港湾整備事業による水域施設（航路，泊地），外廓施設（防波堤，防潮堤），係留施設（岸壁，物揚場，桟橋），臨港交通施設（港湾道路，臨海鉄道，運河），荷さばき施設（荷役機械），旅客施設，保管施設などである．

維持管理として，防波堤・壁・港湾道路の変状発生への対策などが行われている．

(3) 海 岸

海岸の施設は，海岸法に基づく海岸保全施設整備，海岸環境整備等の海岸保全事業による堤防，護岸，突堤，離岸堤，砂浜（人工海浜含む），ヘッドランド，人工リー

フ，消波工，防波堤，導流堤，水門などである．

維持管理として，海岸の侵食・局所洗掘，堤防・護岸の空洞化と被覆部の陥没，コンクリート構造物の変状や転倒・崩壊への対策などが行われている．

(4) 鉄道・地下鉄等（日本鉄道建設公団等）

鉄道施設は，鉄道事業法に基づく線路・軌道（レール，枕木，道床，分岐器），停車場（旅客駅・貨物駅，操車場，信号所），鉄道電力施設，鉄道信号通信施設，車両などで，構造物として土構造物（盛土・切土），基礎構造物・抗土圧構造物，コンクリート構造物，鋼・合成構造物，トンネルなどがある．地下鉄等の施設は，地下鉄，新交通，モノレール，ニュータウン線の鉄道施設などである．

維持管理として，軌道の保守（軌道変位の検測，保線作業，軌道補修），車両の保守，構造物の保守（コンクリートの劣化，漏水への対策）などが行われている．

(5) 航　空

航空の施設は，航空法に基づく空港および航空路の整備事業による基本施設（滑走路，着陸帯，誘導路，エプロン，標識施設），ターミナル地域の施設（旅客ターミナルビル），航空保安施設（レーダー施設，航空灯火），管理施設などである．

維持管理として，空港舗装の要求性能（平たん性，すべり抵抗性）への対策，海上空港の沈下対策などが行われている．

(6) 上水道・工業用水道

上水道の施設は，水道法に基づく水道事業による取水施設，浄水施設，貯水施設，配水施設，送水ポンプ，導管などである．工業用水道の施設は，飲用に用いられない事業向けの工業用水道事業による取水施設，貯水施設，配水施設，送水ポンプ，導管などである．

維持管理として，各施設の清掃，補修などが行われている．

(7) 下水道

下水道の施設は，下水道法に基づく下水道事業および下水道終末処理施設事業による管渠（かんきょ），マンホール，ポンプ場，調整施設，処理施設，放流施設などである．

維持管理として，各施設の清掃，下水管渠の損傷・陥没対策（重量車，土圧，水圧，摩耗，化学的腐食，樹木の根の侵入などの厳しい作用を受ける環境下にある），下水処理施設の保守，下水汚泥の再利用などが行われている．

(8) 廃棄物処理

廃棄物処理の施設は，廃棄物の処理及び清掃に関する法律に基づく廃棄物処理施設整備事業による廃棄物の処理施設（焼却処分，埋め立て処分），最終処分場（安定型処分場，管理型処分場，遮断型処分場）などである．

維持管理として，廃棄物処理施設の補修などが行われている．

(9) 都市公園

都市公園の施設は，都市公園法および都市計画法に基づく都市公園事業による園路，緑道，広場，花壇，砂場，遊戯施設，運動施設，樹林地，植物園，動物園，野外ステージ，プール，陳列館，売店，駐車場，休養施設などである．

維持管理として，樹木の管理，芝生の管理，草花の管理，公園工作物（歩道，ベンチ，遊具，案内板）の管理，清掃などが行われている．

(10) 治水・治山

治水の施設は，河川法および砂防法に基づく水害や土砂災害に対する治水事業（河川改修，河川総合開発，砂防等）による堤防，護岸，水制，床止め，樋門，せき，放水路，捷水路，遊水池，ダム，砂防ダム，流路工などである．治山の施設は，森林法に基づく治山事業（災害防止事業）による治山ダム，保安林，山腹工，保安施設などである．

治水の維持管理として，河川の管理・改修，砂防の管理などが行われている．治山の維持管理として，予防治山，保安林整備，地すべり対策などが行われている．

(11) 農林漁業（農業，林業，漁業）

農林漁業の施設は，農業生産基盤整備（農用地の整備，農道，農村環境基盤整備，基幹用排水施設整備，防災，農用地造成等），林業生産基盤整備（林道，造林，生活環境整備等），漁業生産基盤整備（漁業整備，漁場造成開発整備等）および共同利用施設整備（流通施設整備等）による施設である．

維持管理として，農道・林道の管理などが行われている．

(12) 国有林

国有林の施設は，生産基盤整備事業（林道，造林，官行造林）による施設である．

維持管理として，樹木の管理，林道の管理などが行われている．

(13) 公共賃貸住宅

公共賃貸住宅の施設は，公営，公団および公社の貸家である．

公共賃貸住宅の維持管理として，建築物（木造，鉄筋・鉄骨コンクリート，鉄骨造など）・建築設備の補修・補強などが行われている．

(14) 文教施設

文教施設は，学校施設・学術施設（国立学校，公立大学，公立学校の校舎，給食施設，研究施設）および社会教育施設・社会体育施設・文化施設（社会教育館，スポーツ・レクリエーション施設，文化会館）などである．

維持管理として，木造施設の補修・補強，コンクリート構造物の補修・補強や耐震補強などが行われている．

(15) 通信（旧電電公社）・郵便（旧郵政省）

通信（旧電電公社）の施設は，公衆電気通信法に基づく旧日本電信電話公社の公衆電気通信事業による電話線，電信柱，電報電話局などである．郵便（旧郵政省）の施設は，旧郵政省が行う郵便事業による郵便局，郵便ポスト，郵便車などである．

通信（旧電電公社）の維持管理として，電話線・電信柱の管理などが行われている．郵便（旧郵政省）の維持管理として，郵便局，郵便ポスト，郵便車の管理などが行われている．

1.6 社会資本の維持管理の将来予測

社会資本の建設プロジェクトは，これまで事業計画から工事・施工に至るまでの段階に重点が置かれていたが，建設した社会資本施設の経年に伴い，維持管理の段階に重点が置かれるように変化しつつある．

たとえば，全国に約15万橋ある橋長15 m以上の道路橋が架けられた年次別の分布を見ると，図1.5に示すように，ほとんどが第2次世界大戦終戦（1945年）後に建設されている．特に高度経済成長期（1955〜1973年）に架けられた橋は全体の34％（平均経過年：2005年現在38年）を占め，もっとも多い．このため，2006年度には約6％であった50年以上経過した道路橋の比率が，20年後の2026年度には約47％に増大する（図1.6）．また，河川管理施設（水門等）は約46％に，港湾岸壁は約42％に，下水道管渠は約14％に増大する．このように，今後，社会資本の老朽化が急速に進む．

道路種別	平均架設年	平均経過年
高速自動車道	1983.6	21.4
一般国道（指定区間）	1977.2	27.8
一般国道（指定区間外）	1977.1	27.9
都道府県道	1976.6	28.4
市町村道	1976.9	28.1
全体	1977.2	27.8

高度成長期に建設された橋梁の平均経過年：38年

49658橋／146082橋＝34％

経過年＝2005−架設年　（　）：西暦

※道路施設現況調査（平成16年4月1日現在）：橋長15m以上

図1.5 橋梁の経過年分布　[原田吉信，建設の施工企画 679号]

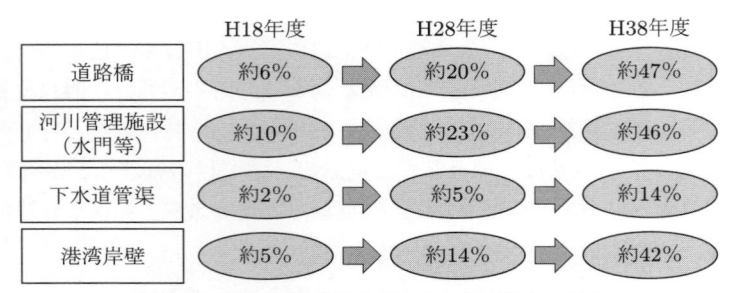

	H18年度	H28年度	H38年度
道路橋	約6%	約20%	約47%
河川管理施設（水門等）	約10%	約23%	約46%
下水道管渠	約2%	約5%	約14%
港湾岸壁	約5%	約14%	約42%

図1.6 建設後50年以上経過する社会資本の割合
［国土交通省編：国土交通白書2008］

表1.2 耐用年数の設定［国土交通省編：国土交通白書2006］

対象事業	対象範囲	耐用年数	
道路	直轄・補助・地方単独	道路改良	60年
		橋梁	60年
		舗装	10年
港湾	直轄・補助	係留施設	50年
		臨港交通施設	60年
		左記以外の施設	無限大
空港	直轄・補助	空港	50年
		航空路	9年
公共賃貸住宅	補助・地方単独	1949年以前着工	31年
		1950年代着工	31〜36年
		1960年代着工	36〜51年
		1970年代着工	51〜61年
		1980年以降着工	61年
下水道	補助・地方単独	管渠	50年
		処理場	33年
都市公園	直轄・補助・地方単独	43年	
治水	直轄・補助・地方単独	河川	無限大
		ダム	80年
		砂防	67年
		治水機械	7年
海岸	直轄・補助・地方単独	50年	

・道路改良には，トンネルを含む．
・公共賃貸住宅の1950〜70年代間の耐用年数は，平均して伸びていくものとした．

政府と民間を合わせた建設投資額は，1992年の84.0兆円（政府32.3兆円，民間51.6兆円）をピークに年々減少傾向にあり，国や地方の財政状況の悪化の背景もあって，2020年には40兆円を下回ると予測されている．一方，これまでに建設された社会資本（国土交通省所管の8分野）の耐用年数は，それぞれの更新の実態から表1.2のように予測され，老朽化が進行する．このため，土木工事の大半が含まれる国と地方の政府建設投資は，更新が急増する2020年ごろには構造物を新設するための投資余力が無くなり，その後は社会資本の維持管理・更新の資金が無くなる時代の到来が予測されている（図1.7）．

厳しい財政制約が予測される時代背景の下，「荒廃するアメリカ」の事例に学び，アセットマネジメント（3.1節参照）を活用するなど，さまざまな取組みが行われている．

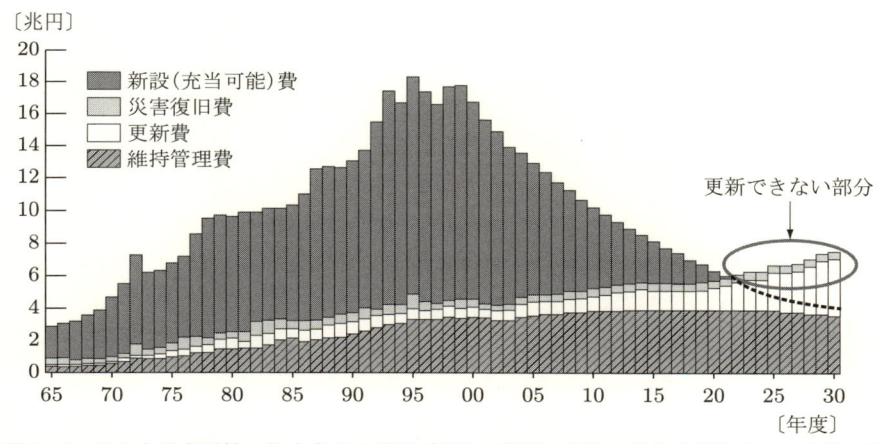

図 1.7 国土交通省所管の社会資本8分野（道路，港湾，空港，公共賃貸住宅，下水道，都市公園，治水，海岸）を対象とした建設投資額の将来予測（2005年度以降，対前年比国：−3％，地方：−5％の場合）[国土交通省編：国土交通白書2006]

演習問題

【1.1】 わが国の社会資本について説明せよ．
【1.2】 今後の社会資本の将来予測について説明せよ．

2章 維持管理の基本

2.1 維持管理に関する技術基準

　わが国の社会資本整備は，整備を施行する各法に基づき，運輸省，建設省，国土交通省などの中央省庁や，公団，都道府県などの公共的な機関によって推進されてきた．この間，維持管理に関する技術基準は，表2.1に示すように，社会資本の管理者ごとにそれぞれ制定されてきた．

　道路の場合，道路法第42条第2項で「道路の維持又は修繕に関する技術的基準その他必要な事項は，政令で定める」と規定されている．「道路の構造の技術的基準」を定める政令は，「道路構造令」（1970年）として制定されたが，「道路の維持又は修繕に関する技術的基準」は，今日まで制定されていない．このため，「道路技術基準」（第9編　維持修繕，1962年）が政令に代わるものとして運用されており，これを補足するものとして，直轄道路に対し「直轄維持修繕実施要領」が，その他の道路に対し「道路の維持修繕等管理要領」が定められている．道路管理者はこれらを基本として，日本道路協会による「道路維持修繕要綱」，「舗装設計施工指針」などを参考にして運用している．また，日本道路公団では，1985年の「点検の手引き」を最初に基準類を順次制定し，2001年の「道路構造物点検要領（案）」により運用されていたが，2005年に3社のNEXCOに民営化後，改訂されている．

　港湾の場合，1974年の運輸省「港湾の施設の技術上の基準の細目を定める省令」

表2.1　道路などの維持管理に関する公的機関における主な技術基準類（1958年以降）

施設	機関名	名称	発刊年
道路	建設省	道路技術基準（第9編 維持修繕）	1962.3
	建設省	直轄維持修繕実施要領	1958.6, 1962.10
	建設省道路局長	道路の維持修繕等管理要領	1962.8
	建設省土木研究所	橋梁点検要領（案）	1988.7
	国土交通省道路局国道課	道路トンネル定期点検要領（案）	2002.4
	国土交通省道路局国道・防災課	橋梁の維持管理の体系と橋梁管理カルテ作成要領（案），橋梁定期点検要領（案），橋梁における第三者被害予防措置要領（案），コンクリート橋の塩害に関する特定点検要領（案），補修・補強工事調書の記入要領（案）	2004.3

2.1 維持管理に関する技術基準

道路	日本道路協会	道路維持修繕要綱	1966.3, 1978.7
		道路橋伸縮装置便覧	1970.4
		鋼道路橋塗装便覧	1971.11, 1990.6
		道路橋支承便覧	1973.4, 1991.7
		道路橋補修便覧	1979.2, 1989.8
		道路橋の塩害対策指針（案）・同解説	1984.2
		道路トンネル維持管理便覧	1993.11
		舗装の構造に関する技術基準・同解説	2001.7
		舗装設計施工指針	2001.12, 2006.2
		舗装再生便覧	2004.2
		道路橋床版防水便覧	2007.3
		道路橋補修・補強事例集（2007年版）	2007.7
	日本道路公団	点検の手引き	1985.3
		維持修繕要領橋梁編	1988.5
		道路保全点検要領（案）	1998.4
		保全管理要領特殊点検編（案）	1998.4
		道路構造物点検要領（案）	2001.4
	NEXCO	維持修繕要領橋梁編，道路保全要領	2006.4
		保全点検要領	2006.5
		設計要領第二集橋梁保全編	2006.5
港湾	運輸省告示	港湾の施設の技術上の基準の細目を定める告示	1999.4
	国土交通省令	港湾の施設の技術上の基準を定める省令	2007.3
	日本港湾協会	港湾の施設の技術上の基準・同解説（改正版）	1989.6, 1999.4, 2007.7
海岸	農林水産省農村振興局・農林水産省水産庁・国土交通省河川局国土交通省港湾局局長通知	海岸保全施設の技術上の基準について	2004.4
	海岸保全施設技術研究会	海岸保全施設の技術上の基準・同解説	2004.6
	農林水産省農村振興局防災課・農林水産省水産庁防災漁村課国土交通省河川局海岸室・国土交通省港湾局海岸・防災課	ライフサイクルマネジメントのための海岸保全施設維持管理マニュアル（案）～堤防・護岸・胸壁の点検・診断～	2008.2
鉄道	日本国有鉄道	土木構造物の取替標準（土木建造物取替の考え方）	1974
	鉄道総合技術研究所	変状トンネル対策工設計マニュアル	1998.2
		トンネル保守マニュアル（案）	2000.5
		鉄道構造物等維持管理標準・同解説（構造物編）コンクリート構造物，同トンネル，同鋼・合成構造物，同基礎構造物・抗土圧構造物，同土構造物（盛土・切土）	2007.1
		トンネル補修・補強マニュアル	2007.1
全体	土木学会	エポキシ樹脂塗装鉄筋を用いる鉄筋コンクリートの設計施工指針（案）	1986.2, 2003.11
		コンクリート構造物の耐久設計指針（案）	1995.3
		コンクリート構造物の維持管理指針（案）	1995.7
		コンクリート標準示方書［維持管理編］	2001.1, 2008.3
		表面保護工法設計施工指針（案）	2005.4
		トンネルの維持管理	2005.7
		歴史的鋼橋の補修・補強マニュアル	2006.11
		舗装標準示方書	2007.3
	日本コンクリート工学協会	海洋コンクリート構造物の防食指針（案）	1983.2, 1990.3
		コンクリートのひび割れ調査，補修・補強指針	1987.2, 2003.6

の制定後，維持管理に関する技術的基準は，1994年の「港湾の施設の技術上の基準の細目を定める告示」で，初めて制定された．また，海岸の場合，2004年の局長通知「海岸保全施設の技術上の基準について」が最初である．

鉄道の場合，1974年に国鉄が制定した「土木構造物の取替標準（土木建造物取替の考え方）」が最初であり，その後，鉄道総合技術研究所が「鉄道構造物等維持管理標準・同解説」などを刊行している．

一方，土木学会では，1986年以降，塩害などのコンクリート構造物の変状対策に向けた指針類が制定されているが，「コンクリート標準示方書」[設計編]，[施工編]に加えて，[維持管理編]が2001年に初めて制定され，2007年に改訂された．

2.2 維持管理の定義

維持管理の定義は，社会資本の種類やその管理者によって多少異なっており，同一ではない．道路の維持管理は，道路法第13条に定められる「国道の維持，修繕，災害復旧事業その他の管理」に相当するとみなされ，道路の維持修繕は，「道路維持修繕要綱」（1978年7月）で次のように定められている．

維持：道路の機能を保持するために行われる道路の保存行為であって，一般に日常計画的に反覆して行われる手入れ，または軽度な修理を指す．

修繕：日常の手入れでは及ばないほど大きくなった損傷部分の修理および施設の更新を指す．

近年，これらの運用も変化しており，維持管理の定義は，「橋梁の維持管理の体系と橋梁管理カルテ作成要領（案）」（2004年3月）では，「点検等（点検及び調査をいう）及び補修等（維持，補修及び補強をいう）並びにこれらの記録の一元管理をいう」とされている．また，「道路橋補修・補強事例集（2007年版）」（2007年7月）では，「構造物の供用期間において，構造物の性能を保持するための全ての技術的行為」と定義されている．

NEXCOでは，維持管理における保全点検，保全作業，保全工事，改良工事および防災工事を保全業務としており，これらの作業，工事を「維持修繕作業」としている．

港湾の維持管理は，「港湾の施設の技術上の基準・同解説」（1989年）で，「構造物の耐用年数内において機能を維持することを目的として行う行為」と定義されており，1999年改訂で「施設の変状を効率的に見つけ，それを合理的に評価し，補修・補強等の効果的な対策を施すという一連のシステム」としている．

一方，土木学会「コンクリート標準示方書維持管理編」（以下，RC示方書という）では，維持管理は「構造物の供用期間において，構造物の性能を要求された水準以上

に保持するための全ての技術行為」であると定義している．構造物の維持管理区分として，A：予防維持管理（構造物の性能低下を引き起こさせないことを目的として実施する維持管理），B：事後維持管理（構造物の性能低下の程度に対応して実施する維持管理），C：観察維持管理（目視観察による点検を主体とし，構造物に対して補修，補強といった直接的な対策を実施しない維持管理）を定義している．

図2.1に，供用期間および耐用期間の模式図を示す．予定供用期間は，構造物を供用する予定の期間をいい，設計耐用期間は，設計時において，構造物または部材が，その目的とする機能を十分果たさなければならないと規定した期間をいう．ともに設計時に決定されるもので，前者よりも後者が長いとする設計が一般的である．さらに，点検時や検討時等から予定供用期間終了時，設計耐用期間終了時までの期間は，それぞれ残存予定供用期間，残存設計耐用期間という．予定供用期間は，社会情勢の変化などにともない，供用途中における維持管理計画の見直しによって延長される場合もあり，補修，補強などにより，要求性能が満足されるように維持管理することとなる．

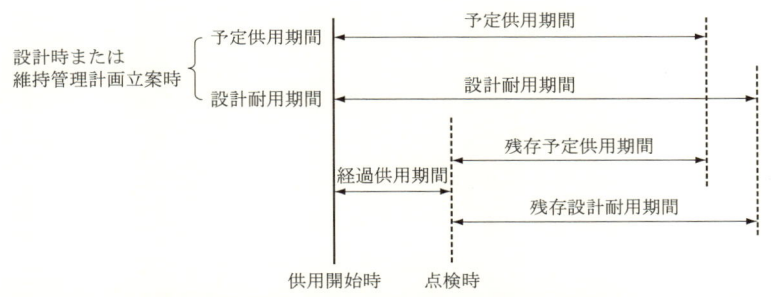

図2.1 供用期間および耐用期間などの模式図（設計耐用期間が予定供用期間よりも長い場合）［土木学会：2007年制定RC示方書］

2.3 要求性能と変状

2.3.1 要求性能

構造物（部材）の性能とは，目的または要求に応じて構造物（部材）が発揮する能力で，構造物（部材）の機能とは，その目的または要求に応じて構造物（部材）が果たす役割である．

要求性能は，構造物が，その目的を達成するために保有する必要がある性能を，一般的な言葉で表現したものであり，社会資本の種類やその管理者によって多少異なる（表2.2）．これらの性能は，設計における要求性能と，維持管理における要求性能と

表 2.2 要求性能

基準類	要求性能
ISO 2394 "General Principles on Reliability for Structures" (1998.3.)	（基本的要求事項）使用限界状態に関する要求，終局限界状態に関する要求，構造ロバスト性の要求
日本道路協会：道路橋示方書・同解説Ⅰ共通編（2002.3.）	（設計の基本理念）使用目的との適合性，構造物の安全性，耐久性，施工品質の確保，維持管理の容易さ，環境との調和，経済性
国土交通省土木・建築にかかる設計の基本検討委員会（2002.10.）	安全性，使用性，修復性
土木学会設計コード策定基礎調査委員会：包括設計コード（2003.3.）	安全性，使用性，環境性，施工性，経済性など
土木学会鋼構造委員会鋼構造物の性能照査型設計法に関する調査特別小委員会（2003.4.）	安全性，使用性，耐久性，耐震性，社会・環境適合性，施工性，初期健全性，維持管理性，解体再利用性
鉄道総合技術研究所：鉄道構造物等設計標準・同解説コンクリート構造物性能照査の手引き（2004.11.）	安全性（破壊，疲労破壊，走行安全性），使用性（乗り心地，外観），復旧性（損傷）など
土木学会：2007年制定コンクリート標準示方書設計編・維持管理編（2007.12.）	（構造物の設計における要求性能）耐久性，安全性，使用性，復旧性，環境や景観など（構造物の維持管理における要求性能）安全性，使用性，第三者影響度，美観・景観，耐久性
土木学会：トンネルの維持管理（2005.7.）	安全性，使用性，第三者影響度，美観・景観，耐久性，作業性
土木学会：2007年制定舗装標準示方書（2007.3.）	荷重支持性能，走行安全性能，走行快適性能，表層の耐久性能，環境負荷軽減性能

があるが，共通して必要な性能には次のようなものがある．

安全性（safety）：構造物が使用者や周辺の人の生命や財産を脅かさないための性能．

使用性（serviceability）：構造物の使用者が快適に構造物を使用する，もしくは周辺の人が構造物によって不快となることのないようにするための性能，および構造物に要求されるそれ以外の諸機能を適切に確保するための性能．なお，供用性と呼ばれることがある．

耐久性（durability）：想定される作用のもとで，構造物中の材料の劣化により生じる性能の経時的な低下に対して構造物が有する抵抗性．

維持管理にあたっては，特に，第三者影響度（構造物からはく落したコンクリート片などが器物および人に与える障害などへの影響度合い）が社会的に重要であり，さらに，構造物の汚れ（錆汁など）による美観・景観（landscape）への影響も重要となる場合がある．

2.3.2 変　状

　構造物の変状は，通常，初期欠陥，損傷，構造的変状および劣化（deterioration）に分類され，構造物の性能低下の原因となる．

　初期欠陥は，施工時あるいは竣工後まもなく発生した変状をいう．損傷は，地震や衝突などによって短時間のうちに発生し，変状が時間の経過によっても進展しないものをいう．構造的変状は，設計で想定された以上の構造的変化によって生じる変位やひび割れ・亀裂（crack）をいい，地盤沈下，支承の機能不全，異常変位などである．劣化は，材料の特性が時間とともに損なわれていく現象をいう．初期欠陥あるいは損傷であることが明確な変状は，早期にそれを取り除くなどの処置を講じることが原則とされている．

2.4 維持管理の方法

2.4.1 維持管理の手順

　構造物の状況を考慮して，診断，対策，記録などの実施時期，頻度，方法および体制などを総合的に計画することを，維持管理計画という．一般的な構造物の維持管理の手順を，図 2.2 に示す．最初に維持管理計画を策定し，次に，対象の診断を行う．診断（assessment）とは，点検，劣化機構の推定，劣化予測，性能の評価および対策の要否判定のことをいい，構造物や部材の変状の有無を調べて，状況を判断するための一連の行為の総称である．診断には，初期の診断，定期の診断および臨時の診断がある．診断結果に基づいて対策を実施し，最後にそれらを記録する．構造物の維持

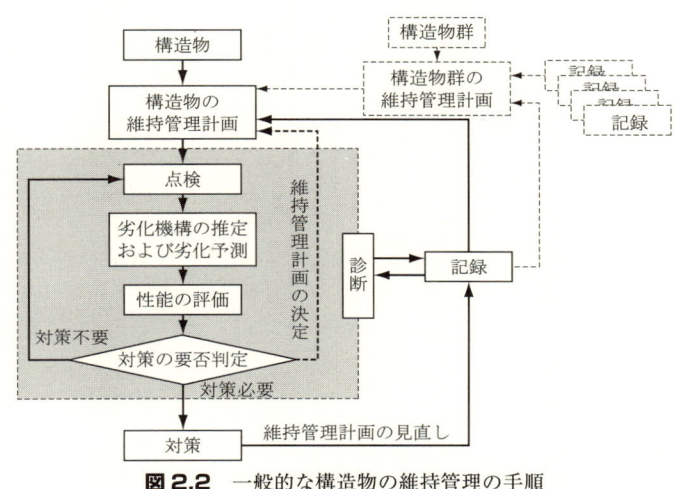

図 2.2　一般的な構造物の維持管理の手順
［土木学会：2007 年制定 RC 示方書］

管理者は，これらの行為を適切に実行するために，予定供用期間を通じて構造物の性能低下を許容範囲内に保持するように，維持管理計画を策定し，所要の維持管理体制を構築のうえ，構造物を適切に維持管理することになる．

維持管理計画は，維持管理の実施にあたって構造物の計画・設計段階から立案し，その後に実施する初期の診断の結果に基づいて，必要に応じてその計画に修正を加えた後に最終決定される．また，維持管理の実施中は，点検結果や要求性能の変化などにより，必要に応じて維持管理計画は見直される．

2.4.2 点　検
(1) 概　要

　点検（inspection）は，診断において構造物や部材に異常がないか調べる行為の総称である．初期の診断では，構造物の維持管理上の初期状態を把握するための初期点検，定期の診断では，構造物の状態変化を把握するための日常点検および定期点検（regular inspection）を行う．臨時の診断では，必要な場合に，診断目的に合わせて臨時点検（special inspection）あるいは緊急点検を行う．これらの点検を行い，それぞれの情報を比較検討することで，図 2.3 に示すように，供用開始からの構造物の状態の変化および予測など，合理的な維持管理を行うために必要となる構造物の情報を入手することができる．

　各点検で実施する調査（investigation）は，維持管理計画に定められた頻度，項目

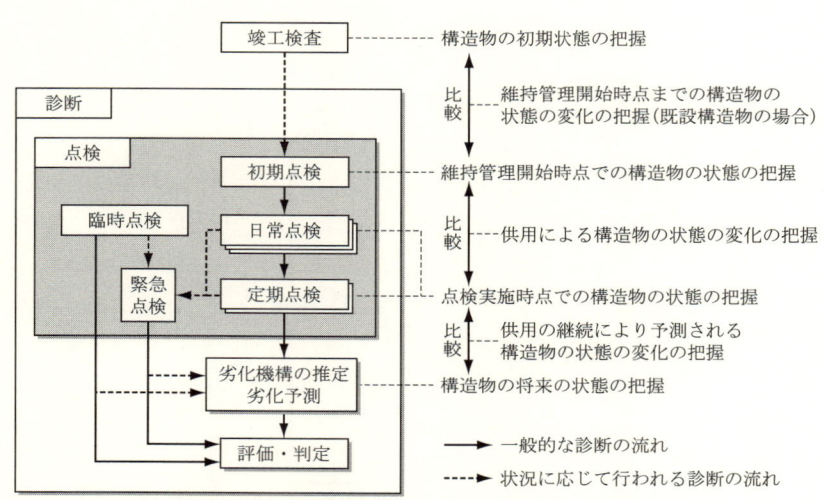

図 2.3 点検の種類と構造物の状態の変化に関して把握される内容
［土木学会：2007 年制定 RC 示方書］

および方法などに準拠した標準調査を行うことを基本とする．いずれの点検でも，標準調査の結果に基づき，必要に応じて詳細調査が実施される．

　点検業務は，社会資本の管理者が定めた点検要領類（表 2.1）に基づき実施されるが，点検技術者は，維持管理に関連する技術者資格の有資格者など，優れた知識と経験を有する技術者であることが要求される．

(2) 点検計画

　点検計画は，既往の資料調査，点検の項目と方法，点検体制，現地調査，管理者協議，安全対策，緊急連絡体制，緊急対応の必要性などの報告体制，点検工程など，点検に関するすべての計画を策定するものである．

　点検は，構造物を供用している状態で行うことが多く，道路交通，第三者および点検を実施する関係者の安全確保を第一に，関係法規を遵守しなければならない．このため，点検の実施にあたり，道路管理者，河川管理者，運河管理者，鉄道管理者および所轄警察署などとの協議が必要と判断される場合には，事前に協議を行うものとする．また，点検時に発生する可能性のある事故などを想定した緊急連絡体制を構築し，構造物点検員，点検補助員などから，点検発注者，警察および救急などに対する対応手順を明らかにしておく必要がある．

　また，点検時に新たに変状が確認され，構造物の安全性と第三者被害の防止の上で緊急対応が必要と判断された場合の対応を定める必要がある．

(3) 初期点検

　初期点検は，維持管理開始時点での，構造物の諸性能に関する初期状態を把握することが主な目的である．初期点検における標準調査は，目視やたたきなどによる構造物全体に関する調査と，構造物に作用する環境の影響，使用材料や設計，施工に関する書類調査が原則とされている．設計の記録や工事記録に関する図書は維持管理に有用であり，できるだけ収集して整理・保管に努める必要がある．

　詳細調査は，①発見された変状が明らかに劣化である場合，②発見された変状が劣化，損傷，初期欠陥のいずれであるか不明な場合，③変状は発見されないが，書類調査で材料などに不具合が認められ，経過を観察する必要が生じた場合，必要に応じて実施される．

　従来の事例によると，構造物の初期欠陥は，工事完成後ほぼ 2 年程度の間に現れることが確認されており，初期調査は，供用開始後 2 年以内に行うのがよい．

(4) 日常点検

　日常点検は，日常の巡回で点検が可能な範囲について，劣化，損傷，初期欠陥の有無や程度の把握を目的として実施される．日常点検における標準調査は，目視，写真，双眼鏡などによる目視調査および車上感覚による調査が主体で，状況に応じてた

たきなどによる調査が行われる．点検自体は簡単で，実施の間隔が比較的短く，変状の発生箇所や進行状況を把握できる特徴がある．

日常点検における詳細調査は，標準調査で変状が発見され，①変状が顕著な場合，②原因が不明な場合，③劣化が劣化予測結果と大きく異なる場合，専門技術者が確認した上で行われる．

(5) 定期点検

定期点検は，構造物全体の劣化，損傷，初期欠陥の有無や程度の把握を目的として実施される．定期点検における標準調査は，目視やたたきなどによる調査を基本とし，必要に応じて非破壊検査機器を用いる方法や，コア採取による試験などを組み合わせて行われる．詳細調査は，標準調査の結果，①確認された劣化の機構が，不明あるいは推定されたものと異なる場合，②確認された劣化の進行が，劣化予測結果と大きく異なる場合，③変状が確認され，その原因が不明な場合，④変状は確認されないが，構造物の使用条件，荷重条件，環境条件などが著しく変化した場合，などに実施される．

定期点検の頻度は，構造物や部位・部材の重要度，形式，設計耐用期間，残存供用期間，環境条件，維持管理区分，経済性などを考慮して適切に定められる．一般に，数年に1回程度で，港湾構造物1～5年，プラント構造物5～10年，道路橋5年，鉄道施設2年などが目安とされている．

(6) 臨時点検

臨時点検は，地震や風水害などの天災，火災および車輌，船舶の衝突などが構造物に作用した場合に，構造物の状況を把握するとともに，対策の要否を判定するための点検である．臨時点検における標準調査は，目視やたたきなどによる調査を基本として行われる．臨時点検では，構造物が倒壊または破壊したときはもちろん，外観が保持されていても，構造物周辺を立ち入り禁止，あるいは供用を制限するなどの処置を施した後に，点検が行われる．

(7) 緊急点検

緊急点検は，構造物の変状による事故が生じた場合，あるいは事故に至らないまでも構造物に著しい変状が確認された場合に，類似の構造物を対象に同様の変状が生じる可能性のある部位・部材で実施する点検である．緊急点検における調査は，事故原因と同種の変状の有無を確認できる適切な方法を用いて実施される．

(8) 各事業者の点検の種別

表2.3は，各機関における点検の種別の代表例であり，構造物の状況，環境条件，使用条件等を勘案して，点検の内容や頻度が定められている．一般国道では，定期点検の初回（供用後2年以内）を初期点検とし異常時点検までの点検を標準としている

が，高速自動車国道では，初期点検から臨時点検に至るまで 2001 年から要領化されている．鉄道では，検査（構造物の現状を把握し，構造物の性能を確認する行為）と定義しており，日常点検に相当する検査は定められていない．

2.4.3 劣化機構の推定および劣化予測

劣化機構の推定は，設計図書，使用材料，施工管理および検査の記録，構造物の環境条件および使用条件を検討して，点検結果に基づいて行われる．劣化や変状の種類には，橋梁（コンクリート橋，鋼橋）では，塩害，中性化，鋼材の腐食・亀裂，RC 床版のひび割れなどがあり，舗装では，ひび割れ・わだち掘れ・平たん性など，トンネルでは，覆工コンクリートのひび割れ・はく離・漏水などがある．

構造物の適切な維持管理を行うためには，構造物の部位・部材の性能とこれらの劣化との関係を把握し，適切な劣化予測を行わなければならない．劣化予測は，推定された劣化機構を対象に，点検結果のデータ（実測値が困難な場合は設計値，推定値）に基づき，適切な劣化予測モデルを用いて実施される．

2.4.4 評価および判定

構造物の性能の評価は，点検および劣化予測の結果に基づき，適切な方法で行わなければならない．対策の要否の判定は，性能の評価結果に基づいて，構造物（部位・部材）に対する要求性能を満足するかどうかを，構造物の残存予定供用期間，重要度，維持管理区分などを考慮して決定される．

各機関において規定されている代表的な判定方法を，表 2.4 に示す．構造物の変状の進行状況に対して，性能低下の程度，緊急性，補修や調査の必要性の有無などから，①緊急対応，②速やかに補修，③将来補修，④補修不要の 4 段階に分けて，対策の必要性を判定している．このうち，①緊急対応は，第三者影響度が高い場合および安全性が著しく損なわれている場合に，緊急に処置が必要と判断される状態で行う対応である．

一般国道の舗装の場合，路面性能を表す指数 MCI（維持管理指数）や PSI（供用性指数）を，評価式によって算出して，維持・修繕の要否を判定している．

2.4.5 対 策
(1) 対策の選定

構造物の性能が次のいずれかに判定されると，対策が選定され，実施される．
① 構造物が保有する性能が許容しうる限界を下回っていると評価され，対策が必要と判定された場合

表2.3 各事業者の点検の種類

適用	一般国道の橋梁	一般国道のトンネル	高速自動車国道の路面、橋梁、トンネル、カルバート、交通安全施設など	鉄道構造物
技術基準類	国土交通省道路局国道課：橋梁の維持管理の体系と橋梁管理カルテ作成要領（案），橋梁定期点検要領（案），2004.3	日本道路協会：道路トンネル維持管理便覧，1993.11 国土交通省道路局国道課：道路トンネル定期点検要領（案），2002.4.	NEXCO：保全点検要領，2006.5	（財）鉄道総合技術研究所：鉄道建造物等維持管理標準・同解説（構造物編），2007.1
初期点検 名称	定期点検の初回（初回点検）	初回定期点検	初期点検	初回検査
初期点検 内容	供用後2年以内に、橋梁の初期欠陥を早期に発見することと、その後の損傷の進展過程を明らかにすることを目的とする定期点検	建設後1〜2年以内に、トンネル本体工の変状を把握するために、近接目視と打音検査により行う定期点検	構造物の完成後の初期状況を把握するために、近接目視および打音検査により行う点検	新設構造物および改築・取替を行った構造物の初期の状態を確認する行為
日常点検 名称	通常点検	日常点検	日常点検［安全点検，変状診断（経過観察，簡易診断）］	―
日常点検 内容	損傷の早期発見を図るために、道路の通常巡回に併せて実施するもので、道路パトロールカー内からの目視を主体とした点検	原則として道路の通常巡回を行う際に併せて実施する目視点検	安全点検：構造物の現状の安全性を日常的に確認するために、本線内から主に車上目視、車上感覚により行う点検。 経過観察：構造物の変状の比較的短期的な進行状況を把握するために、本線内における車上目視および降車による遠望目視、近接目視により行う点検。 簡易診断：構造物の変状の比較的長期的な進行状況を把握するために、管理区間の構造物に対し遠望目視、近接目視、打音などにより行う点検。	―

定期点検	名称	定期点検（2回目以降），中間点検，特定点検	定期点検（2回目以降）	定期点検（定期点検A，定期点検B）	全般検査（通常全般検査，特別全般検査）
	内容	定期点検：橋梁の損傷の判定を行うために、損傷状況を把握するとともに、頻度を定めて定期的に実施するもので、近接目視を基本として必要に応じて点検機械・器具を用いて実施する詳細な点検。中間点検：定期点検の中間年に実施するもので、既設の点検設備や路上、路下からの目視を基本とした点検。	変状やその進行性を把握し、道路利用者の保全を未然に防止するために定期的に実施する点検。	定期点検A：管理区間内の構造物の状況を全般的に把握するために、構造物の状況を木線外から遠望し、変状、老朽化等の状況を確認する点検。定期点検B：損傷の複雑でない構造物を対象として、構造物の健全性を把握するために、近接目視・打音等により詳細な診断を行う点検。	通常全般検査：構造物の変状等から抽出することを目的とし、定期的に実施する全般検査。特別全般検査：構造物の健全度の判定の精度を高める目的で実施する全般検査。
臨時点検	名称	異常時点検	臨時点検，異常時点検	臨時点検	随時検査
	内容	異常時点検：地震、台風、集中豪雨、豪雪等の災害や大きな事故が発生した場合、橋梁に不具合が発生していないか、異常が発見された場合などに行う点検。	臨時点検：集中豪雨、地震、トンネル内事故等が発生した場合に実施する点検。異常時点検：日常点検等により変状が発見された場合に実施する点検。	日常点検の補完や異常気象時等に、必要に応じて行う点検。	異常時やその他必要と考えられる場合に実施する検査。
詳細点検・詳細調査	名称	特定点検，詳細調査	詳細調査	詳細点検，詳細調査	個別検査
	内容	特定点検：塩害等の事象を対象に、あらかじめ頻度を定めて実施する点検。詳細調査：補修等の必要性の判定や補修方法の決定に際して、損傷原因や損傷の程度をより詳細に把握するために実施する調査。	詳細調査：標準調査の結果、必要と判断された場合に、標準調査よりも精度のよい情報を得るために実施する調査。	詳細点検：損傷メカニズムが比較的複雑な構造物を対象として、構造物の健全性を把握するために、近接目視・打音等により詳細な診断を行う点検。詳細調査：詳細点検で、変状がある場合に行う調査。	全般検査、随時検査の結果、詳細な検査が必要とされた場合に実施する検査。

表2.4 点検判定区分

適用	一般国道の橋梁	一般国道のトンネル	高速自動車国道の路面，のり面，橋梁，トンネル，カルバート，交通安全施設など	鉄道構造物
基準類	国土交通省道路局国道・防災課：橋梁定期点検要領（案），2004.3	日本道路協会：道路トンネル維持管理便覧，1993.11 国土交通省道路局国道課：道路トンネル定期点検要領（案），2002.4	NEXCO：保全点検要領，2006.5	（財）鉄道総合技術研究所：鉄道構造物等維持管理標準・同解説（構造物編），2007.1
判定区分	**緊急対応が必要** E1：橋梁構造の安全性の観点から，緊急対応の必要がある E2：その他，緊急対応の必要がある	3A：変状が大きく，通行者・通行車両に対して危険があるため，ただちになんらかの対策を必要とするもの	E：安全な交通または第三者に対し支障となる恐れがあり，緊急的な対応が必要な場合	A：運転保安，旅客および公衆などの安全ならびに列車の正常運行の確保をおびやかす，また はそのおそれのある変状等がある もの AA：緊急に措置を必要とするもの A1：構造物の性能を失うおそれのあるもの A2：将来構造物の性能を低下させるおそれのあるもの
	速やかに補修 C：損傷が相当程度進行し，速やかに補修等を行う必要がある	2A：変状があり，それらが進行して，早晩，通行者・通行車両に対して危険を与えるため，早急に対策を必要とするもの	AA：損傷・変状が著しく，機能面から速やかに補修が必要である場合	
	将来補修 B：損傷・変状があり，状況に応じて補修を行う必要がある M：維持工事で対応する必要があるため，重点的に監視をし，計画的に対策を必要とするもの S：詳細調査の必要がある	A：変状があり，将来，通行者・通行車両に対して危険を与えるため，重点的に監視をし，計画的に対策を必要とするもの	A：損傷・変状があり，機能低下が見られ補修が必要であるが，速やかに補修を要しない場合 A1：おおむね2年以内に補修が必要 A2：おおむね5年以内に補修が必要 A3：5年以降，継続的な観察で判断	B：将来，健全度Aになるおそれのある変状等があるもの
	補修不要 A：損傷が認められないか，損傷が軽微で補修を行う必要がない	B：変状があるが，現状としては通行者・通行車両に対して影響はないが，監視を必要とするもの	B：損傷・変状はあるが軽微な変状で，損傷の進行状態を継続的な観察を行うため，調査を実施する必要がある場合 C：機能面に対する判定を行うために，機能低下を継続的に観察する必要がある場合 OK：損傷・変状がないか，もしくは軽微な場合	C：軽微な変状等があるもの

② 点検時に問題が無くても，劣化予測によって残存予定供用期間中に構造物の性能低下が問題となる可能性があると評価され，予防として対策が必要と判定された場合
③ 作用荷重や耐震性に対する設計基準などが見直され，基準に適合するよう対策が必要と判断された場合

　対策は，構造物の重要度，維持管理区分，残存予定供用期間，劣化機構，構造物の性能低下の程度などを考慮して，目標とする性能を定め，対策後の維持管理の難易度，経済性（ライフサイクルコスト）などを検討したうえで，適切に選定され，実施される．

　長寿命化，ライフサイクルコスト最小化のためには，図2.4に示すように，要求性能が低下する過程の適切な時期に，適切な対策を講じなければならない．その実施時期や方法は，部材・材料の種類，変状（初期欠陥，損傷，劣化）の種類，環境などの諸条件によって異なる．対策実施水準は，要求性能（要求水準）に対して対策を実施する時期によって，予防対策（変状はあるが性能低下が軽微な時期に実施する対策），早期対策（変状による性能低下の進行が小さい早い段階で実施する対策），事後対策（変状による性能低下がある程度進行してから実施する対策），更新対策（変状による性能低下が更新の必要な水準まで進行してから実施する対策）がある．対策が容易な部材では，性能が要求水準を下回る直前になってから更新するのが有効であるが，更新が容易ではない部材の場合は，要求性能があまり低下していない段階での長寿命化対策が有効である．

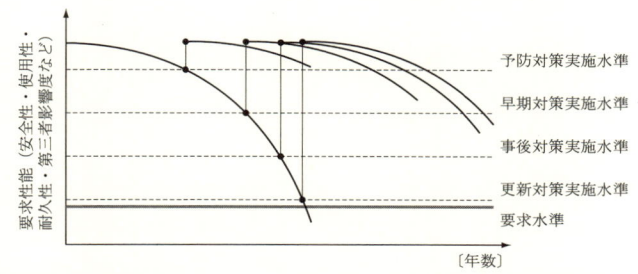

図2.4 要求性能の低下とライフサイクルコスト最小化のための対策時期
　　　［土木学会編：アセットマネジメント導入への挑戦］

(2) 対策の種類

　対策には，点検強化，補修，補強，機能向上，供用制限，解体・撤去（更新，廃棄）があり，実施にあたっては，工法や材料の選定とともに，目標とする性能水準が設定される．目標水準は，その必要性などにより，次の異なる三つの水準から選択される（図2.5）．

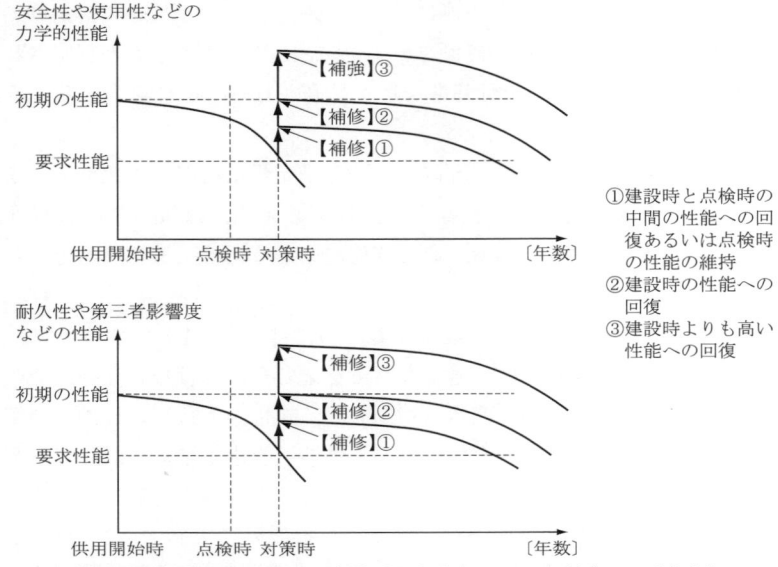

図 2.5 補修および補強の定義 ［土木学会：2007 年制定 RC 示方書］

① 建設時と点検時の中間の性能への回復，あるいは点検時の性能の維持
② 建設時の性能への回復
③ 建設時よりも高い性能への回復

対策の種類は，以下で定義するとおりである．

1） 点検強化

点検強化は，補修，補強などの対策がただちに行えない場合，あるいは経過を観察する場合に，点検頻度を増やしたり，調査項目を追加するなどの対策をいう．

2） 補　修

補修は，①第三者への影響の除去，②美観・景観や耐久性の回復あるいは向上，③構造物の力学的な安全性あるいは使用性を，建設時と同じ程度まで回復させる対策，をいう．

3） 補　強

補強は，構造物の力学的な安全性あるいは使用性を，建設時より高い性能まで向上させるための対策をいう．補強方法には，部材の交換・追加，断面積の増加，部材の支持点の増加，補強材の追加，プレストレスの導入などがある．

4） 機能向上

機能向上は，たとえば，交通量の増大に対応する車線の増設，遮音壁の追加など，構造物に新たな機能を追加するための対策をいい，補強を伴う場合がある．

5) 供用制限

　供用制限は，補修や補強を行わず，作用荷重の大きさや速度などを制限することにより実施される対策である．一般に点検強化を伴い，たとえば，車道から歩道への用途変更，補修，補強，解体・撤去を実施するまでの期間に行われることがある．

6) 解体・撤去（更新，廃棄）

　解体・撤去は，老朽化したり，機能が失われた構造物の更新や廃棄，河川改修，道路・鉄道の線形改良，再開発事業などの場合に行われる．解体・撤去にあたっては，当該構造物に適した工法を選定する必要があり，周辺環境への影響，作業の安全性，再利用（リサイクル，リユース）も含めた解体後の処理方法，工期，経済性などに十分配慮する必要がある．

　更新は，要求性能の低下が著しいため，ライフサイクルの中途で解体・撤去して，再度新しく建設する場合をいう．廃棄は，解体・撤去して，更新しない場合をいう．

2.4.6　記　録

　構造物の効率的で合理的な維持管理には，維持管理の記録（record）が大切である．記録の分析によって，維持管理面から見た設計，施工上の問題点や改善点が明らかになり，技術の進歩に役立たせることができる．

　構造物の維持管理においては，診断および対策などの結果を，維持管理計画に基づいた適切な方法で記録，保管しなければならない．記録すべき項目は，維持管理者・診断業務委託者などの氏名，主要諸元，荷重や周辺環境条件，維持管理区分，診断における点検の方法と結果，劣化予測の方法と結果，性能の評価および対策の要否判定の結果で，記録の保管期間は，供用期間である．

2.5　維持管理技術者の育成

　維持管理業務を実施する維持管理技術者には，医師が問診，触診，検査など，さまざまな手段によって健康を診断するのと同様に，社会資本施設の設計，施工，点検，補修・補強など，広範囲にわたる知識と経験が要求される．維持管理に関連する技術者資格を，表2.5に示す．高度経済成長期の1957年には，建設工事に従事する技術者の施工技術の向上を図るため，建設業法に基づく土木施工管理技士が発足した．その後，維持管理業務の増大に伴い，解体工事施工技士，コンクリート診断士などの民間資格が発足している．こうした維持管理技術者の育成が，近年，さらに必要となっている．

表 2.5 維持管理に関連する技術者資格

資格等の名称	実施者	発足年	種類
1級土木施工管理技士 2級土木施工管理技士	国土交通省・(財)全国建設研修センター	1957年	国家資格
技術士（建設部門） 技術士補（建設部門）	文部科学省・(社)日本技術士会	1958年	国家資格
解体工事施工技士	(社)全国解体工事業団体連合会	1994年	民間資格
非破壊試験技術者レベル3 非破壊試験技術者レベル2 非破壊試験技術者レベル1	(社)日本非破壊検査協会	1998年	民間資格
特別上級技術者（土木学会） 上級技術者（土木学会） 1級技術者（土木学会） 2級技術者（土木学会）	(社)土木学会	2001年	民間資格
コンクリート診断士	(社)日本コンクリート工学協会	2001年	民間資格
土木鋼構造診断士 土木鋼構造診断士補	(社)日本鋼構造協会	2005年	民間資格
コンクリート構造診断士 コンクリート構造診断士補	(社)プレストレストコンクリート技術協会	2007年	民間資格

■ 演習問題 ■

【2.1】 維持管理における点検の種類について説明せよ．
【2.2】 維持管理における対策の種類について説明せよ．

3章 ライフサイクルコスト

3.1 建設プロジェクトにおけるアセットマネジメント

3.1.1 社会資本のアセットマネジメント

　アセットマネジメント（asset management）は，預金，株式，債権などの個人の金融資産を，リスク，収益性などを勘案して適切に運用することにより，その資産価値を最大化するための活動をいう．土木学会や道路分野を中心に用いられているアセットマネジメントは，この考え方を社会資本に適用したものであるが，施設分野では，ファシリティマネジメントやストックマネジメントが用いられるなど，統一的な定義はないのが現状である．

　土木学会では，社会資本のアセットマネジメントを，「国民の共有財産である社会資本を，国民の利益向上のために，長期的視点に立って，効率的，効果的に管理・運営する体系化された実践活動．工学，経済学，経営学などの分野における知見を総合的に用いながら，継続して（ねばりづよく）行うものである」と定義している（図3.1）．社会資本は「国民から預託された共有財産」と考えられ，この資産（アセット）の管理者（道路管理者，河川管理者など）は，国民（納税者）に説明して得た資金により社会資本の管理運営を行い，国民（ユーザー）に対してサービスを提供する．管理責任者（大臣，知事，市町村長など）が，その資産管理者の責任を代行して管理運営する活動がアセットマネジメントであり，アセットマネジメントシステムが

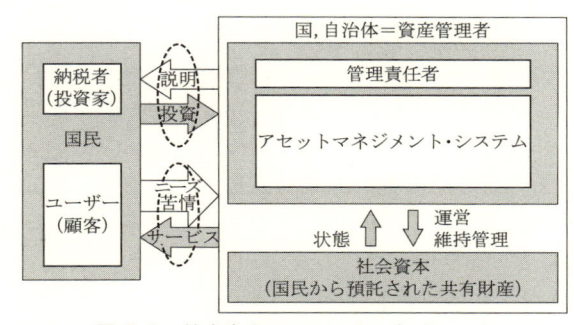

図3.1 社会資本のアセットマネジメント
　　　［土木学会編：アセットマネジメント導入への挑戦］

それを担う．アセットマネジメントは，社会資本を「経営」していくものであり，このシステムでは，「国民のニーズ」に基づき，所有する施設資産に人員と資金を投入して，組織全体で整合性の取れた管理を行い，「施設資産の維持・向上」と「サービスのパフォーマンスの向上」が継続的に図られる．

国民には，利用者としての立場と納税者としての立場とがあり，それぞれにとってのサービスの意味合いが異なる．利用者が求めるサービスには，安全性，使用性，美観・景観などがあり，構造物の老朽化が進行して諸性能が損なわれると，当該施設の使用制限が生じ，利用者に対するサービスも低下する．したがって，要求性能が低下して対策実施水準を下回る前に，性能確保のための対策を講じる必要がある．一方，納税者が求めるサービスは，費用の最小化である．現時点で何も対策を講じなければ，現時点の納税者にとっての負担は小さくなるが，老朽化が進行して莫大な維持管理の費用が必要になると，将来世代の負担を著しく増大させることになり，世代間の負担が不公平になる．

したがって，対象とする社会資本に設定された期間（ライフサイクル，寿命）全般にわたり，対策実施水準以上の性能あるいは機能を維持しながらトータルコストや環境負荷を最小化するための方法，すなわちライフサイクルコスト（Life Cycle Cost：LCC）の最小化と，世代間の負担を均等にするためのLCC平準化が求められる．

3.1.2 ライフサイクルコスト
(1) ライフサイクルコストの基本的な考え方

LCCに含まれるコスト（cost，費用）は，内部費用と外部費用に大別される．内部費用は，資産管理者（活動主体）が直接支払う費用であり，一般に初期建設費（イニシャルコスト），維持管理費（メンテナンスコスト，補修・補強などの費用で解体・撤去費を除く），解体・撤去（更新，廃棄）費である．外部費用は，経済社会活動の結果として生じる不利益で，資産管理者が負担せず，国民（利用者，沿道・地域社会の住民）が負担する．たとえば，工事・供用中の交通渋滞・環境影響や生活環境の変化による経済損失などである（利用者費，沿道・地域社会費）．LCCは，これらの総和（トータルコスト，3.1式）で求められるが，外部費用を考慮するかは社会資本のサービス条件によって異なる．トータルコストを表す式を以下に示す．

$$LCC = I + M + R + U + A \qquad (3.1)$$

I：初期建設費
M：維持管理費（解体・撤去費を除く）
R：解体・撤去（更新，廃棄）費

U：利用者費
A：沿道・地域社会費

(2) ライフサイクルマネジメント

ライフサイクルマネジメント（life cycle management）は，社会資本のライフサイクル（寿命）を通して，その性能が最大限に発揮できるように，計画〜設計〜施工〜維持管理〜解体・撤去（更新，廃棄）までを総合的に考える手法で，すべての経済的コスト（財政負担），環境コスト（環境負荷）の最適化を図るものである．ライフサイクルを考慮したメンテナンスマネジメントの概念を，次の例題で説明する．

例題 3.1

性能水準として次の3ケースに設定する場合について，LCCを評価せよ．

ケースA：初期建設費が最小となるように建設し，供用期間中に早期（予防）対策実施水準で補修・補強を繰り返して性能レベルを維持させる．補修・補強回数は同じで，費用が最小の場合（A-1）と最大の場合（A-2）．補修回数は多いが，費用が最小の場合（A-3）．

ケースB：予定供用期間は対策として補修・補強を必要とせず，更新1回とする性能レベルの構造物を建設する．

ケースC：予定供用期間は対策（補修，補強，更新）を必要としない高耐久性（高性能）レベルの構造物を建設する．

解

図3.2に，メンテナンスマネジメントの概念図を示す．図3.3は，これらの3ケースのLCCを求めた一例である．

ケースA：普通の性能で，初期建設費が1.0の場合

(A-1) 補修・補強費 0.2 が 3 回
$$LCC = I + M = 1.0 + 0.2 \times 3 = 1.6$$

(A-2) 補修・補強費 0.7 が 3 回
$$LCC = I + M = 1.0 + 0.7 \times 3 = 3.1$$

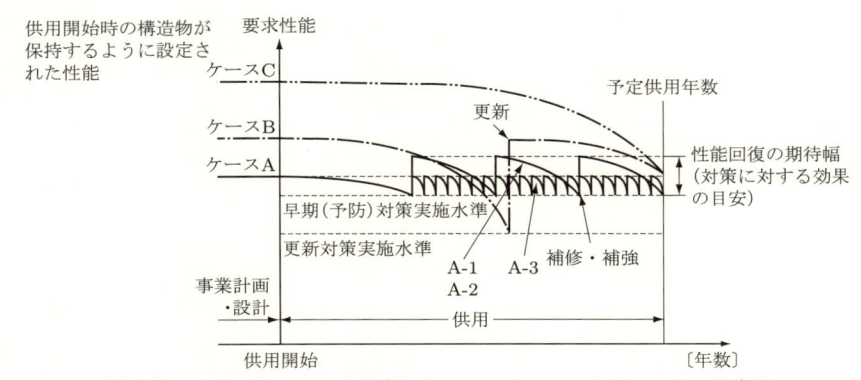

図3.2 ライフサイクルを考慮したメンテナンスマネジメントの概念図

(A-3) 補修費 0.1 が 21 回
$$LCC = I + M = 1.0 + 0.1 \times 21 = 3.1$$
ケース B：補修・補強なしで更新 1 回の性能で，初期建設費が 1.2，解体・撤去（更新）費 1.2×1.5 が 1 回の場合
$$LCC = I + M = 1.2 \times 1.2 \times 1.5 = 3.0$$
ケース C：補修・補強，更新なしの高性能（高耐久性）で，初期建設費が 1.3 の場合
$$LCC = I + M = 1.3 + 0 = 1.3$$

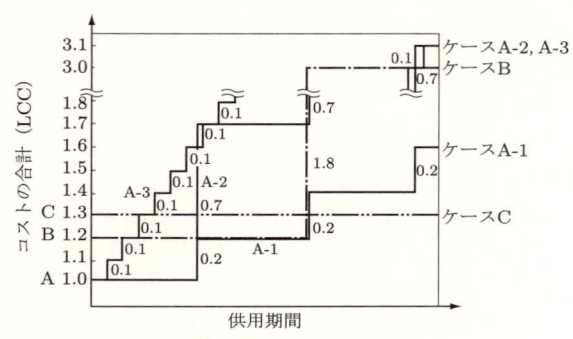

図 3.3 LCC の評価

初期建設費は供用開始時の性能水準と連動するため，ケース C が最も高価であり，次にケース B，ケース A の順となるのが通常であるが，維持管理費との組合せによってトータルコストが変化する．ケース A の初期建設費を 1.0 とすると，LCC の評価では，高耐久性（高性能）レベルのケース C が最も安価となる．また，ケース B がケース A-1 よりも高価となっており，一般的には早期（予防）対策が事後対策より重要である．しかし，ケース A-2 およびケース A-3 のように，補修・補強の回数・費用が増加すると，ケース B の更新対策の方が経済的となる．

既存のマネジメントシステムとしては，舗装マネジメントシステム（Pavement Management System：PMS），橋梁マネジメントシステム（Bridge Management System：BMS）を始め，トンネル，標識，土工，施設などのマネジメントシステムや，資産（予算）管理システム，点検データ管理システムなどで構成される道路アセットマネジメントシステムなどの運用が，資産管理者によって行われている．

3.2 舗装マネジメントシステム

3.2.1 概　要

PMS は，米国で AASHO（American Association of State Highway Officals）道路試験の結果を受けた 1960 年代中期から，NCHRP（Natinal Cooperative Highway Research Program），テキサス州道路局，テキサス大学などによって開発が始められた．その後，世界銀行で開発した HDM（Highway Design and Maintenance

Standards Model），FHWA（Federal Highway Administration）の HERS（Highway Economic Requirements System）などが実用化され，ネットワーク全体で将来の道路状態を予測して予算計画が策定されるに至っている．

わが国では，日本道路公団が 1980 年に PMS の開発に着手し，1985 年頃から大型汎用コンピュータ（ACOS）上で稼動を開始した．その後，道路保全情報システム（RIMS）の一部として再構築され，NEXCO でも継続して運用されている．また，東京都，土木研究所，北海道開発土木研究所などで進められた研究が実用化されており，2006 年に日本道路協会「舗装設計施工指針（平成 18 年版）」で，ライフサイクルコストを考慮した舗装設計法が定められるに至っている．

3.2.2 舗装のライフサイクルコスト

舗装設計施工指針（平成 18 年版）では，舗装の建設（新設あるいは更新）～供用～補修～次の建設（更新，舗装の打換え）という一連の流れが舗装のライフサイクルであり，これに係わる費用をライフサイクルコストとしている（図 3.4）．道路管理者は，調査・計画，建設，維持管理，補修，調査・計画，……，更新という一連の行動をとることになる．

ライフサイクルコストの算定に用いる一般的な費用項目は，道路管理者費用（内部費用），道路利用者費用（外部費用），沿道および地域社会の費用（外部費用）の三つに大別できる（表 3.1）．道路管理者費用とは，道路管理者に発生する費用であり，調査・計画費用，建設費用，維持管理費用，補修費用，更新費用，関連行政費用などがある．道路利用者費用とは，路面の悪化や工事による道路の利用制限に対して生じる

舗装のライフサイクル		建設	供用	補修	供用	建設
舗装の性能の推移			路面性能の低下（わだち掘れ量の増大，平たん性の悪化）構造としての健全性の低下（ひび割れ率の増大等）			
路面の管理上の目標値						
舗装の管理上の目標値						
道路管理者の行為	調査・計画→	建設→	管理→調査・計画→	補修→	管理→調査・計画→	建設→
道路管理者の費用	調査計画費	建設費	維持費調査計画費	補修費	維持費調査計画費	建設費
道路利用者の便益/費用		旅行時間増大	安全性快適性等の向上　安全性快適性等の低下	旅行時間増大	安全性快適性等の向上　安全性快適性等の低下	旅行時間増大
沿道・地域の便益/費用			環境改善　　　環境悪化		環境改善　　　環境悪化	

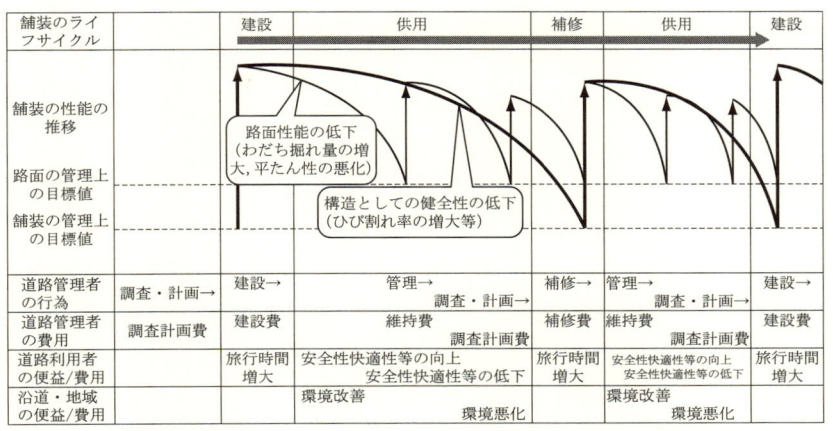

図 3.4 舗装のライフサイクルとライフサイクルコストの概念
［日本道路協会：舗装設計施工指針（平成 18 年版）］

表 3.1 舗装のライフサイクルコストの費用項目例
[日本道路協会：舗装設計施工指針（平成 18 年版）]

分類	項目	詳細項目例
道路管理者費用（内部費用）	調査・計画費用	調査費，設計費
	建設費用	建設費，現場管理費
	維持管理費用	維持費，除雪費
	補修費，更新費用	補修・更新費，廃棄処分費，現場管理費
	関連行政費用	広報費
道路利用者費用（外部費用）	車両走行費用	燃料費，車両損耗費の増加
	時間損失費用	工事車線規制や迂回による時間損失費用
	その他費用	事故費用，心理的負担（乗り心地の不快感，渋滞の不快感などの）費用
沿道および地域社会の費用（外部費用）	環境費用	騒音，振動等による沿道地域等への影響
	その他費用	工事による沿道住民の心理的負担，沿道事業者の経済損失

社会的損失を意味し，車両走行費用，時間損失費用などがある．沿道および地域社会の費用とは，沿道や地域社会全体に及ぼす費用を意味し，建設や路面の劣化による環境への影響などがある．

ライフサイクルコストの算定は，その目的や要求される精度，工事条件，交通条件，沿道・地域条件などにより，算定項目を適切に選択して行われる．道路利用者費用や沿道および地域社会の費用が少ないと考えられる場合には，道路管理者費用のみを選択してライフサイクルコストが算定される．

3.2.3 ライフサイクルコストの算定

舗装のライフサイクルコストを，図 3.5 に示す．最初に，舗装条件，工事条件，交通条件など代替案の条件を設定する．次に，舗装の性能低下を予測し，管理上の目標値に至った場合の補修・更新条件の設定をして，道路管理者費用，道路利用者費用，沿道および地域社会費用の各費用の算定を行って求める．ライフサイクルコストの算定は，解析期間（事業の開始から終了までの期間）を設定し，各年度の費用を現価法または年価法（表 3.2）によって現在価値へ換算して，合計する．

ライフサイクルコストの解析期間は，舗装の設計期間の 2 倍程度が目安とされている．舗装の設計期間（舗装構造全体に疲労破壊によるひび割れが発生するまでの期間）は，「舗装構造に関する技術基準・同解説」において，高速自動車国道で 40 年，一般国道で 20 年が目安とされており，表層の更新（打換え）はもっと短いサイクルで行われることが多い．

交通量が少なく，舗装工事に伴う道路利用者費用，沿道および地域社会の費用を考

```
┌─代替案の条件設定────────────────────────────────┐
│  ┌─舗装条件─┐ ＊設計年数,施工断面.施工延長など
│  ┌─工事条件─┐ ＊施工延長,施工幅員,工事規制区間長,規制車線数,工事規制時間など
│  ┌─交通条件─┐ ＊年平均49kN換算輪数,年平均日交通量,時間別交通量,走行速度など
│  ┌─その他──┐
└───────────────────────────────────────────┘
                    ↓
┌─補修・更新条件の設定────────────────────────────┐
│  ┌─性能低下予測─┐ ＊舗装の性能低下の予測
│  ┌─補修・更新計画┐ ＊補修のタイミング(管理上の目標値)の設定
└───────────────────────────────────────────┘
                    ↓
┌─各費用の算定──────────────────────────────────┐
│  ┌─道路管理者費用─┐ ＊調査計画費用,建設費用,維持管理費用,修繕費用,
│                     関連行政費用
│  ┌─道路利用者費用─┐ ＊車両走行費用(工事規制,迂回による損失など),
│                     時間損失費用(工事規制,迂回による損失など),その他の費用
│  ┌─沿道および地域社会の費用─┐ ＊環境費用／便益(排水性舗装による効果など)
└───────────────────────────────────────────┘
                    ↓
┌─ライフサイクルコストの算定─────────────────────────┐
│  ┌─計算条件─┐ ＊解析期間,割引率,現在価値への換算
└───────────────────────────────────────────┘
                    ↓
┌─結果の分析──┐
└───────────┘
```

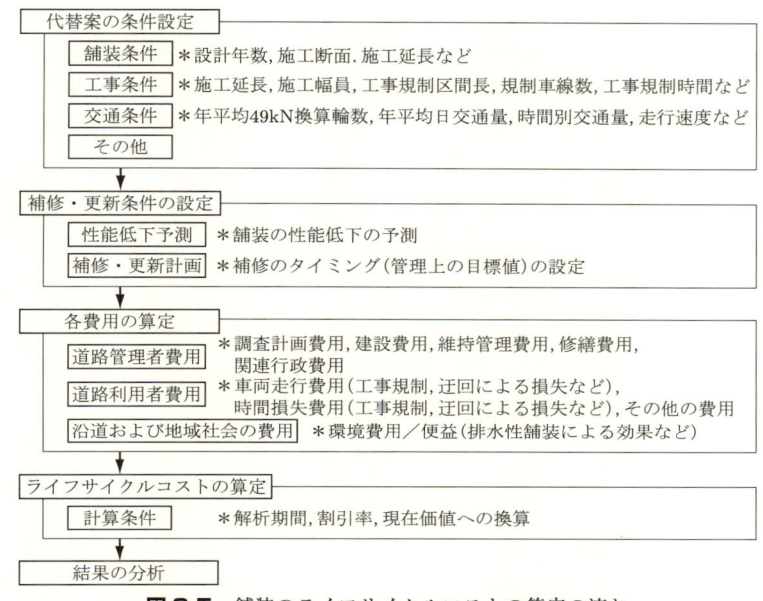

図 3.5 舗装のライフサイクルコストの算定の流れ
[日本道路協会:舗装設計施工指針(平成 18 年版)]

表 3.2 現価法と年価法 [日本道路協会:舗装設計施工指針(平成 18 年版)]

現価法	年価法
すべての費用を現在価値に換算し,その合計額を評価する方法	現在価値化された費用をもとに算出した年平均の支払額を評価する方法
$$NPC = \sum_{t=1}^{n} C_t \frac{1}{(1+i)^t} - SV_n \frac{1}{(1+i)^n}$$	$$\sum_{t=1}^{n} AC\frac{1}{(1+i)^t} = AC\frac{(1+i)^n - 1}{i \times (1+i)^n} = NPC$$ $$\therefore AC = NPC \frac{i}{1-(1+i)^{-n}}$$
NPC:現在価値に換算した総費用 C_t:t 年目に発生する全ての費用の合計 i:割引率 n:解析期間 SV_n:n 年目の残存価値	AC:年平均支払額 i:割引率 n:解析期間 NPC:現在価値に換算した総費用

慮する必要がない道路において,道路管理者費用のみで簡易にライフサイクルコストを算定した場合の例題を,以下に示す.

例題 3.2

舗装計画交通量(舗装の設計期間内の大型車の 1 方向 1 車線当たり日交通量)が 100 ≦ T < 250 [台/日・方向]の道路(延長 1 km,幅員 8 m)の舗装設計において,設計期間 10 年(信頼度 50%,以下 10 年設計という)および設計期間 20 年(信頼度 50%,

以下 20 年設計という）とする場合について，ライフサイクルコストを比較せよ．

舗装構成は図 3.6 とし，建設（新設）後の性能低下による補修・更新は，10 年設計の場合は 10 年目ごと，20 年設計の場合は 20 年目ごとに，舗装の打換えを行う（図3.7）．

建設費用，補修・更新費用，維持管理費用は，周辺地域において実施された舗装工事での実績などから平均的な単価を求め，次のとおりとする．

 10 年設計の舗装工事費：建設費 4,300 円/m², 打換え費 10,100 円/m²
 20 年設計の舗装工事費：建設費 5,000 円/m², 打換え費 13,400 円/m²
 維持管理費：年間 51 万円/km（一定額）

また，解析期間 40 年間（舗装の設計期間の 2 倍程度．初年度 0 年目，最終年度 39 年目），割引率 4％，残存価値なし（舗装の性能が管理上の目標値まで低下しているため）とする．

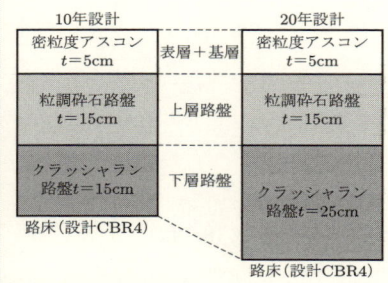

図 3.6 舗装構成［日本道路協会：舗装設計施工指針（平成 18 年版）］

図 3.7 設計期間ごとのライフサイクルの概念［日本道路協会：舗装設計施工指針（平成 18 年版）］

■解■

ライフサイクルコストは，設計条件に基づいて図 3.8 に示す手順で算定すると，表 3.3 および図 3.9 となる．この事例から，建設費用は，10 年設計の方が 34,400 千円と 20 年設

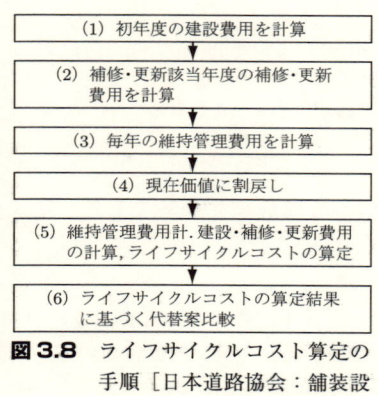

(1) 初年度の建設費用を計算
(2) 補修・更新該当年度の補修・更新費用を計算
(3) 毎年の維持管理費用を計算
(4) 現在価値に割戻し
(5) 維持管理費用計，建設・補修・更新費用の計算，ライフサイクルコストの算定
(6) ライフサイクルコストの算定結果に基づく代替案比較

図 3.8 ライフサイクルコスト算定の手順［日本道路協会：舗装設計施工指針（平成 18 年版）］

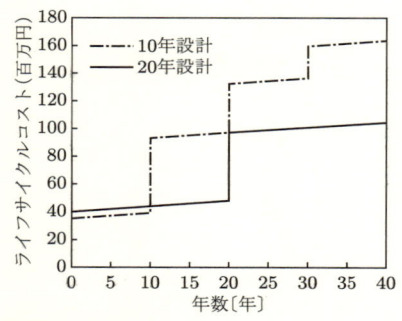

図 3.9 算定されたライフサイクルコスト

表3.3 ライフサイクルコストの算定結果（割引率4%）

(単位：千円)

年数(年)	10年設計 建設,補修・更新費	10年設計 維持管理費	10年設計 計	20年設計 建設,補修・更新費	20年設計 維持管理費	20年設計 計
0	34400 (34400)	510 (510)	34910	40000 (40000)	510 (510)	40510
1		490 (510)	490		490 (510)	490
2		472 (510)	472		472 (510)	472
3		453 (510)	453		453 (510)	453
4		436 (510)	436		436 (510)	436
5		419 (510)	419		419 (510)	419
6		403 (510)	403		403 (510)	403
7		388 (510)	388		388 (510)	388
8		373 (510)	373		373 (510)	373
9		358 (510)	358		358 (510)	358
10	54586 (80800)	345 (510)	54931		345 (510)	345
11		331 (510)	331		331 (510)	331
12		319 (510)	319		319 (510)	319
13		306 (510)	306		306 (510)	306
14		295 (510)	295		295 (510)	295
15		283 (510)	283		283 (510)	283
16		272 (510)	272		272 (510)	272
17		262 (510)	262		262 (510)	262
18		252 (510)	252		252 (510)	252
19		242 (510)	242		242 (510)	242
20	36876 (80800)	233 (510)	37109	48925 (107200)	233 (510)	49158
21		224 (510)	224		224 (510)	224
22		215 (510)	215		215 (510)	215
23		207 (510)	207		207 (510)	207
24		199 (510)	199		199 (510)	199
25		191 (510)	191		191 (510)	191
26		184 (510)	184		184 (510)	184
27		177 (510)	177		177 (510)	177
28		170 (510)	170		170 (510)	170
29		164 (510)	164		164 (510)	164
30	24912 (80800)	157 (510)	25069		157 (510)	157
31		151 (510)	151		151 (510)	151
32		145 (510)	145		145 (510)	145
33		140 (510)	140		140 (510)	140
34		134 (510)	134		134 (510)	134
35		129 (510)	129		129 (510)	129
36		124 (510)	124		124 (510)	124
37		119 (510)	119		119 (510)	119
38		115 (510)	115		115 (510)	115
39		110 (510)	110		110 (510)	110
計	150774 (276800)	10497 (20400)	161271	88925 (147200)	10497 (20400)	99422

（計算例）
$$\frac{510}{(1+0.04)^{14}}$$

(注)（ ）内は割引率で割り戻す前の額

計40,000千円に比べ安価であるものの，ライフサイクルコスト（現在価値に換算した総費用）で比較すると，20年設計の方が99,422千円と10年設計161,271千円に比べ安価となっている．

3.3 橋梁マネジメントシステム

米国では，1967年にSilver橋が落下し46名が死亡する事故が発生したことを契機に，1971年に橋梁の検査基準NBIS（National Bridge Inspection Standards）が制定された．1980年代の初期には，橋梁の老朽化に伴う維持管理費用の適正な配分のため，橋梁網をネットワークとしてとらえ，各々の橋梁を評価することができるBMSの必要性が指摘され，1991年にFHWAによってPONTIS（Ver. 1.0）が開発された．PONTISはその後改良が加えられ，現在，全米で約40州がPONTIS使用のライセンスを取得，実務に使用している．このBMSでは，橋梁の保全と改良を区分した評価が可能となっており，各部材の劣化状態が確率的に遷移するとした予測モデルが用いられている（図3.10）．このような状態遷移の確率をマルコフ遷移確率といい，PONTISでは専門家の判断と蓄積した点検データをもとにした遷移確率が用いられている．

各州は，NBISに基づいて長さ20フィート以上のすべての橋梁を2年毎に点検することが義務付けられており，点検結果をFHWAに報告することにより，全米約60万橋の橋梁点検データがNBI（National Bridge Inventory）に保管されている．FHWAは，これに基づき維持管理予算を配分している．

ニューヨーク市では，フラッグエンジニアリングと呼ばれる目視検査を行い，橋梁ごとにデータベースに記録して，将来の健全度予測を行ったり，ライフサイクルコスト評価を行っている．

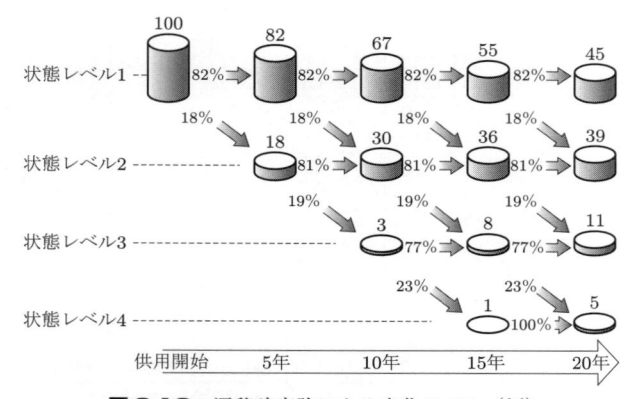

図3.10 遷移確率論による劣化モデル（例）

また，ヨーロッパで実用化されている代表的なBMSには，デンマークで開発されたDANBROなどがあり，劣化モデルの基本的な考え方はPONTISと同様となっている．

一方，わが国におけるBMSの代表的な事例は，宮本らが開発したBMSに始まり，国土交通省の道路管理データベースシステムMICHI (Ministry of Construction Highway Information Data Base System)，日本道路公団のJH-BMS，阪神高速道路公団のH-BMSなどが開発され，管理する橋梁の点検結果に基づき試行されてきた．

また，土木研究所から，ライフサイクルコストを視野に入れたミニマムメンテナンス橋が提案され，新設橋梁の長寿命化が図られた．

都道府県・市町村管理の橋梁は，これまで点検を行っていない事例が多かったが，東京都における道路アセットマネジメントによる道路の管理，青森県における橋梁アセットマネジメントによる橋梁の管理など，BMSの実践事例は増加傾向にある．

3.4 ライフサイクルコストを考慮したミニマムメンテナンス構造物の事例

3.4.1 橋梁のミニマムメンテナンス
(1) ミニマムメンテナンス橋

ミニマムメンテナンス橋は，建設白書2000で「耐久性を向上させる技術を組み合わせたり，部材の取替えを容易にする工夫を行う等により，最小限の維持管理で最大限の長寿命を図ることを目指したもの」とされている．このような考え方に基づく橋梁は，寿命がほぼ永久である工学的永久橋とみなすことが可能と考えられており，提案されたミニマムメンテナンス橋の要素技術とその期待される効果は，図3.11に示すとおりである．

この橋梁について，表3.4に示す試算条件でライフサイクルコストの評価を行うと，図3.12に示すように，現在の橋梁（モデル1）の場合，初期建設費を1.0とすると200年経過後のライフサイクルコストが18.1となる．これに対し，ミニマムメンテナンス橋（モデル2）の場合，初期建設費が1.6と高価になるが，ライフサイクルコストが5.6（現在の橋梁の約1/3）であり，橋梁の維持管理にかかる将来の負担を低減できると推測されている．

(2) ミニマムメンテナンスPC橋

沖縄県は，東西が海に面した縦長の島で，かつ高温多湿であるため，厳しい塩害環境条件下にあり，従来のコンクリート橋は，塩害による早期損傷事例が多発している．屋嘉比橋（ポストテンション方式PC橋，図3.13，図3.14）は，①高炉スラグ微粉末6000使用コンクリート，②エポキシ樹脂全塗装PC鋼より線，③エポキシ樹脂

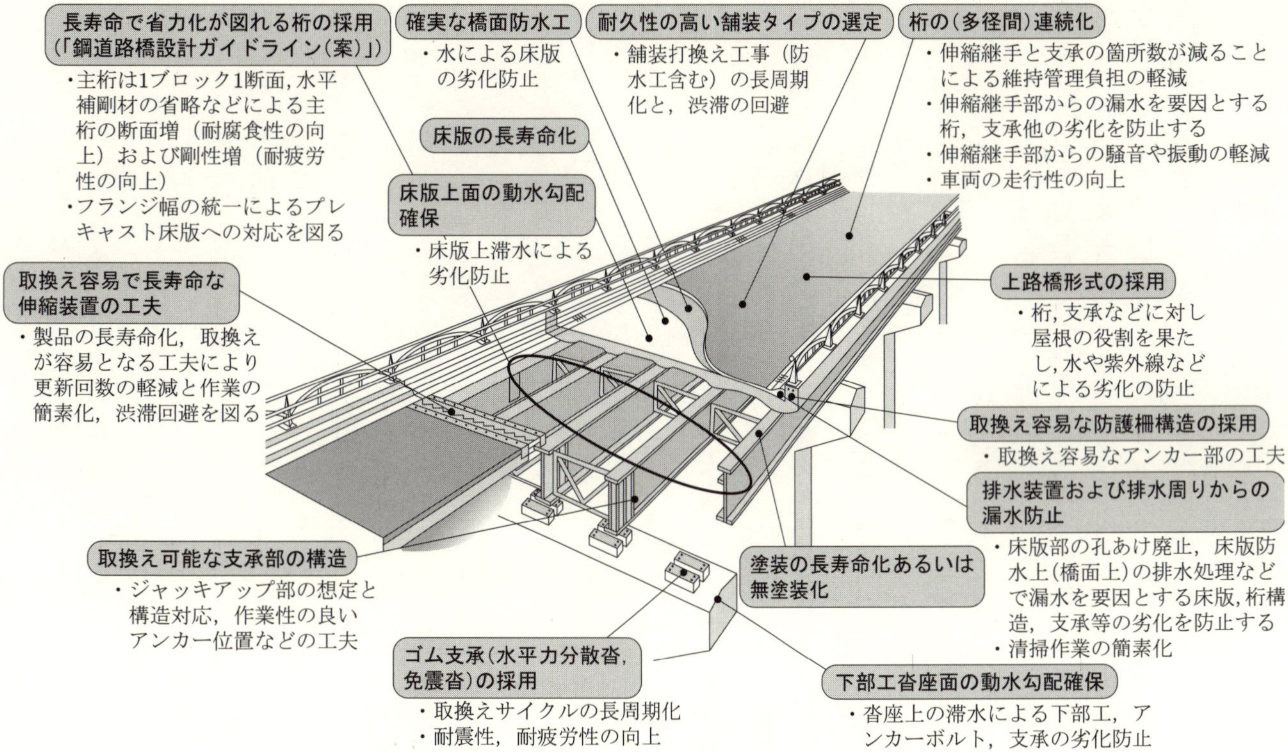

40   3章　ライフサイクルコスト

長寿命で省力化が図れる桁の採用
（「鋼道路橋設計ガイドライン(案)」）
- 主桁は1ブロック1断面，水平補剛材の省略などによる主桁の断面増（耐腐食性増・上）および剛性増（耐疲労性の向上）
- フランジ幅の統一によるプレキャスト床版への対応を図る

耐久性の高い舗装タイプの選定
- 舗装打換え工事（防水工含む）の長周期化と，渋滞の回避

確実な橋面防水工
- 水による床版の劣化防止

床版の長寿命化

床版上面の動水勾配確保
- 床版上滞水による劣化防止

取換え可能な支承部の構造
- ジャッキアップ部の想定と耐震性，取換え構造対応などの工夫により，取換え容易となる工夫と作業性の良いアンカー位置などの工夫

取換え容易で長寿命な伸縮装置の工夫
- 製品の長寿命化，取換えが容易となる工夫により，更新回数，渋滞回避を図る

桁の(多径間)連続化
- 伸縮継手と支承の箇所数が減ることによる維持管理負担の軽減
- 伸縮継手部からの漏水を防止する桁，支承他の劣化を要因とする振動の軽減
- 伸縮継手部からの騒音や振動の軽減
- 車両の走行性の向上

上路橋形の採用
- 桁，支承などに対し屋根などの役割を果たし，水や紫外線などによる劣化の防止

取換え容易な防護柵構造の採用

排水装置およびアンカー周りからの漏水防止
- 床版部の孔あけ廃止
- 水上(橋面上)の排水処理などで漏水を要因とする床版，桁構造，支承等の劣化を防止
- 清掃作業の簡素化

下部工沓座面の動水勾配確保
- 沓座上の滞水による下部工，アンカーボルト，支承の劣化防止

塗装長寿命化あるいは無塗装化

ゴム支承(水平分散沓，免震沓)の採用
- 取換えサイクルの長周期化
- 耐震性，耐疲労性の向上

図3.11　ミニマムメンテナンス橋 [建設省編：建設白書2000]

3.4 ライフサイクルコストを考慮したミニマムメンテナンス構造物の事例

表3.4 各モデルの試算条件［西川和廣ほか：土木技術資料38-9］

	現在の橋梁（モデル1）		ミニマムメンテナンス橋（モデル2）	
架替サイクル	60年		200年	
塗装（塗膜）	塩化ゴム系塗料	15年	亜鉛めっき	130年
塗替え	塩化ゴム系塗料	15年	亜鉛溶射	70年
床板	RC床版	40年	PC床版	200年
床版補修	部分補修 建設後20年	20年	継ぎ目部補修	50年
支承	鋼製支承	30年	ゴム支承	100年
伸縮装置	従来仕様	10年	ミニマムメンテナンス仕様	20年
舗装	普通アスファルト	10年	改質アスファルト	15年
防水層	シート防水（舗装のサイクル）	10年	シート防水（舗装のサイクル）	15年
防水層更新	塗膜防水（舗装のサイクル）	10年	塗膜防水（舗装のサイクル）	15年

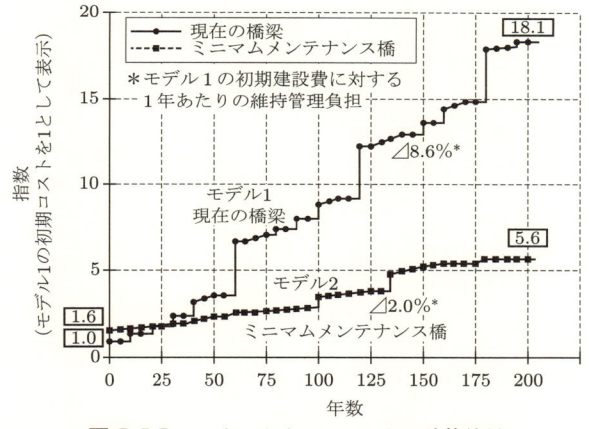

図3.12 ライフサイクルコストの試算結果
［西川和廣ほか：土木技術資料38-9］

塗装鉄筋（工場製作のPC桁のかぶり35mm），④プラスチックシース，⑤ノンブリーディング型グラウト，⑥シート系防水層，⑦アルミ高欄，⑧ゴム支承を採用したわが国最初のミニマムメンテナンスPC橋の試験橋（1998年12月完成）である．

土木学会「エポキシ樹脂塗装鉄筋を用いる鉄筋コンクリートの設計施工指針［改定版］」によって，建設5年後の実橋調査の結果を用いて，塩害によってエポキシ樹脂塗装鉄筋が腐食する腐食発生限界濃度（1.2 kg/m^3）となるまでの期間を求めると，高炉スラグ微粉末6000使用部材（HBF35，①）では223年と200年以上であるのに対し，従来の早強コンクリート使用部材（H40，⑨）では146年，普通コンクリート使用部材（N48，⑩）では92年と短くなっている（図3.15）．また，エポキシ樹脂全塗装PC鋼より線（②）は，現地暴露試験の結果，エポキシ樹脂塗装鉄筋よりもさら

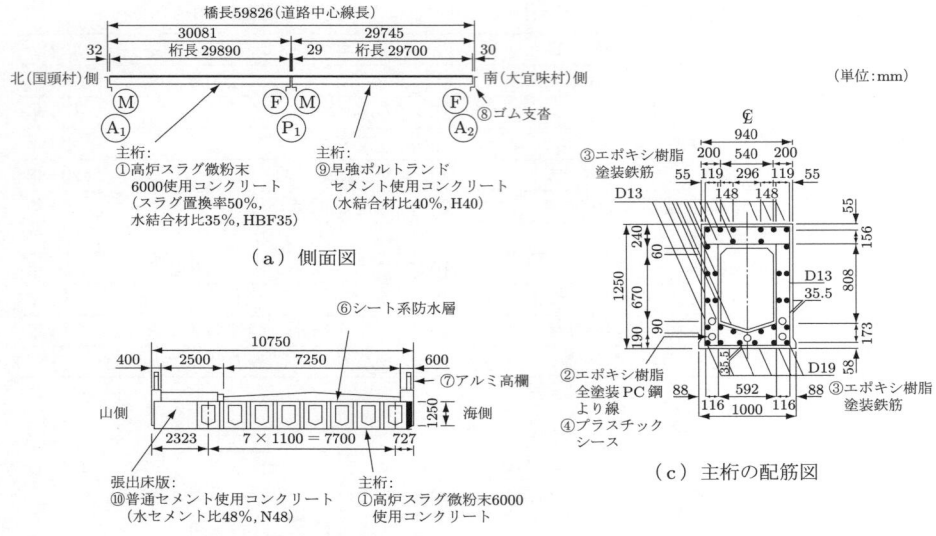

図3.13 ミニマムメンテナンスPC橋（屋嘉比橋）

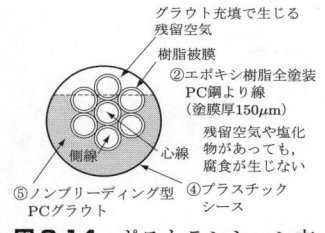

図3.14 ポストテンション方式のPC鋼線に対する多手段の腐食防護

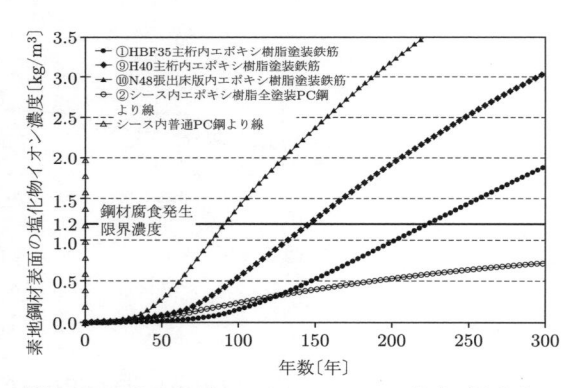

図3.15 塗装鋼材のライフサイクルの推定（塩化物イオン量の経時変化）

　に防錆性能があることが確認されており，シース内が万一グラウトなしで残留空気や塩化物（$1.5\,\mathrm{kg/m^3}$）がある状態でも，約900年間は腐食が生じないと予測されている．

　本橋の要素技術の組み合わせは，ポストテンション方式のみならずプレテンション方式にも適用され，今後のミニマムメンテナンスPC橋のモデルケースと考えられている．

3.4.2 海底道路トンネルのミニマムメンテナンス

海底トンネルは，トンネル内空中に，海水圧によって塩化物が浸透するため，対策を講じていない場合には塩害が発生し，ライフサイクルコストが大きく影響を受ける．トンネル技術の進歩とともに，維持管理費を最小とするミニマムメンテナンスを図るトンネル構造が採用されるようになっている．

(1) 関門国道トンネル

世界初の海底道路トンネルである関門国道トンネルは，1937年に着工し，第二次世界大戦中の中断を経て1958年3月9日，国道2号線の一部として開通した．建設費用は開通当時の貨幣価値換算で約80億円，約450万人が従事する大事業であり，有料道路として建設費を償還後の現在も維持管理のために通行料が徴収されている．

延長3,461 mで，海底部分（780 m）は車道と人道との2層構造であり，県境は関門海峡の海面下56 mである．2008年に建設後50年を経過したが，この間，海水の漏水に起因して車道のRC床版部に塩害が発生し，車道部・人道部のRC構造物の改築工事が実施されたが，覆工は無筋コンクリートであるため鋼材の腐食による劣化は認めらなかった．

(2) アハムド・ハムディ・トンネル

スエズ運河下のアハムド・ハムディ・トンネル（エジプト，延長1704 m）は，イギリスの技術支援のもとで1983年に完成したシールドトンネルである．断面は，図3.16に示すように，コンクリートセグメント16個を組み合わせて1リングとしており，内空には経済性から覆工なしの構造とされた．

ところが，セグメントの継ぎ目部からの海水の漏水により，セグメント中の鉄筋が腐食し，かぶりコンクリートが損傷する塩害が発生した（最小かぶり25 mm）．これ

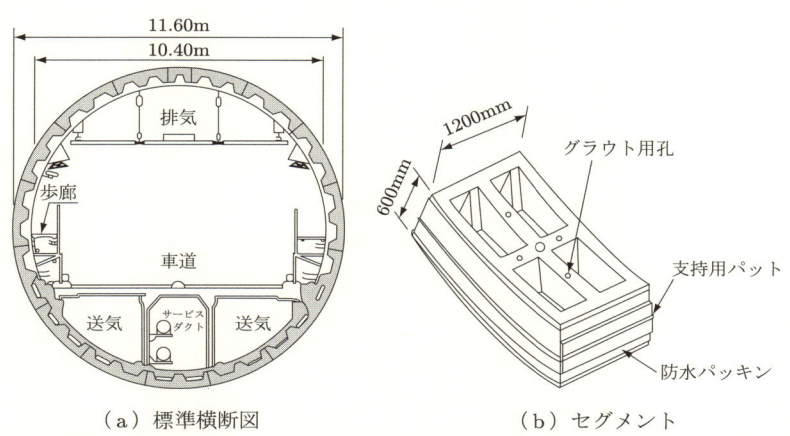

（a）標準横断図　　　　（b）セグメント
図3.16　初期建設時のアハムド・ハムディ・トンネルの構造［JICA調査報告書］

に対するイギリスの見解は，「損傷の原因は，メンテナンス不足」であり，スエズ運河庁は付着した塩をバールで除去し，劣化状況を記録することによるメンテナンスを行った（図3.17）．しかし，問題解決とならなかったため，関門トンネルでの維持管理の実績がある日本に技術支援の要請があり，専門技術者の派遣によって解決策が検討された．その結果，損傷したセグメントの内側を防水シートで遮水し，その内側に覆工（内巻き補強の鉄筋コンクリート構造）とするトンネル構造が提案され，日本の無償援助で1995年に更新された（図3.18）．

塩害環境下にあるにもかかわらず，建設費を削減したため維持管理費が増大し，ライフサイクルコストが著しく大きくなった事例であるが，この原因は，湿度と気温の年間変動と考えられる．ロンドンは低温多湿であるが，カイロは高温乾燥で漏水（海水）による乾湿繰返しの頻度が高い（図3.19）．イギリスにおける塩害の進行現象に比べ，劣化の進行が著しいことを考慮した設計がされなかったためと推察されている．

図3.17 付着した塩をバールで除去し記録することによるメンテナンス

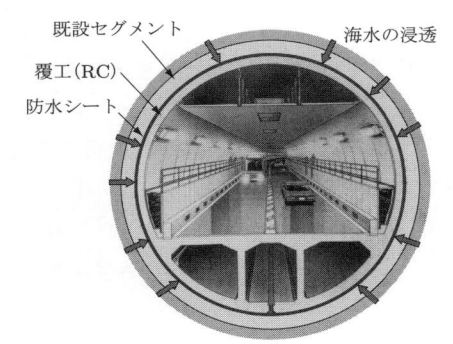

図3.18 内巻工法で更新されたアハムド・ハムディ・トンネルの構造
[JICA調査報告書]

(3) 東京湾横断道路（トンネル部）

東京の気象条件は，年間の気温・湿度の変動が大きく，冬季はカイロの湿度と同等（図3.19）である．1997年に完成した東京湾横断道路（トンネル部）では，アハムド・ハムディ・トンネルでの塩害の経験を生かして，セグメントからの水漏れのないトンネルが設計目標とされた．

このため，キーセグメントを含めて11分割と，セグメント数を少なくして剛性を高め，高炉スラグ微粉末4000を50％使用したコンクリートを用いて，塩化物が浸透しにくい一次覆工とされた．さらに，海水の浸入に備え，防食タイプのボルトを採用

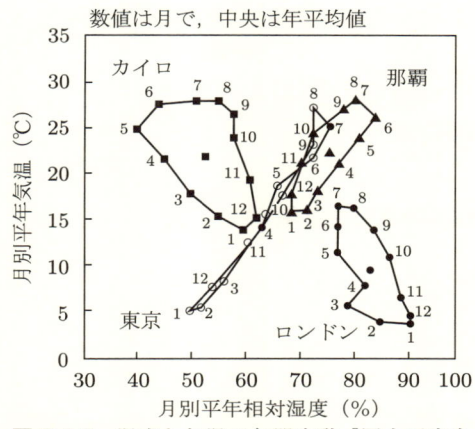

図 3.19 湿度と気温の年間変動［国立天文台編：理科年表平成8年より作図］

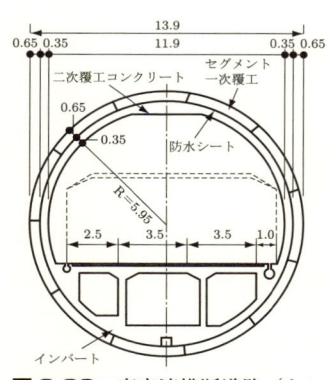

図 3.20 東京湾横断道路（トンネル部）の基本構造

するとともに，一次覆工の内面に防水シートと二次覆工の構造を採用した（図 3.20）．したがって，建設費は割高となったが，建設時から高耐久性が確保され，将来的に維持管理の低減が図れるトンネルとなっている．

演習問題

【3.1】ライフサイクルコストについて説明せよ．
【3.2】橋梁マネジメントシステムについて説明せよ．

4章 コンクリート構造物の維持管理

4.1 はじめに

　コンクリート構造物は，無筋コンクリート（unreinforced concrete），鉄筋コンクリート（reinforced concrete：RC），プレストレストコンクリート（prestressed concrete：PC）などで構成され，PC橋，RC橋，カルバートボックス，擁壁，岸壁，水路，管路など多くの社会資本施設を構成している．

　通常の環境下にあるコンクリート構造物の劣化はきわめて緩やかであるが，苛酷な環境下にある場合あるいは想定外の外的要因が作用すると，急速に劣化や損傷を生じて構造物に要求されている性能が低下する．コンクリート構造物を適切に維持管理するには，構造物の変状と劣化機構を理解し，構造物の状態を診断するための点検・調査の方法，診断結果を踏まえた対策が必要である．

4.2 コンクリート構造物の要求性能と変状・劣化機構

4.2.1 概　要

　コンクリート構造物は，土木学会コンクリート標準示方書に従い適切に設計・施工されていれば，劣化速度はきわめて緩やかであり，設計耐用期間中にコンクリートや補強材の劣化が顕在化することはきわめて少ない．実際に，50年以上にわたって健全に供用されている構造物が多く存在している．しかしながら，自然環境下にあるコンクリート構造物は，経年によって劣化して変状が生じ，要求されている性能を満足しなくなることがある．

4.2.2 コンクリート構造物の要求性能

　一般のコンクリート構造物で維持管理の対象となる要求性能は，図4.1に示す安全性，使用性，第三者影響度，美観・景観および耐久性である．

(1) 安全性

　構造物の設計における要求性能と同様，耐震性を含む断面破壊，疲労破壊および構造物の安定に関する安全性がある．断面破壊に関する安全性は，供用中に作用する可能性のある荷重，環境作用など，すべてについて考慮する必要があり，地震などの偶

```
              ┌ 安全性 ──┬ 断面破壊に関する安全性
              │         └ 疲労破壊および安定性に関する安全性等
        要    │ 使用性 ──┬ 使用の快適性に対する性能(走行性等)
        求    │         └ 構造物の諸機能から定まる性能(水密性等)
        性 ───┼ 第三者影響度
        能    │ 美観・景観
              │         ┌ 安全性に関するもの
              │         │ 使用性に関するもの
              └ 耐久性 ──┤ 第三者影響度に関するもの
                        └ 美観・景観に関するもの
```

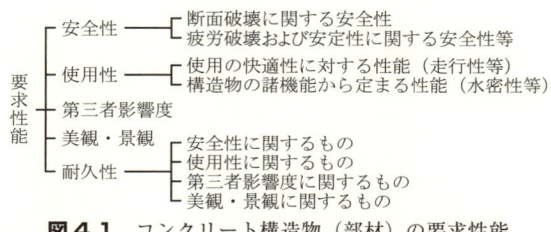

図 4.1 コンクリート構造物(部材)の要求性能
［土木学会:2007 年制定 RC 示方書］

発荷重,船舶・車両の衝突による衝撃力なども含まれる.構造物の安定に関する安全性は,構造物の滑動,転倒や,メカニズムへの移行によって不安定とならない状態を保持できる性能である.安全性には,車両や列車が安全に走行できるなどの機能上の安全性も含まれる.

(2) 使用性

構造物の使用上の快適性と諸機能から定まる性能がある.使用上の快適性は,構造物の設計では,乗り心地,歩き心地,外観,騒音・振動などが考慮されるが,維持管理では,外観は美観・景観に含まれ,騒音・振動などは第三者影響度に含まれるため,使用性で評価される性能は,走行性,歩行性となる.構造物の諸機能から定まる性能は,水密性,透水性,防音性,防湿性,防寒性,防熱性などの物質遮蔽性,透過性などが維持管理における評価性能の対象となる.諸機能に対する性能には,たとえば,道路橋の車線数が,実際の交通量に対応できているか否かも対象となり,これらは社会情勢とともに変化する.

(3) 第三者影響度

コンクリート片,タイル片などの構造物の一部が落下して,構造物下の人あるいは器物に危害を加える可能性,騒音・低周波公害の有無などを考慮するもので,一種の安全性である.構造物の耐荷力には直接影響せず,性能照査方法も異なるため,第三者影響度として区別されている.

(4) 美観・景観

構造物は,周辺環境と調和する美観・景観を有するように設計されるが,構造物を維持管理するうえで,汚れ,劣化による錆汁,ひび割れなどが対策判定上重要になることがあり,美観・景観は構造物の性能と位置付けられている.

(5) 耐久性

性能低下の経時変化に対する抵抗性であり,要求性能として耐久性を考慮することは,供用期間中に構造物の要求性能がどの水準を満足すべきかに関係する.点検時と予定供用期間終了時に安全性,使用性,第三者影響度,美観・景観が満足されていれ

ば，耐久性は確保されているとみなされる．

4.2.3 変状の種類と特徴
(1) 初期欠陥

コンクリート構造物の初期欠陥には，初期ひび割れ，豆板，砂すじ，コールドジョイント，PCグラウトの充填不良などがある．初期ひび割れは水和熱，乾燥収縮，型枠の変形，コンクリートの沈降など，さまざまな原因によって生じるが，ひび割れの発生位置，幅，形態が把握できれば，初期ひび割れであるか否かが推定できることがある（図4.2，表4.1，4.2）．

豆板（honeycomb）は，硬化したコンクリートの一部に粗骨材だけが集まってできた空隙の多い不均質な部分で，ジャンカ，巣などともいう．砂すじは，コンクリート中の水の分離・流出により，コンクリート表面に細骨材が縞状に露出した部分をい

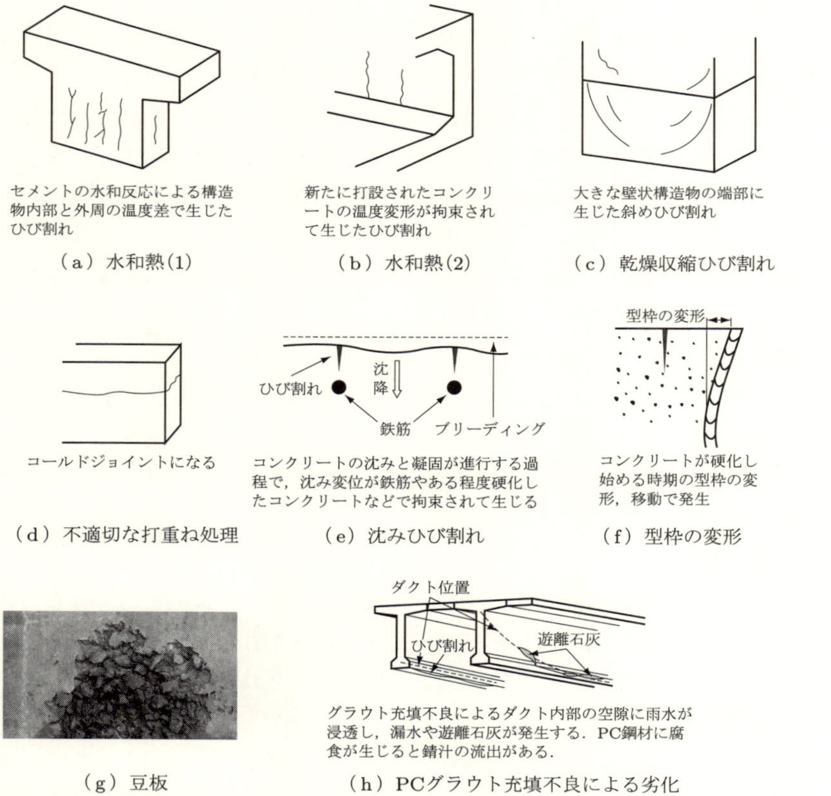

セメントの水和反応による構造物内部と外周の温度差で生じたひび割れ

（a）水和熱(1)

新たに打設されたコンクリートの温度変形が拘束されて生じたひび割れ

（b）水和熱(2)

大きな壁状構造物の端部に生じた斜めひび割れ

（c）乾燥収縮ひび割れ

（d）不適切な打重ね処理

コンクリートの沈みと凝固が進行する過程で，沈み変位が鉄筋やある程度硬化したコンクリートなどで拘束されて生じる

（e）沈みひび割れ

コンクリートが硬化し始める時期の型枠の変形，移動で発生

（f）型枠の変形

（g）豆板

グラウト充填不良によるダクト内部の空隙に雨水が浸透し，漏水や遊離石灰が発生する．PC鋼材に腐食が生じると錆汁の流出がある．

（h）PCグラウト充填不良による劣化

図4.2 初期欠陥の例［土木学会：2007年制定RC示方書，PC技術協会：コンクリート構造診断技術］

表 4.1 ひび割れの状況と原因の関係
[土木学会：2007 年制定 RC 示方書]

ひび割れの状況		原因				
		不適切な骨材	水和熱	収縮	施工	構造
発生状況	不規則	○	―	―	○	―
	規則的	―	○	○	―	○
	網状	○	―	○	○	○
発生時期	若材齢	○	○	○	○	―
	ある程度以上の材齢	○	―	○	―	○

表 4.2 ひび割れ発生の原因［土木学会：2007 年制定 RC 示方書］

大分類	中分類	小分類	原因
材料	コンクリート材料	セメント	セメントの異常凝結・水和熱・異常膨張
		骨材	骨材に含まれている泥分，低品質な骨材，反応性骨材
	コンクリート	―	コンクリートの沈下・ブリーディング
			コンクリートの乾燥収縮，コンクリート中の塩化物
施工	コンクリート	計量	過大な計量誤差
		練混ぜ	混和材料の不均一な分散，長時間の練混ぜ
		運搬	ポンプ圧送時の配合の変更
		打込み	不適切な打込み順序，急速な打込み
		締固め	不十分な締固め
		養生	硬化前の振動や載荷，初期凍害
			コンクリートの沈み・ブリーディング
		打重ね	不適切な打重ね処理
	鉄筋	配筋	配筋の乱れ，かぶり不足
	型枠	型枠	せき板のはらみ，型枠の早期除去
			漏水（型枠からの，路盤への）
		支保工	支保工の沈下
使用環境	物理的	温度	部材両面の温度・湿度の差
		湿度	凍結融解の繰返し，火災
		摩耗	すり減り
	化学的	化学作用	酸・塩類の化学作用，中性化による内部鉄筋の錆
			侵入塩化物による内部鉄筋の錆
構造・外力	荷重	永久荷重	コンクリート強度の低い段階での作用
		変動荷重	設計荷重を超える大きさ・頻度
		偶発荷重	設計荷重を超える大きさ
	構造設計	―	断面・鉄筋量不足
	支持条件	―	構造物の不同沈下，凍上
その他			その他

う．コールドジョイント（cold joint）は，先に打込んだコンクリートと後から打込んだコンクリートとの間に生じる完全に一体化していない継目をいう．コンクリートを断続的に重ねて打込む際に，適切な時間間隔より遅れて打込んだ場合，あるいは不適切な打継ぎ処理などによって生じる．

ポストテンション方式のPC構造物では，一般にグラウトによって鋼材の防錆が確保されているが，グラウト充填不良はPC鋼材の発錆原因となる．PCグラウトの充填不良箇所が発見された場合には再注入をしなくてはならない．

(2) 損　傷

地震や衝突などのように，過大な外力が構造物に作用したときに発生するひび割れやはく離などの変状は，発生原因が把握されると，劣化現象との区別が容易である．

(3) 劣　化

コンクリート構造物を劣化させる要因は多いが，それらはコンクリートを劣化させる要因と，鉄筋を劣化させる要因に大別される（図4.3）．コンクリートを劣化させる要因は，物理的外力（乾燥収縮，温度変化，疲労，凍害，すり減り），化学的外力（化学的侵食，アルカリシリカ反応），生物学的外力（バクテリア・菌など）がある．鉄筋を劣化させる要因は，中性化と塩害である．劣化の多くは，コンクリートのひび割れとなって現れるが，はく離，損食（erosion；硬化コンクリートが表面から侵され，損傷していく現象），水和生成物の溶解・溶出，鉄筋の断面欠損による耐荷力低下も生じる．このうち，構造物（部材）の性能に大きく影響するのは中性化，塩害，凍害，化学的侵食，ASR，疲労およびすり減りである．

中性化

中性化（carbonation）は，大気中の二酸化炭素がセメント水和物と炭酸化反応を起こして，細孔溶液中のpHを低下させ，鉄筋の腐食（corrsion）が促進され，コン

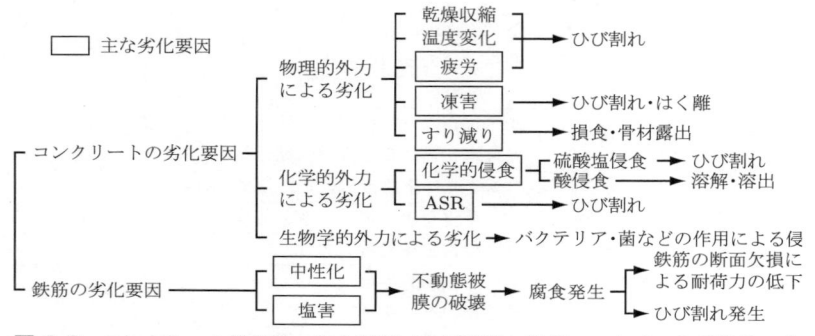

図4.3 コンクリート構造物の劣化要因　［大浜嘉彦：鉄筋コンクリート構造物の劣化対策技術］

クリートのひび割れやはく離，鉄筋の断面減少，耐荷力の低下などを引き起こす劣化現象である．

塩害

塩害（damage by salt attack）は，コンクリート中の鉄筋の腐食が，塩化物イオンにより促進され，中性化と同様の性能低下を起こす現象である．塩化物イオンは，コンクリート製造時の材料から供給される場合と，海水，凍結防止剤のように，外部環境から供給される場合がある．

凍害

凍害（frost damage）は，コンクリート中の水分が，凍結と融解を繰返すことによって，コンクリート表面から徐々に劣化し，微細ひび割れ，スケーリング，ポップアウトなどの形で劣化する現象である．

化学的侵食

化学的侵食（damage by chemical attack）は，酸性物質，硫酸イオン，塩，腐食性ガスなどとの接触によるコンクリート硬化体の分解，あるいは化合物生成時の膨張圧によってコンクリートが劣化する現象で，一般の環境下で問題になることは少ない．温泉地，酸性河川流域の構造物，下水道関連施設，化学工場などで問題となる．酸による化学的侵食では，表層部のセメント硬化体が軟化して結合能力を失い，脱落を生じる．そのため，表層部のセメントが洗われた状態となり，骨材が露出しコンクリート断面が減少していく．

アルカリシリカ反応（ASR）

コンクリート中のアルカリ性水溶液と骨材中の反応性シリカ鉱物が反応して，コンクリートに異常膨張やひび割れを発生させる劣化現象である．ASR（alkali silica reaction）によるひび割れは，通常，骨材周りの120°方向に生じるが，これが互いに連結すると亀甲状になる．RC構造あるいはPC構造では，ひび割れが鋼材に拘束されるため，方向性の強いひび割れが見られることが多い．

疲労

疲労（fatigue）によるコンクリート構造物の劣化現象は，部材の種類，作用する繰返し荷重，荷重の種類，大きさ，頻度によって異なる．繰返し荷重の影響でひび割れの進行，構造物の性能低下を生じる代表例は，道路橋の鉄筋コンクリート床版（以下，RC床版）である．

すり減り

すり減り（abrasion）は，舗装，床，水中の橋脚，港湾，ダムや水路などの水利施設で，水流や車輪などの摩耗作用により，コンクリート断面が時間とともに欠損していく現象である．

コンクリート構造物は，コンクリート組織が表層あるいは内部から劣化すると，鉄筋腐食を起こす水分と酸素の侵入が促進される．逆に，鉄筋が劣化すると，発錆量の増加にともない膨張圧が増大し，コンクリートにひび割れが生じる．ひび割れは鉄筋の腐食原因ならびにコンクリートを劣化させる物質の侵入を容易にする．この状態になると，コンクリートの劣化と鉄筋の腐食が加速度的に進行する（図 4.4）．

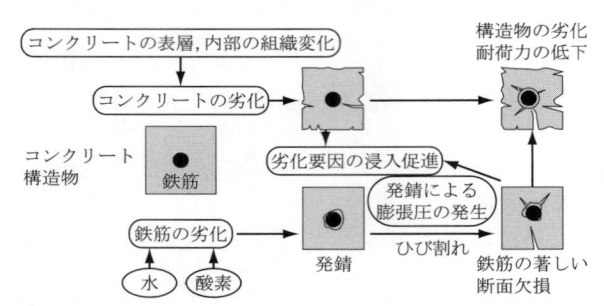

図 4.4 コンクリート構造物の劣化機構［大浜嘉彦：鉄筋コンクリート構造物の劣化対策技術］

4.3 維持管理の方法

4.3.1 維持管理の手順

コンクリート構造物の維持管理は，それぞれの事業者が要領類を整備しているが，一般的な手順は，2.4 節の図 2.2 に示したとおりである．構造物の診断は，2.4 節の表 2.3 に示した初期点検，日常点検，定期点検，臨時点検において，必要に応じて標準調査，詳細調査を行い，対策の必要性を判定する．

コンクリート構造物の点検計画は，構造物および周辺状況を正しく把握して，点検項目，点検方法，資機材の計画などを決め，安全確実に点検を行うための体制を整えなければならない．

4.3.2 点 検

点検は，点検の種類および目的，対象構造物ごとに必要な情報が得られるよう，部位・部材に応じて点検の項目と方法を定めて実施される．構造物の性能と関連性の高い点検を実施することが重要である．表 4.3 に，構造物の性能と点検項目の組み合わせの例を示す．代表例として，高速自動車国道のコンクリート橋の点検項目を 4.6 節の表 4.29 に示す．

(1) 初期点検

初期点検は，維持管理開始時点での構造物の状態把握が目的であり，初期欠陥ある

4.3 維持管理の方法

表 4.3 構造物の性能と点検項目の組合せ［土木学会：2001 年制定 RC 示方書］

調査項目		耐久性	安全性	使用性	第三者影響度	景観・美観
劣化外力	荷重強度および荷重繰返し	○	◎	○	—	—
	塩化物イオン供給量	◎	—	—	—	—
	乾湿繰返し（塩害）	◎	—	—	—	—
	温度条件（ASR，塩害）	◎	—	—	—	—
	凍結融解作用	◎	△	—	—	—
	水の供給（ASR）	◎	—	—	—	—
	化学作用	◎	△	—	—	—
材料面	工事記録などの図書（セメントの種類，骨材の産地および密度，コンクリートの配合，鋼材の種類など）	◎	◎	○	—	—
	コンクリートの物性（弾性波伝播速度，強度，弾性係数など）	◎	◎	○	—	—
	含有塩化物イオン量	◎	—	—	—	—
	鋼材腐食（断面欠損率，自然電位，分極抵抗など）	◎	◎	—	—	—
	中性化深さ	◎	△	—	—	—
	残存膨張量	◎	—	—	—	—
施工面	かぶり	◎	○	△	—	—
	配筋状態	△	◎	—	—	—
	内部欠陥	◎	◎	—	—	—
構造面	設計基準	○	◎	◎	—	—
	断面緒元	○	◎	◎	—	—
	ひび割れ状況（深さ，幅など）	◎	◎	◎	◎	—
	剛性（変形量など）	—	◎	◎	—	—
	振動特性	△	—	◎	○	—
	支持状態	—	◎	○	○	—
	補修および補強の履歴	◎	○	○	—	—
	路面の凹凸度	—	△	◎	◎	—
第三者影響度	遊離石灰	○	—	△	◎	—
	漏水	◎	—	△	◎	—
	コンクリートの浮き	◎	—	△	◎	—
	コンクリート片・タイルなどの落下	○	—	△	◎	—
	表面の変色（かび，錆汁など）	◎	—	△	◎	—

◎：考慮すべき項目，○：考慮した方がよい項目，△：場合により考慮する項目

いは損傷の有無の確認，ならびに劣化予測のためのデータ収集が行われる．初期点検での標準調査は，目視やたたきなどによる構造物全体の調査と，構造物に作用する環境の影響，使用材料や設計，施工に関する書類調査に分類される．

(2) 日常点検

日常の巡回で可能な，できるだけ広い範囲が点検対象である．点検方法は肉眼，写

真，ビデオ，双眼鏡などによる目視や，たたきによる方法と，車上感覚による方法に大別される．たたきによる方法は，ハンマーによる打撃が可能な部位について行い，車上感覚による点検は，伸縮継手の不良，異常なたわみや振動の有無などを把握するために行う．

(3) 定期点検

点検部位は構造物全体で，日常点検が困難な部位，劣化や損傷などが生じやすい部位・部材などは，入念に点検される．足場などの設置により接近して点検できるため，必要に応じて，非破壊検査機器を用いる方法，コア採取などと組み合せて，日常点検と同じ項目が点検される．発生が推定される劣化機構に関連する非破壊検査方法を組み合せると，劣化機構の推定結果や早期の劣化状況の確認が可能となる．

(4) 臨時点検

目視やたたきによる点検が一般的で，ひび割れ状況，断面欠損の状況，浮き，はく離・はく落，漏水などの有無，変形状況，支持状態，異常音や異常な振動を点検する．機器を用いた点検は，比較的容易で損傷や変状の確認に有効と考えられる場合に，経済性や応急性などを考慮して実施される．

(5) 緊急点検

緊急点検は，変状による事故が発生したときに，事故の原因と同種変状の有無を確認し，対策の要否を評価・判定するために行われる．第三者に影響するような事故が発生する可能性がある場合には，緊急の処置が講じられる．

4.4 コンクリート構造物の調査方法

4.4.1 概　要

コンクリート構造物の性能を損なうことなく点検するには，対象構造物の状況，必要な情報，構造物の変状原因などを十分に考慮して，適切な方法を用いる必要がある．表 4.4 は，構造物の劣化機構と対応する調査方法の例である．

調査方法は，書類などによる方法，目視およびたたきによる方法，非破壊検査機器を用いる方法，局部的損傷を伴う方法，実構造物の載荷試験および振動試験による方法に大別される．

非破壊試験（non-destructive testing）は，JIS A 0203 に「破壊することなくコンクリートの諸性質を調べる試験」と定義されている．本書では，構造物，供試体を対象にした，対象物の機能，性能を損なわない試験を非破壊検査とよぶ．

非破壊検査は，情報伝達能力を有する物理現象を活用して，直接観察できない材料の性質を調べる検査である．検査結果からなんらかの判断をする場合には，非破壊検査と同一条件のもとで実施した破壊検査，あるいはその他の諸方法で詳しく調査した

4.4 コンクリート構造物の調査方法

表4.4 劣化機構と対応する調査方法の例［土木学会：2007年制定RC示方書］

調査方法	具体的内容など	中性化*2	塩害	凍害	化学的浸食	ASR	疲労	すり減り
書類などによる方法	設計・施工関連情報，維持管理・対策関連情報	●	●	●	●	●	●	●
目視による方法*1 たたきによる方法	肉眼，双眼鏡，カメラなど	●	●	●	●	●	●	●
	浮き，はく離，空洞	●	●	●	●	●	●	●
	鋼材露出時の腐食状況	●	●	●	●	●	●	●
光学的方法	コンクリート内部の状況，ダクト内充填の状況	—	△	—	—	△	△	—
反発度法	テストハンマー強度，品質分布など	△	△	▲	▲	△	△	▲
電磁誘導を利用する方法	電磁誘導法，誘電率法	△	△	—	—	—	△	—
弾性波を利用する方法	打音法，超音波法，衝撃弾性波法，AE法	△	△	△	△	△	△	—
電磁波を利用する方法	電磁波レーダ法：鋼材配置	△	△	—	—	△	△	—
	空隙	—	—	—	—	—	—	—
	かぶり	△	△	—	—	△	△	—
	赤外線法：表面はく離	△	△	△	△	△	△	—
	放射線法：鋼材の位置・径，空隙，ひび割れ	△	△	—	—	△	△	—
電気化学的方法	分極抵抗法，自然電位法	△	△	—	—	—	△	—
	四電極法	△	△	—	—	—	△	—
局部的損傷を伴う方法 ・コア採取による方法 ・はつりによる方法 ・ドリル削孔粉による方法	外観検査，ひび割れ深さ，ゲルの確認	▲	▲	▲	▲	▲	▲	▲
	中性化深さ，中性化残り	▲	▲	—	—	—	△	—
	塩化物イオン浸透深さ	△	▲	—	—	—	△	—
	塩化物イオン含有量	△	▲	—	—	—	△	—
	強度，弾性係数，単位容積質量	△	△	△	△	△	▲	△
	配合分析	△	△	△	△	△	△	△
	アルカリ量	—	—	—	—	△	—	—
	骨材の反応性	—	—	—	—	△	—	—
	解放膨張量，残存膨張量	—	—	—	—	△	—	—
	細孔径分布	△	△	△	△	△	△	—
	気泡分布	—	—	△	—	—	—	—
	透気（水）性試験	△	△	△	△	△	△	—
	熱分析（TG・DTA）*3	△	—	—	△	△	—	—
	X線回折（水和物などの同定）	△	—	—	△	△	—	—
	EPMA*4	△	△	—	△	△	—	—
	走査型電子顕微鏡観察	—	—	△	△	△	—	—
局部的損傷を伴う方法 ・はつり ・鋼材採取	鋼材腐食状況	△	△	—	△	—	△	—
	鋼材引張強度	△	△	—	△	—	△	—
線形，車上感覚試験	道路線形，走行快適性	△	△	△	—	△	●	△
載荷試験（静的，動的）	ひび割れ発生，剛性	△	△	—	—	—	△	—
振動試験	固有振動数，振動モード	△	△	—	—	—	△	—
応力測定法	載荷時のひずみ測定	△	△	—	—	—	△	—
変形測定法	載荷時の変形測定	△	△	—	—	—	△	—

●：標準調査で実施する項目例，　　　　▲：標準調査で必要に応じて実施する項目例
△：詳細調査で必要に応じて実施する項目例，　—：当該の劣化には関係がないか，不明
* 1：変形，変色，スケーリング，ひび割れの点検を含む．
* 2：中性化とはコンクリートの中性化による鋼材腐食を指す．
* 3：TG（熱重量分析），DTA（示差熱分析）とも，水和生成物や炭酸化物などの定性，定量分析を行う．
* 4：電子線マイクロアナライザーの略称．コンクリート中の元素の定性，定量分析を行う．

結果との関連性が明確であることが重要である．非破壊検査に用いられる物理現象には，電流，電圧，磁界などの電磁気的現象と，弾性波，電磁波などの波動現象がある．弾性波では，"人の耳に聞こえない程度以上の周波数を有する"超音波，電磁波では放射線，赤外線，マイクロ波などが用いられる．

コンクリート構造物は，自然電位法などで電極を接続するための損傷あるいはコア採取などによる局部的損傷によっても，機能，性能は損なわないため，局部的損傷を伴う検査法も非破壊検査に含められる．

4.4.2 目視およびたたきによる調査
(1) 目視による調査

コンクリート構造物の劣化が進行すると，変状が顕在化してくることが多く，調査の第一歩は目視によるコンクリート表面の観察となる．観察すべき項目と内容は，以下の通りである．

① 変色，汚れ：発生面積，白色ゲル，白華，遊離石灰などの有無と範囲，漏水の有無と範囲
② ひび割れ：発生方向，パターン，本数，代表的ひび割れの幅と長さ，ひび割れからの錆汁溶出の有無
③ スケーリング：発生面積と侵食深さ
④ 浮き：有無，箇所数，面積
⑤ はく離，はく落：発生箇所の数とおよその面積
⑥ 鉄筋の露出，腐食，破断：かぶり，露出箇所の数と長さ，腐食の程度
⑦ 構造物の変位，変形：たわみ，移動，沈下

(2) たたきによる調査

コンクリート表面をハンマーでたたいた時の音を聞き分けて，表面近傍のはく離，内部空隙などの存在を把握する調査である．打撃点近傍に浮き，はく離などがあると濁音，無いと清音が響くため，これらの検出ができ，コンクリート内部の劣化・空洞などの有無も推定できる場合がある．

濁音の程度と浮き，はく離などの存在との関係は明確ではなく，濁音の判定には検査者の個人差があり，判定には熟練が必要である．十分に経験を積むと，かなりの精度で浮き，はく離などの検出が可能である．

4.4.3 非破壊検査機器を用いる調査

コンクリートは，製造過程の多くの部分が工事現場における手作業に委ねられ，配合だけでなく，締固め程度，養生方法，材齢および過去の環境状態などによって品質

は異なる．構造体コンクリートの強度は，コアを採取して試験をすれば，確実に求められるが，構造物に損傷を与えない方法で強度が推定できることが望ましいので，損傷を伴わない非破壊検査が強く要求されている．なお，強度はひび割れ伝播に対する抵抗性を反映したもので，基本的に，破壊試験ではじめて求められる力学的特性である．

非破壊検査機器を用いて詳細調査を行う場合，調査方法の原理および点検装置，対象とする調査項目，精度あるいは精度に影響する要因，適用限界などを十分に把握していないと，調査を誤る原因となる．表 4.5 に，非破壊検査機器を用いる調査方法の概要を示す．

(1) 光学的方法

目視検査の一種で，ビデオカメラ，CCD カメラなどの光学的記録機器を使用した方法である．ボアスコープ，光ファイバースコープなどを，狭い空間あるいはひび割れ，ドリル削孔などによる小孔に通して行われ，部材内部，桁端部，PC ダクト内のグラウト充填状況などの観察も含まれる．

外観検査では，連続走査画像の撮影装置（ラインセンサー）を搭載した検査車を 10～30 km/h で走行させて，覆工コンクリートの幅 1 mm 以上のひび割れ分布状況，漏水・変色の有無を調査する方法がある．レーザー光を回転ミラーなどにより走査させ，反射光の強弱からトンネル覆工コンクリート表面や高架橋コンクリート床版下面のひび割れ発生状況を調査するレーザー法も利用されている．

(2) 反発度法

反発度法（method of rebound number）は，リバウンドハンマーでコンクリートを打撃した時の重錘の反発度から，コンクリートの圧縮強度，品質分布を評価する方法である．反発度法は，測定の容易さと，構造物に損傷を与えないことから世界中で広く実用され，規準・指針類が規定されている．わが国でも，学会・協会で同様の圧縮強度推定方法が定められているが，JIS A 1155 は，反発度から強度を推定する方法を明確に規定することは難しいとして，反発度の測定方法のみを規定している．

反発度の測定

反発度は，規定のテストアンビルで正常に作動することが確認されたリバウンドハンマー（表 4.6）を用い，豆板，空隙，露出骨材を避けて，モルタルで覆われた乾燥した平滑な面に垂直にゆっくりと打撃して測定する．JIS では，1 箇所の測定は互いに 25～50 mm の間隔を有する 9 点で行い，反響やくぼみ具合などから明らかに異常と認められる値，あるいは偏差が平均値の ± 20％以上になる値は棄却し，これに代わる測定値を補った平均値を反発度としている．反発度を水平方向と異なる方向で測定した場合や，コンクリートが湿潤状態にある場合は，それぞれ，図 4.5 あるいは表

表 4.5 非破壊検査機器を用いる調査方法の概要

調査の方法	原理および点検装置	調査対象	精度あるいは精度に及ぼす影響
光学的方法	光ファイバースコープなどによる内部観察	・コンクリートの内部状況 ・桁端部状況 ・ダクト内のグラウト充填状況	—
反発度法	ばね式または振り子式のハンマーでコンクリートを打撃したときの重錘の反発度	・圧縮強度 ・表層部の均一性 ・摩耗特性，脱型時期	・測定表面の凹凸，乾湿状態，部材厚さ，コンクリートの材齢など ・アンビルによるハンマーの作動確認 ・強度に対応するハンマーの使用
電磁誘導法	交流電磁場内の鋼材による電磁現象の変化	配筋状態，かぶり，鉄筋径	・鉄筋の磁気特性，使用プローブの周波数特性など ・市販装置の最大探査深さ：約 10 cm
誘電率法	コンクリートの誘電率	表層コンクリートの含水率	表層 3〜5 cm の計測
打音法	打撃音の解析	表層コンクリートの品質，締め不良部，はく離，空洞	打撃力の大きさ，集音装置の性能
超音波法	超音波パルスの伝播時間あるいは伝播速度 受振波のスペクトル解析	・構造物・部材の均一性 ・品質の経時変化，内部空隙 ・表面ひび割れ深さ	・発振パルスの大きさと形状 ・受振装置の性能，受振波の立ち上がり ・伝播経路，コンクリートの乾湿
衝撃弾性波法	衝撃波の伝播速度，多重反射波のスペクトル解析	・部材厚さ，内部空隙 ・構造物の根入れ深さ	打撃方法，コンクリートの大きさ
AE 法	微小破壊で生じる弾性波の AE センサーを用いた観察	・ひび割れ発生のモニター ・コア試験による劣化度 ・荷重履歴の推定	・ノイズの大きさ ・センサーの感度，共振周波数 ・着目する AE パラメータと解析法
電磁波レーダ法	マイクロ波が電磁気的性質の異なる物質で反射する性質を利用	・内部空隙，鋼材位置 ・覆工コンクリートの厚さ ・覆工コンクリート背面の空洞	・鋼材内側の空隙探査は困難 ・鋼材の最大探査深さ：約 20 cm ・覆工厚探査：最大 50〜80 cm
赤外線法	コンクリートの比熱，熱伝導率の局部的変化による表面温度の分布とその変化の赤外線映像	・表面はく離 ・表面近傍の締固め不良部 ・漏水，ひび割れ	・周辺環境からの反射赤外線 ・温度平衡による欠陥検出の不能 ・欠陥部と健全部との温度逆転現象 ・観察波長：3〜5 μm，8〜13 μm
放射線法	透過放射線画像 ・300 kV 級携帯型 X 線装置 ・^{60}Co ・^{192}Ir	・配筋状態，鉄筋径，かぶり ・空洞，豆板の状況 ・PC グラウトの充填状況 ・埋設物の位置，寸法	鉄筋 $\phi 9$ の識別可能最大厚さ ・工業用フィルム撮影 　X 線（300 kV）：40 cm 程度 　γ 線（^{60}Co，740 GBq）：50 cm 程度 ・IP 画像処理 　X 線：50 cm 程度，γ 線：60 cm 程度
自然電位法	コンクリート表面と鋼材との電位差測定	鋼材の腐食確率	・コンクリートの含水量，環境温度 ・電位は参照電極により変化 ・電位分布による腐食確率の評価
分極抵抗法	電位分極時の電流測定	鋼材の腐食速度	計測時間，鋼材位置，表面水分率
四電極法	電気抵抗の測定	かぶりコンクリート	—

4.4 コンクリート構造物の調査方法　59

表4.6 リバウンドハンマーの構造（JIS A 1155）

重錘の質量〔g〕	重錘の移動距離〔mm〕	プランジャー先端の球面半径〔mm〕	ばね定数〔N/m〕	衝撃エネルギー〔N・m〕
360〜380	72.0〜78.0	24.0〜25.0	700〜840	2.10〜2.30

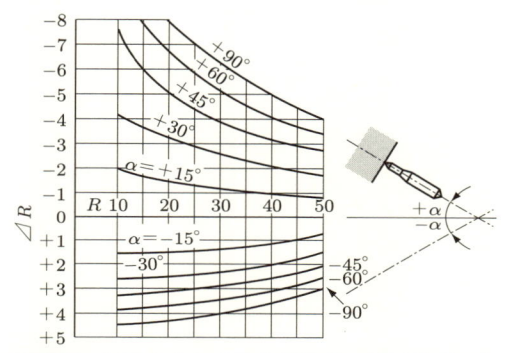

図4.5 打撃方向に応じた反発度の補正値［日本材料学会：建設材料実験］

表4.7 コンクリートの含水状態に応じた反発度の補正例

コンクリートの含水状態	補正値
気乾状態	0
表面が湿っている場合（雨上がり直後など）	+3
水中養生を持続し、乾かさずに測定した場合	+5

4.7 を用いて反発度を補正する．

反発度による強度推定

　反発度と強度の実験的関係（強度推定式）は，研究者・機関によって異なり（図4.6），汎用性のある強度推定式は得られていない．コンクリートの品質，製造条件・実験条件などの相違と，リバウンドハンマーの構造変動が原因と考えられ，同じ名称，型式のリバウンドハンマーでも製造番号が異なると，強度推定式が異なる場合がある．

　反発度法で推定される強度は，強度推定式を作成したときの供試体の強度に対応しており，強度推定式の作成に使用したリバウンドハンマーで反発度を測定するのが基本である．反発度を測定するハンマーで強度推定式を作成していない場合には，反発度の測定位置で採取したコアの強度を用いて，既往の強度推定式を補正すると精度よい推定が可能である．国土交通省では，新設構造物で特に品質の悪いコンクリートを

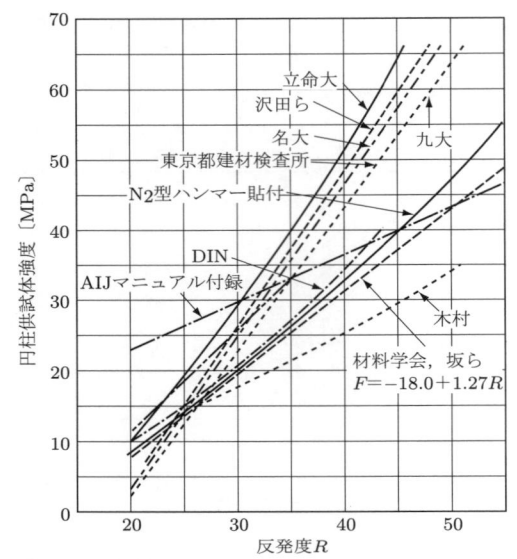

図 4.6 研究機関，研究者による反発度と強度の関係
[日本材料学会：建設材料実験]

発見することを目的に，日本材料学会式で強度を推定するとしている（図 4.6）．

$$F = -18.0 + 1.27R \ [\text{N/mm}^2] \tag{4.1}$$

ここに，F：圧縮強度
R：反発度

(3) 電磁誘導を利用する方法
電磁誘導法

　励磁コイルに交流電流を供給すると，発生する磁場中の導体（鋼材）に2次電流が誘起される．その影響で，励磁コイルの起電力やインピーダンスが変化する現象を利用して，配筋状態，かぶり（cover），鋼材径を推定する方法を電磁誘導法（electromagenetic method）という．コンクリートは磁場にほとんど影響しないため，コンクリートの品質，含水状態に関係なく検査が可能である．

　鋼材径と位相角，かぶりと誘起電圧には，それぞれ，測定装置と鋼材の種類によって定まる関係があり，使用する装置による鋼材径-位相角関係，かぶり-誘起電圧曲線などの較正曲線があれば，精度のよい検査が可能である．

誘電率法

　コンクリートの含水率と誘電率の関係から含水率を推定する方法を，誘電率法（permittivity method）といい，表層3～5 cm の含水率が対象である．

(4) 弾性波を利用する方法

コンクリート中を伝播する弾性波の特性から，コンクリート内部の情報を得る方法で，打音法，超音波法，衝撃弾性波法，アコースティック・エミッション法に分類され，コンクリートの圧縮強度，ひび割れ深さ，はく離，コンクリート中の空隙，構造物の荷重履歴などの推定に利用される．

弾性体を伝播する縦波速度 V_l および横波速度 V_t は，以下のようである．

$$V_l = \sqrt{\frac{E(1-\mu)}{\rho(1+\mu)(1-2\mu)}}, \quad V_t = \sqrt{\frac{E}{2\rho(1+\mu)}} \tag{4.2}$$

ここに，E：弾性係数
ρ：密度
μ：ポアソン比

材料の横寸法（半径，厚さ，幅など）が，縦波の波長程度以下になると，見かけ上の分散のため，縦波速度 V_l は，棒を伝播する速度（棒材速度）V_b に低下する．

$$V_b = \sqrt{\frac{E}{\rho}} \tag{4.3}$$

打音法

たたきによる方法を定量的な評価にするための方法が打音法（impact acoustic method）で，表面をハンマーなどでたたいたときの打撃音圧の分布，振幅値などから，コンクリート中の浮き，表面近傍の空隙箇所を把握する方法が研究されている．

超音波法

超音波法（ultrasonic method）は，コンクリート中を縦波パルスが伝播する時間あるいは速度から，コンクリートの品質，品質変動，内部欠陥，ひび割れ深さなどを検査する方法である．振動子は，図4.7のように配置される．

伝播時間は，真値を測定することは難しいため，同じ位置で適宜測定した最大値 t_{max} と最小値 t_{min} の差が，次式を満足するように測定される．

$$\frac{2(t_{max}-t_{min})}{t_{max}+t_{min}} \leq 0.01 \tag{4.4}$$

透過法による弾性波伝播距離（以下，伝播距離）は，振動子中心間距離としてよいが，表面法における伝播距離は，振動子間距離と伝播時間の関係（走時直線）から算出する．たとえば，直径 ϕ の発・受振子を用いて，振動子中心間距離 x で伝播時間 t を測定したときの走時直線 $t = ax + b$（図4.8）を最小自乗法により求めると，弾性波

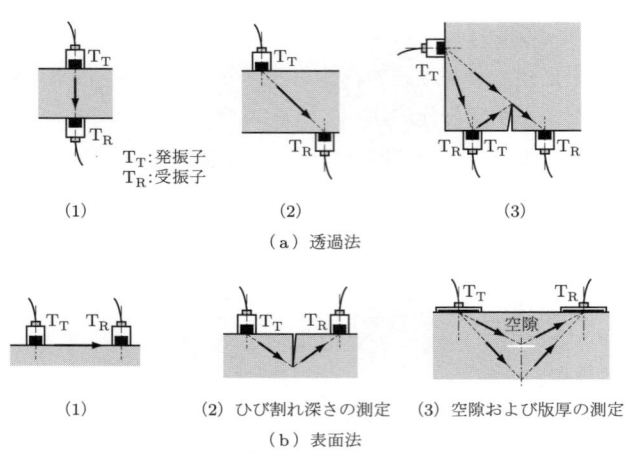

図 4.7 伝播時間測定時の振動子の配置

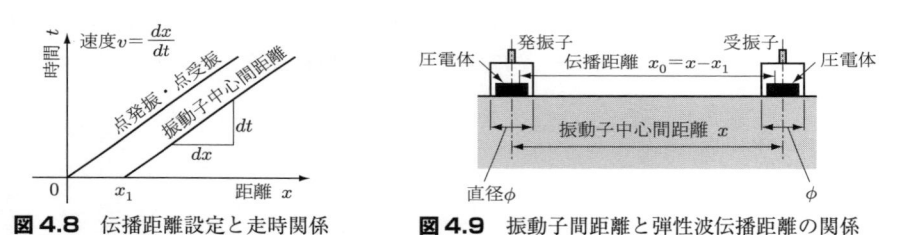

(a) 透過法
(1) (2) (3)

(b) 表面法
(1) (2) ひび割れ深さの測定 (3) 空隙および版厚の測定

T_T：発振子
T_R：受振子

図 4.8 伝播距離設定と走時関係

図 4.9 振動子間距離と弾性波伝播距離の関係

伝播距離 x_0（図 4.9）は，以下のようになる．

$$x_0 = x - x_1 = x - \alpha\phi \tag{4.5}$$

ここに，x_1：走時直線の x 軸との交点座標
ϕ：振動子の直径
α：補正係数

$$\alpha = \frac{x_1}{\phi} \tag{4.6}$$

構造物の建設，コンクリート製品の製造のように，材料，養生条件および配合が一定の場合は，弾性波速度と強度の間に明瞭な関係（図 4.10）があり，強度の推定が可能である．これらが明確でない場合，弾性波速度と強度の相関関係は悪く，弾性波速度とコンクリートの品質との関係は表 4.8 のようになる．

鋼材の弾性波速度は 5900～6000 m/s 程度で，鉄筋の弾性波速度は直径によって異なる（図 4.11）が，コンクリートの速度よりも早く，コンクリート構造ではコンクリートの弾性波速度に鋼材が影響する場合がある．鋼材軸方向に平行な伝播時間の測定

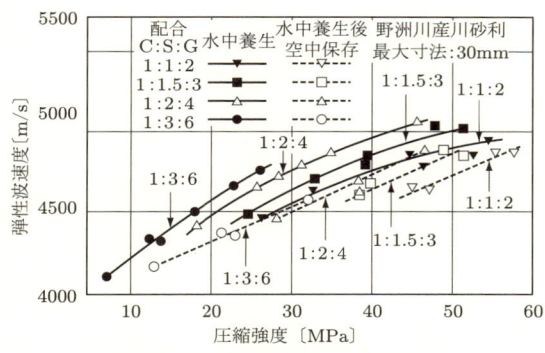

図4.10 圧縮強度と弾性波速度の関係

表4.8 コンクリートの品質と弾性波速度の関係〔日本材料学会：建設材料実験〕

弾性波速度（m/s）	品質
4500 以上	優
3700～4500	良
3100～3700	やや良
2100～3100	不可
2100 以下	不良

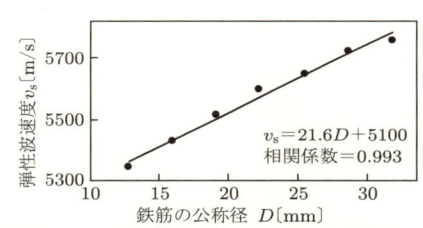

図4.11 鉄筋の公称径と弾性波速度の関係例

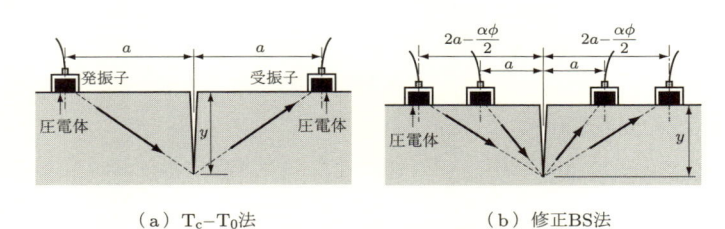

$v_s = 21.6D + 5100$
相関係数 $= 0.993$

(a) T_c–T_0法　　(b) 修正BS法

図4.12 主なひび割れ深さの測定方法

では注意が必要である．

コンクリートのひび割れは鉄筋腐食を促進することがあり，表面ひび割れが鉄筋に達しているか否かを確認する必要がある．図4.12は，弾性波の伝播距離 x_0 を考慮した表面に垂直なひび割れ深さの測定方法である．

① T_c–T_0 法

直径 ϕ の振動子で測定したひび割れから発・受振子中心までの距離 a での伝播時間を T_c，ひび割れのない近傍で振動子中心間距離 $2a$ での伝播時間を T_0 とすると，ひび割れ深さ y は，次式から求まる．

$$y = \left(a - \frac{\alpha\phi}{2}\right)\sqrt{\left(\frac{T_c}{T_0}\right)^2 - 1} \tag{4.7}$$

② 修正 BS 法

ひび割れから発・受振子中心までの距離 $a=5\sim15\,\mathrm{cm}$ における伝播時間を T_1, 距離 $2a - \frac{\alpha\phi}{2}$ における伝播時間を T_2 とすると,

$$y = \left(a - \frac{\alpha\phi}{2}\right)\sqrt{\frac{4T_1^2 - T_2^2}{T_2^2 - T_1^2}} \tag{4.8}$$

ここに, 式(4.7)および(4.8)の α は, 式(4.6)による.

衝撃弾性波法

ハンマー打撃や鋼球などの衝突で生じる弾性波の特性から, コンクリート内部の状況を検査する方法を, 衝撃弾性波法 (impact elastic-wave method) という (図4.13). 衝撃弾性波は, 超音波に比べて大きなエネルギーを持つこと, 可聴域から超音波領域までの広い範囲の周波数成分を含むことなどが特長で, 大型構造物の検査に適している. 衝撃弾性波を忠実に受振するためにコニカル型広帯域変位振動子を用い, 受振波の周波数解析からコンクリート内部の欠陥評価などを行う Impact-echo Method が ASTM C 1383 に規格されている.

アコースティック・エミッション法

荷重作用による微小破壊で発生する弾性波動現象を検出し, コンクリート内部のひび割れ状況などを評価する方法 (図4.14) を, アコースティック・エミッション (acoustic emission method ; AE) 法という. 既存の欠陥検知は難しいが, 進展中のひび割れがモニタリングできる. また, 一度応力が作用した材料に再度応力が作用した場合に, 先行応力レベルまで AE が発生しない現象 (カイザー効果) を利用して, コンクリートの荷重履歴が推定できる.

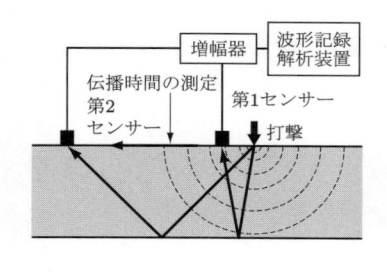

図4.13 衝撃弾性波法の原理

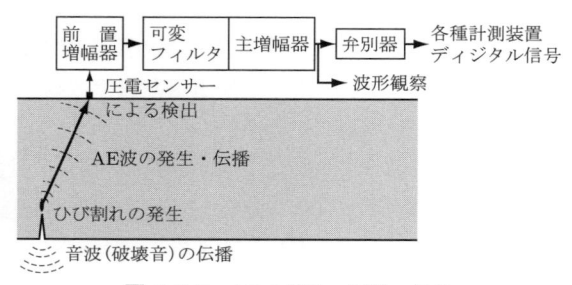

図4.14 AE の発生・伝播・検出

(5) 電磁波を利用する方法

電磁波を利用する方法は，電磁波の種類により，電磁波レーダ法，赤外線法，放射線法に分類される．

電磁波レーダ法

マイクロ波（波長約 1 m〜約 1 mm の電磁波）が，電磁気的性質の異なる境界で反射する性質を利用して，鋼材あるいは内部空洞を探査する方法（図 4.15）を，電磁波レーダ（radar）法という．

電磁波は鋼材で全反射し，波長と同程度以上の空隙で反射，干渉および散乱を生じる．最大探査深さは装置の発信周波数に依存し，数百 MHz で 50〜60 cm，数 GHz で 20〜30 cm 程度である．鋼材などの深さ推定には，電磁波の伝播速度が必要である．電磁波の伝播速度は，コンクリートの誘電率，透磁率および比抵抗に左右され，比誘電率と比抵抗は，コンクリートの組成，骨材の量と種類，含水量，塩素イオン量，温度などで変化する（表 4.9）ため，ハンマーでのみをたたいて，コンクリートを削り取って行うはつり調査を併用してコンクリートの電磁波速度が測定される．

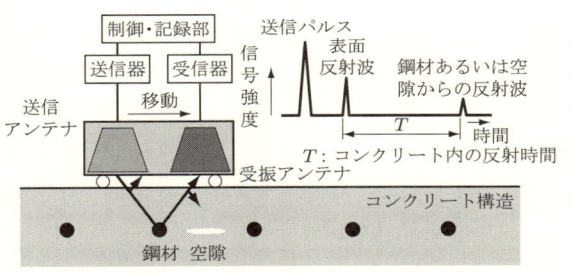

図 4.15 電磁波レーダ法による探査の原理

表 4.9 比誘電率，比抵抗の例

材質	比誘電率	比抵抗
空気	1	∞
水	81 (20℃)	30〜50
コンクリート	5〜20	4000〜8000
鋼材	∞	≒ 0

赤外線法

物体表面から放射される表面温度に対応した赤外線エネルギーを計測して，温度分布に換算・画像化することにより，コンクリート表層部の変状を検出する熱的検査法を，赤外線法（infrared thermography）という．

コンクリートの内部と外部に温度差があると，コンクリート内に熱流と，それに伴う温度勾配が生じる．コンクリートの内部空隙，はく離，ひび割れなどの変状は，熱伝導の断熱効果があるため，外気温がコンクリート温度より高くなる昼間は変状部が高温部となり，外気温がコンクリート温度より低くなる夜間は変状部が低温部となる（図 4.16）．そのため，コンクリート表面の温度分布あるいはその変化から，表面近傍の変状の有無が検出されることになる．

赤外線法の主な特徴は，非接触で，短時間に広範囲の検査ができることである．表

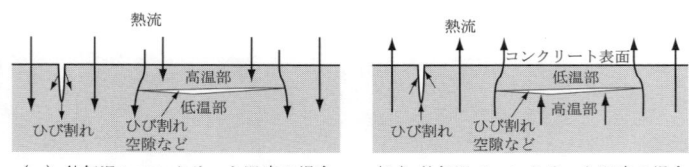

(a) 外気温＞コンクリート温度の場合　　(b) 外気温＜コンクリート温度の場合

図4.16 欠陥が表層温度変化に及ぼす影響（熱流変化）

層部欠陥の位置・形状を視覚的に同定できるが，存在深さと厚さは測定できない．なお，撮像時の環境条件によって結果が異なることがある．

放射線法

放射線は物質を直線透過し，透過量は物質の種類，厚さおよび密度によって異なる．透過放射線量を観察して，透過線量の強度変化から材料内部を検査する方法（図4.17）を放射線法（nuclear method）といい，コンクリート構造物の非破壊検査にはX線とγ線が使用される．

現場計測には，300 kV 級の携帯型X線装置，740 GBq 程度のコバルト60，および1850 GBq 程度のイリジウムなどが用いられる．直径9 mm の鉄筋を識別できる普通コンクリートの最大厚さは，X線が40 cm～50 cm 程度，γ線が50 cm～60 cm 程度である（表4.10）．

(6) 電気化学的方法

鋼材の腐食が電気化学的現象であることを利用し，自然電位，分極抵抗，分極曲線などを計測して，コンクリート中の鋼材の腐食傾向，腐食速度に関する情報を得る方法を，電気化学的方法（electro-chemical method）という．

自然電位法

自然電位法（half-cell potential method）は，電位の貴卑（高低）の傾向を把握して，鋼材の腐食進行を判断する方法である．実用的には，コンクリート表面上の参照

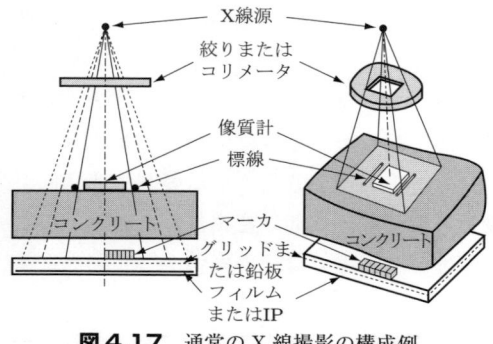

図4.17 通常のX線撮影の構成例

表4.10 直径9mm鉄筋の識別可能な普通コンクリートの最大厚さ

撮影方法	放射線の種類	
	X 線 300 kV，5 mA 照射時間 10 分	γ線 ^{60}Co 590 GBq·h
工業用 フィルム撮影	約 40 cm	約 50 cm
IP 画像 処理方式	約 50 cm	約 60 cm

電極（飽和硫酸銅電極，飽和塩化銀電極あるいは飽和カロメル電極）と鋼材との電位差を，入力抵抗の大きな電位差計で計測（図 4.18）し，電位分布から腐食発生の可能性の高い部分を判断する．

硫酸銅電極による自然電位 E〔V〕と鋼材腐食状況の関係は，次のようである．

$-0.20 < E$ ：90％以上の確率で腐食していない
$-0.35 < E \leq -0.20$ ：不確定
$E \leq -0.35$ ：90％以上の確率で腐食が生じている

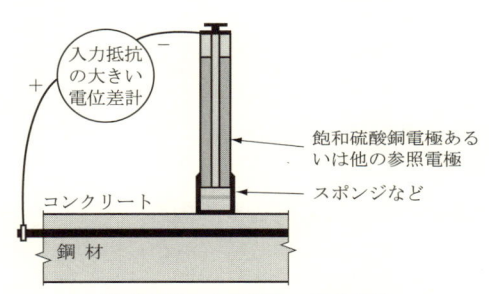

図 4.18 自然電位の測定方法

分極抵抗法

分極抵抗法（polarization resistance method）は，鋼材の電位を自然電位からわずかに分極（電位の強制変化）変化させたときに生じる電流を計測し，式（4.9）を用いて分極抵抗を求める方法で，分極抵抗と腐食電流との関係式（4.10）から腐食電流（腐食速度）が求められる．分極抵抗の計測方法は数種あるが，交流インピーダンス法を用いた携帯型計測器が実用化されている．

$$R_\mathrm{p} = \frac{\Delta E}{\Delta i} \tag{4.9}$$

$$I_\mathrm{corr} = \frac{K}{R_\mathrm{p}} \tag{4.10}$$

ここに，R_p：分極抵抗
　　　　ΔE：分極量（変動させる電位）
　　　　Δi：発生する電流
　　　　I_corr：腐食電流
　　　　K：鋼材の種類と環境条件から決定される定数

四電極法

四電極法（electric resistance method）は，かぶりコンクリートの電気抵抗を測定

する方法である．鋼材の腐食は腐食電流が流れることで生じ，鋼材周辺のコンクリートの電気抵抗が小さいほど進行が早くなることから，コンクリートの電気抵抗を測定することで，鋼材の腐食の進行しやすさの目安がわかる．

4.4.4 局部的な損傷を伴う調査

局部的な損傷を伴う調査は，構造物のごく一部を損傷して，コンクリートの物性や劣化状況を調査するもので，主なものにコア採取による方法，ドリル削孔粉を用いる方法，はつりによる方法がある．目視による方法，たたきによる方法，非破壊検査機器を用いる方法では十分な情報が得られない場合や，より精度の高い情報が必要な場合に行われる．調査内容は，表4.4に示すように，コンクリートの物性や劣化の状況を把握する試験と，鉄筋の劣化状況を把握する試験に大別される．

4.4.5 実構造物の力学的状態を直接評価する調査

コンクリートと鋼材の検査結果から構造物（部材）の安全性，使用性などが確認できない場合には，構造物の力学的挙動あるいは性状を直接評価する試験が必要になることがある．試験方法には，載荷試験と振動試験があり，部材の断面剛性ならびに振動特性に関する情報を得るために行われる．

載荷試験は，一般に，車両あるいは列車を上載荷重として用いる方法で，荷重を静止させた状態で計測するのが静的載荷試験，荷重を変動させながら載荷するのが動的試験である．その他に，支点など他の部材に反力をとり，油圧ジャッキで載荷する方法がある．

振動試験には，構造物に衝撃あるいは起振機により強制振動を与える方法や，他の部材に反力を取り，油圧ジャッキで載荷した後，開放して自由振動を与える方法などがある．

これらの試験は，構造物の弾性的挙動を確認し，予測した挙動に異常があるかどうかを確かめるために行われることが多い．載荷試験中と試験後に，構造物の使用性や耐久性に影響するひび割れ，大きな残留変形，その他変状などの有無をよく調べ，構造物の性能と試験方法の適切さを確認することが重要である．

4.5 劣化機構の推定および劣化予測

4.5.1 概要

コンクリート構造物（部材）の劣化機構が異なると，劣化の進行速度が異なるため，その推定は適切に行わなければならない．劣化機構の推定は，設計図書，使用材料，施工管理および検査の記録，構造物の環境条件および使用条件を検討し，点検結

果に基づいて行われる．

　劣化予測は，点検結果に基づいて劣化の将来の状態を予測することであり，予定供用期間中の構造物の性能評価，および対策の要否判定に欠かすことはできない．劣化予測の結果と実際の劣化進行が一致しない場合には，その後に実施される複数回の点検結果をもとに，予測手法の見直しが行われる．

　コンクリート構造物の劣化は，コンクリートの劣化あるいは鋼材腐食が端緒となって生じるため，劣化予測は，コンクリートと鋼材の劣化進行予測結果を組み合わせて行うのが基本である．しかし，この方法は容易でないため，構造物の劣化進行過程を潜伏期，進展期，加速期および劣化期に区分して，各期間の長さを予測することで劣化進行予測に置き換え，劣化進行過程と劣化状態の関係から構造物の性能を評価する方法が一般に採用されている．維持管理を適切に行うには，構造物（部材）の性能低下を起こす中性化，塩害，凍害，化学的侵食，ASR，疲労およびすり減りの劣化機構，劣化の進行と予測の考え方を理解する必要がある．

4.5.2　劣化機構の推定

　構造物の劣化が発見されると，外的要因，変状の特徴，ならびに劣化指標によって劣化機構の推定が行われる．劣化指標は劣化の進行，劣化程度の評価に用いられ，詳細調査項目になっていることが多い．表 4.11 は劣化要因と劣化指標の関係である．

　新設構造物であっても，将来発生する可能性がある劣化機構を推定して維持管理方針を策定する必要があり，構造物の外的要因から劣化機構が推定される（表 4.12）．

表 4.11　劣化の機構，要因，指標の関係［土木学会：2007 年制定 RC 示方書］

劣化機構	劣化要因	劣化指標
中性化	二酸化炭素	中性化深さ 鋼材腐食量
塩害	塩化物イオン	塩化物イオン濃度 鋼材腐食量
凍害	凍結融解作用	凍害深さ 鋼材腐食量
化学的侵食	酸性物質 硫酸イオン	劣化因子の浸透深さ 中性化深さ 鋼材腐食量
ASR	反応性骨材	膨張量（ひび割れ）
RC 床版の疲労	大型車通行量（床版諸元）	ひび割れ密度 たわみ
すり減り	摩耗	すり減り量 すり減り速度

表 4.12　外的要因と推定される劣化機構［土木学会：2007 年制定 RC 示方書］

	外的要因	推定される劣化機構
地域区分	海岸地域	塩害
	寒冷地域	凍害，塩害
	温泉地域	化学的侵食
環境条件および使用条件	乾湿繰返し	ASR，塩害，凍害
	凍結防止剤使用	塩害，ASR
	繰返し荷重	疲労，すり減り
	二酸化炭素	中性化
	酸性水	化学的侵食
	流水，車両など	すり減り

既設構造物では，外的要因による劣化機構を推定し，内的要因に関する検討も行われる．構造物の耐久性が十分に認識されていない年代，たとえば，アルカリ反応性骨材や海砂に関する規定が，現在と異なっていた年代の示方書に準じて建設された構造物では，使用材料が内的要因となってASR，塩害などの劣化が生じる可能性があるためである．また，コンクリートの締固め，養生などが不適切で，コンクリートの品質が設計上の前提条件を十分に満足していない場合，あるいは鋼材かぶりが確保されていない場合には，これらが内的要因となって構造物を劣化，あるいは劣化を促進させることがあるためである．

　劣化機構を外的要因でスクリーニングし，内的要因を組み合せて推定すると，変状と劣化現象との比較により，推定結果の妥当性が評価できることがある．各劣化機構による変状の外観上の特徴は次のようである．

① **中性化**：鉄筋軸方向のひび割れ，コンクリートはく離
② **塩　害**：鉄筋軸方向のひび割れ，錆汁，コンクリートや鉄筋の断面欠損
③ **凍　害**：微細ひび割れ，スケーリング，ポップアウト，変形
④ **化学的侵食**：変色，コンクリートはく離
⑤ **ASR**：膨張ひび割れ（亀甲状，拘束方向），ゲル，変色
⑥ **RC床版の疲労**：格子状ひび割れ，角落ち，遊離石灰
⑦ **すり減り**：モルタルの欠損，粗骨材の露出，コンクリートの断面欠損

4.5.3　中性化
(1) 中性化の劣化機構

　普通ポルトランドセメントの水和で生成される水酸化カルシウムは，コンクリートにpH 12～13の強アルカリ性を付与し，このような強アルカリ環境にある鋼材は一般に腐食しない．大気中の二酸化炭素がコンクリート内に侵入すると，細孔溶液中で炭酸イオンおよび炭酸水素イオンとなり，水和生成物と反応して炭酸カルシウムその他の物質を生成する．この反応を炭酸化（carbonation）と呼ぶ．コンクリートは炭酸化すると，pHが8.5～10程度に低下して，鋼材は不動態被膜を失い，酸素と水分によって腐食が進行する．コンクリートのpH低下領域が劣化進行の指標となることから，一般的に中性化と呼ばれる．

　中性化は鋼材の腐食，コンクリートのひび割れ，かぶりコンクリートのはく落，耐荷力の低下などを引き起こすだけでなく，炭酸化によりC–S–Hを含むすべての水和物を変質させ，セメント硬化体の空隙構造を変化させて，強度変化や炭酸化収縮を起こす．

（2）中性化による劣化の進行と予測

中性化による主な劣化原因は鋼材腐食である．中性化による構造物の劣化進行過程は，次のように分類される（図4.19）．
① **潜伏期**：中性化深さが鋼材の腐食発生限界に到達するまで
② **進展期**：鋼材の腐食開始から腐食ひび割れ発生まで
③ **加速期**：腐食ひび割れ発生による鋼材の腐食速度が増大する
④ **劣化期**：鋼材の腐食量増加により耐荷力の低下が顕著になる

各過程の期間を左右する要因は，潜伏期が中性化進行速度，進展期が鋼材の腐食速度，加速期と劣化期が腐食ひび割れを有する場合の鋼材の腐食速度である．

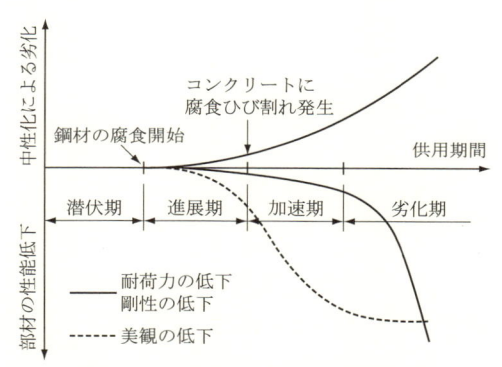

図4.19 中性化による劣化進行過程
[土木学会：2007年制定RC示方書]

中性化の進行予測

中性化の進行速度は，コンクリート中の二酸化炭素の移動速度と，細孔溶液のpH保持能力に左右される．二酸化炭素の移動速度は，セメント・混和材・骨材の種類，水結合材比，結合材の水和度などに影響され，中性化深さは中性化期間の平方根に比例する．

$$y = b\sqrt{t} \tag{4.11}$$

ここに，y：中性化深さ〔mm〕
　　　　t：中性化期間〔年〕
　　　　b：中性化速度係数〔mm/$\sqrt{年}$〕

中性化の進行予測は，中性化深さ測定値から中性化速度係数を求めて行われる．信頼性の高い中性化速度係数は，中性化深さを数年おきに2～3回測定して得られる．同じ構造物の部位によって中性化深さや中性化速度係数が異なる場合には，部位毎に

中性化深さが異なるものとして扱われる.

点検結果がない場合は，対象構造物と同じあるいは類似したコンクリートの材料,配合および環境条件での中性化速度式を用いて予測するのが望ましい．そのような式がない場合は，次式が用いられる.

$$y = R\left(-3.57 + 9.0\frac{W}{B}\right)\sqrt{t} \tag{4.12}$$

ここに，$\dfrac{W}{B}$：有効水結合材比

W：単位水量

B：単位有効結合材量（$= C_p + kA_d$）

C_p：単位ポルトランドセメント量

A_d：単位混和材量

R：環境の影響を表す係数（乾燥しやすい場合は1.6，乾燥しにくい場合は1.0）

k：混和材の影響を表す係数（フライアッシュは0，高炉スラグ微粉末は0.7）

鋼材腐食の進行予測

中性化による鋼材腐食は，一般に，中性化深さが鋼材位置に到達する前から生じる．腐食開始時期は，かぶりと中性化深さの差（中性化残り）を用いて推定され，腐食が開始する中性化残りは10 mmとされている．コンクリート中に塩化物が存在すると，中性化の進行に伴い，セメント水和物に固定されていた塩化物イオンが解離して未中性化領域に濃縮するため，腐食の開始が早くなる．このような場合の腐食は，安全側として中性化残り25 mmで開始するとされている.

中性化による鋼材腐食量は直線的に変化することが多く，腐食量と腐食開始時期がわかれば，その後の進行予測が可能となる．腐食開始時期が不明でも，異なる2材齢以上の腐食量測定結果から経時変化曲線の推定ができる.

鋼材腐食量の測定値がない場合，一般環境（20℃，相対湿度60〜70％程度）での鋼材の腐食速度（2×10^{-3} mm/年程度）を用いて，中性化による鋼材の腐食量が推定される．中性化による鋼材腐食は全面腐食になることが多く，腐食ひび割れ発生時の鋼材腐食量は10 mg/cm^{2}程度とされている.

4.5.4 塩　害
（1）塩害の劣化機構
　塩害は，コンクリート中の塩化物イオン Cl^- の存在で鋼材表面の不動態被膜が破壊されて，鋼材が腐食する現象である．腐食生成物の生成膨張圧（発錆による体積膨張は約 2.5 倍）でコンクリートのひび割れ，かぶりコンクリートのはく離，はく落，鋼材の断面減少などが発生し，構造物の性能が低下する．

（2）塩害による劣化の進行と予測
　塩害による劣化進行過程は，次のように区分される（図 4.20）．
① **潜伏期**：鋼材表面の塩化物イオン濃度が腐食発生限界濃度に達するまで
② **進展期**：鋼材の腐食開始から腐食ひび割れ発生まで
③ **加速期**：腐食ひび割れ発生により腐食速度が増大する
④ **劣化期**：腐食量の増加により耐荷力の低下が顕著になる

　各劣化過程の長さを決定する要因は，潜伏期が塩化物イオンの拡散と初期含有塩化物イオン濃度，進展期が鋼材の腐食速度，加速期と劣化期が腐食ひび割れを有する場合の鋼材の腐食速度である．

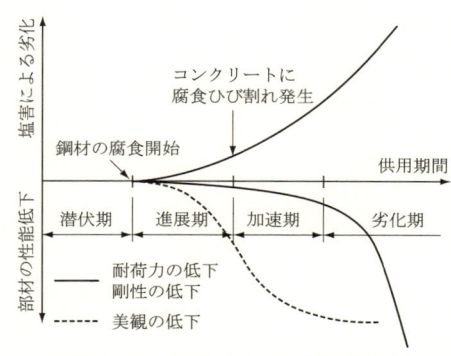

図 4.20　塩害による劣化進行過程
［土木学会：2007 年制定 RC 示方書］

塩化物イオンの拡散予測
　コンクリート中の塩化物イオンは，連続した細孔中の溶液の濃度勾配を駆動力とした移動，あるいは細孔溶液の移動に伴い移動する．コンクリートの水セメント比が大きい場合や，養生が不十分な場合には，塩化物イオンは移動しやすい．飛沫帯のような乾湿繰返しの激しい環境では，表面付近で塩化物イオンの浸透が激しく，表層部の塩化物イオン濃度が高くなる．また，中性化フロントより内部に塩化物イオンの濃縮が生じる場合がある．
　塩化物イオンの拡散予測は，拡散方程式による方法が用いられる．これは，拡散方

程式（フィックの第2法則）を，表面における塩化物イオン濃度を一定として解いた，見掛けの拡散係数を用いて塩化物イオン濃度を求めるものである．

$$C(x, t) = \gamma C_0 \left(1 - erf \frac{x}{2\sqrt{Dt}}\right) \tag{4.13}$$

ここに，$C(x, t)$：深さ x〔cm〕，供用年数 t における塩化物イオン濃度〔kg/m^3〕
　　　　γ：予測精度に関する安全係数（一般的には1.0）
　　　　C_0：表面の塩化物イオン濃度〔kg/m^3〕
　　　　D：塩化物イオンの見かけの拡散係数〔cm^2/年〕
　　　　erf：誤差関数

かぶり x が推定されると，時間 t での鋼材位置の塩化物イオン濃度が求められる．

点検結果から表面の塩化物イオン濃度と塩化物イオンの見かけの拡散係数を求める場合は，塩化物イオン濃度分布を式(4.13)で回帰分析して求められる．点検結果がない場合，あるいは点検結果から塩化物イオンの見かけの拡散係数が求められない場合には，次式で求めることができる．

普通ポルトランドセメントの場合：

$$\mathrm{Log}_{10} D = -3.9\left(\frac{W}{C}\right)^2 + 7.2\left(\frac{W}{C}\right) - 2.5 \tag{4.14}$$

高炉セメントの場合：

$$\log_{10} D = -3.0\left(\frac{W}{C}\right)^2 + 5.4\left(\frac{W}{C}\right) - 2.2 \tag{4.15}$$

表面の塩化物イオン濃度が求められない場合は，表4.13が用いられる．凍結防止剤などによる塩化物イオンの影響を受ける構造物の表面塩化物イオン濃度は，点検結果から求める．

鋼材腐食の進行予測

腐食発生限界塩化物イオン濃度は，コンクリートの品質，構造物の環境条件によっ

表4.13 表面における塩化物イオン濃度 C_0〔kg/m^3〕
〔土木学会：2007年制定RC示方書〕

地域区分		飛沫帯	海岸からの距離〔km〕				
			汀線付近	0.1	0.25	0.5	1.0
飛来塩分が多い地域	北海道，東北北陸，沖縄	13.0	9.0	4.5	3.0	2.0	1.5
飛来塩分が少ない地域	関東，東海，近畿中国，四国，九州		4.5	2.5	2.0	1.5	1.0

て変化するため，点検による鋼材の腐食状態と鋼材位置の塩化物イオン濃度との関係から求めるのが原則であるが，$1.2\,\mathrm{kg/m^3}$ としてもよい．

塩害による鋼材腐食は，中性化の場合と異なり，局部的に激しく腐食する部分（孔食）が形成され，腐食の進行も早い．塩害による鋼材の腐食は，腐食程度をグレード分けして評価する方法が採用されている（表 4.15 参照）．

腐食ひび割れ発生後の鋼材腐食の進行予測手法は確立されていないため，腐食ひび割れのない各種腐食モデルのパラメータのうち，物質移動に関するものを，ひび割れのある場合の値に置き換えて行われることが多い．

4.5.5 凍害
(1) 凍害の劣化機構

凍害は，コンクリート中の水分の凍結膨張によって発生し，長年にわたる凍結と融解の繰返しによりコンクリートが徐々に崩壊していく現象である．凍害を受けた構造物では，コンクリート表面にスケーリング，微細ひび割れ，スケーリングとポップアウトなどの劣化が顕在化する．ポップアウト（図 4.21）は，骨材の品質が悪い場合に生じる．微細ひび割れとスケーリングは，コンクリートの品質が劣る場合，適切な空気量が連行されていない場合に，コンクリートのペースト部分が劣化して生じ，スケーリングは，表面付近から部分的なうろこ状の剥離が生じるものである（図 4.22）．

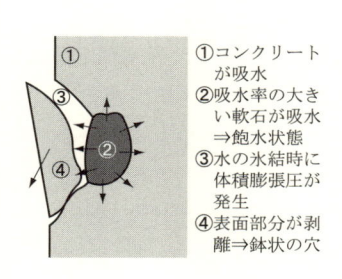

①コンクリートが吸水
②吸水率の大きい軟石が吸水 ⇒ 飽水状態
③水の氷結時に体積膨張圧が発生
④表面部分が剥離 ⇒ 鉢状の穴

図 4.21 ポップアウト

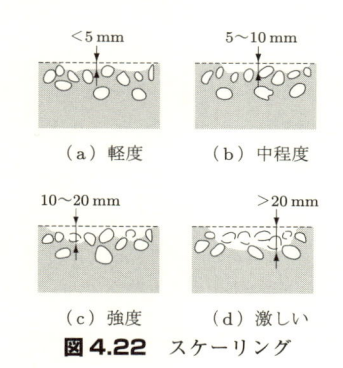

（a）軽度 <5 mm　（b）中程度 5～10 mm　（c）強度 10～20 mm　（d）激しい >20 mm

図 4.22 スケーリング

(2) 凍害による劣化の進行と予測

凍害による構造物の性能低下は凍害深さによって異なり，次のように区分される（図 4.23）．

① **潜伏期**：凍結融解作用を受けてスケーリングが発生するまで
② **進展期**：コンクリート表面の劣化が進行し，骨材が露出あるいははく離するまで
③ **加速期**：鋼材が露出あるいは腐食が開始するまで

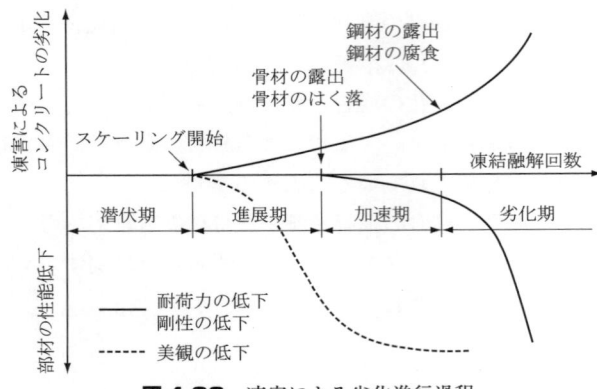

図4.23 凍害による劣化進行過程
［土木学会：2007年制定RC示方書］

④ **劣化期**：鋼材腐食が進行し，耐荷性の低下が顕著になる

　劣化過程の期間を左右する要因は，潜伏期が凍害発生の可能性の有無，最低温度，凍結水量，凍結融解回数，進展期が最低温度，凍結水量，凍結融解回数，加速期と劣化期が凍害深さと鋼材の腐食速度である．

凍害発生の予測

　凍害発生の予測は，使用材料，コンクリートの配合，空気量および構造物の環境，水の供給程度を把握して総合的に行われるが，構造物が供用される環境を定量的に評価することは難しい．

　材料的観点からは，骨材が凍害を起こさない物性の限界値は，吸水率3%以下，骨材安定性試験の損失重量12%以下とされている．コンクリートが凍害を受ける可能性は，使用コンクリートあるいは対象コンクリートを再現したコンクリートの凍結融解試験（JIS A 1148）を行い，相対動弾性係数，質量減少率，長さ変化率などで評価される（図4.24）．300サイクルの凍結融解試験終了後，相対動弾性係数80%以上，長さ変化率200×10^{-6}以下のコンクリートは耐凍害性に優れているが，スケーリングを許容しない構造物では，相対動弾性係数100%，質量減少率0%が要求される．相対動弾性係数60〜80%，長さ変化率$(200〜1000) \times 10^{-6}$のコンクリートは要注意(1)とされ，使用できる場合がある．要注意(2)および(3)は耐凍害性に劣っており，寒冷地では使用できない．

凍害深さの予測

　コンクリートは，凍害を受けると，組織がゆるみ，圧縮強度の低下，塩化物イオン浸透速度や中性化速度の増大が生じる．凍害進行予測は，構造物から採取したコア供試体の測定・分析により，コンクリート組織の変化した部分の深さと量を求めて行う

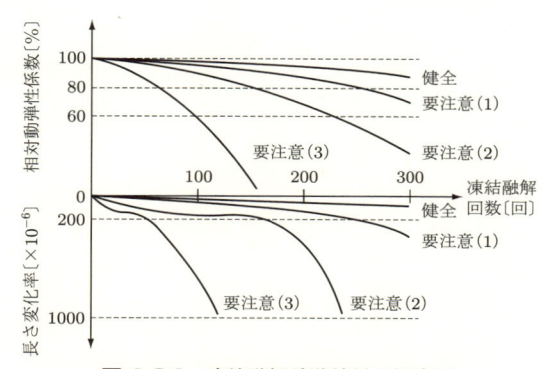

図 4.24 凍結融解試験結果の概念図
[土木学会：コンクリートライブラリー81]

のが有効である．

4.5.6 化学的侵食
（1）化学的侵食の劣化機構
　コンクリートの化学的侵食は，酸性度の高い溶液あるいは比較的高濃度の硫酸塩を含む溶液がコンクリート表面に接触して生じ，それぞれ，酸性劣化あるいは硫酸塩劣化を引き起こす．酸と硫酸塩による化学的侵食のメカニズムは異なるが，基本的に，セメント水和物と侵食性物質の化学反応で侵食が進行し，構造物が劣化する．
　セメント水和物は，侵食性物質との化学反応により，可溶性物質に変化する場合と膨張性化合物が生成される場合がある．可溶性物質に変化するのは大多数の酸，無機塩類，硫化水素や亜硫酸ガスなどの腐食性ガスであり，膨張性化合物を生成するのは各種硫酸塩である．コンクリート構造物の維持管理は，下水道関連施設，温泉地，酸性河川などにおける硫酸を代表とする酸性劣化，土壌における硫酸塩劣化を代表とする塩類による劣化が対象とされている．

（2）化学的侵食による劣化の進行と予測
　化学的侵食は，コンクリート保護層とコンクリートの変質，ひび割れ，骨材の露出，はく離・はく落を引き起こし，コンクリートの断面欠損や鋼材腐食などを生じて，構造物の性能を低下させる．劣化過程は，次のように区分される（図 4.25）．
① **潜伏期**：コンクリートの変質が生じるまで
② **進展期**：コンクリート中の骨材が露出し，はく落するまで
③ **加速期**：侵食深さが増大し，劣化因子が鋼材位置に達して鋼材が腐食するまで
④ **劣化期**：コンクリートの断面欠損，鋼材の断面減少などにより耐荷力の低下が顕著になる

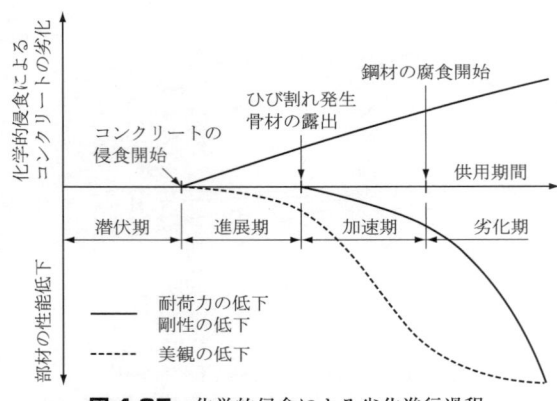

図4.25 化学的侵食による劣化進行過程
［土木学会：2007年制定RC示方書］

　コンクリート表面に，樹脂ライニングなどの保護層が施されている場合には，保護層が脆弱化・変質した後，コンクリートが変質する．保護層のない構造物が酸性劣化を受けると，潜伏期は非常に短く，劣化はただちに進展期となることがある．

　劣化過程の長さを左右する要因は，潜伏期はコンクリートあるいはコンクリート保護層中への劣化因子の浸透速度，進展期と加速期はコンクリートの侵食速度，劣化期はコンクリートの侵食速度と鋼材の腐食速度である．

化学的侵食の進行予測

　化学的侵食の進行速度は，劣化因子の種類・濃度，コンクリートの品質に大きく左右される．劣化因子は，変質部分よりも内部にまで高濃度で達していることが多く，化学的侵食の進行予測は，コンクリートの侵食深さを用いて行われる．コンクリート表面に保護層が設けられている場合は，保護層とコンクリートの品質を考慮して行われる．

　侵食深さは，劣化因子の種類と量により，時間の平方根に比例する場合と，時間に比例する場合がある．土壌中や水の流れのない環境で，はく離が生じにくい条件や硫酸塩による劣化の場合，侵食深さは次のように，時間の平方根に比例して進行することが多い．

$$y = \gamma_c (a\sqrt{t} + b) \tag{4.16}$$

ここに，y：コンクリートの侵食深さ〔mm〕
　　　　t：劣化因子に曝される期間〔年〕
　　　　a：コンクリートの侵食速度係数〔mm/√年〕
　　　　b：係数（初期から劣化が進行する場合，$b=0$）

4.5 劣化機構の推定および劣化予測

γ_c：予測の精度に関する係数（構造物でのばらつき，環境条件の影響を受ける係数 a のばらつきを考慮して設定され，一般には 1.0）

水路など水の流れがある環境で，はく離が生じやすい条件や酸性物質による劣化では，侵食は時間に比例して進行することが多い．下水道管路の気相中の硫化水素濃度と侵食速度は比例関係にあり，侵食深さは次のようになる．

$$y = \gamma_c (ct + d) \tag{4.17}$$

ここに，y：コンクリートの侵食深さ〔mm〕
　　　　t：劣化因子に曝される期間〔年〕
　　　　c：コンクリートの侵食速度係数（$= e[H_2S] + f$〔mm/年〕）
　　　$[H_2S]$：硫化水素濃度〔ppm〕
　　d, e, f：係数（初期から劣化が進行する場合，$d = 0$）
　　　　γ_c：予測の精度に関する係数

侵食深さの測定値がある場合には，侵食速度係数を求めて，以後の予測が行われる．浸透速度係数の算出は，数年おきに 2～3 回程度の測定を行い，最小二乗法で求めるのが望ましい．

酸性劣化で劣化因子の pH が中性に近いと，劣化による析出物が細孔を埋めて劣化の進行を遅延させることがあり，侵食深さは時間に比例しないことがある．硫酸塩侵食では，反応生成物の膨張によるひび割れなどが劣化の進行を大きく左右することがあり，侵食深さが時間の平方根に比例しないことがある．

鋼材腐食の進行予測

酸性劣化を受けると，コンクリートは断面欠損あるいは中性化するため，硫酸劣化における硫酸イオン浸透深さの目安として中性化深さを測定する場合が多い．硫酸塩劣化の場合は，コンクリート組織の多孔質化で中性化が早期に進行して，鋼材が腐食することが多い．劣化因子の浸透深さ測定は難しいため，中性化残りから鋼材腐食開始時期が判定される．

化学的侵食による鋼材の腐食はきわめて進行が早く，腐食速度の進行予測は腐食量の経時変化曲線を用いて行われる．経時変化曲線は，劣化因子の種類，濃度によって異なるため，経過時間の異なる三つ以上の材料の測定結果を用いた経時変化曲線から腐食速度を推定するのが望ましい．

4.5.7 アルカリシリカ反応
(1) ASR の劣化機構
　ASR は，骨材中のシリカとコンクリート中のアルカリ性水溶液との化学反応で生成されたアルカリシリカゲルが，細孔溶液を吸水して膨張することで生じる劣化である．

(2) ASR による劣化の進行
　ASR の影響を受けた構造物は，建設数年後にひび割れ発生という形で変状が顕在化し，変状は水分とアルカリが供給される条件下で長期にわたって進行する．変状の程度を左右する要因は，コンクリートに関する要因（反応性骨材の種類と含有量，セメントの種類とアルカリ量，配合など），コンクリート構造体に関する要因（部材の断面形状，鋼材量，拘束条件など），構造物の使用・環境条件に関する要因（水分やアルカリの供給，日射条件，雨掛かりなど）である．寒冷地では，道路路面の凍結防止目的で多量の凍結防止剤が撒布されるが，凍結防止剤に使用される塩化ナトリウムなどの塩類は，ASR を促進する．

　ASR による劣化は，次の三つに分類される．
① コンクリートの膨張性が大きく，部材としての一体性が失われるような著しいひび割れや，鋼材損傷（降伏，亀裂，破断）が生じるまでに膨張が継続する場合
② ASR によるひび割れは生じるが，骨材の反応性物質が消費されてしまい，ASR による膨張が収束して，進展期から加速期に移行しない場合
③ ASR による劣化の進行が加速期で止まる場合

劣化予測の方法
　コンクリートの膨張性が大きい場合の劣化進行は，次のように区分される（図 4.26）．

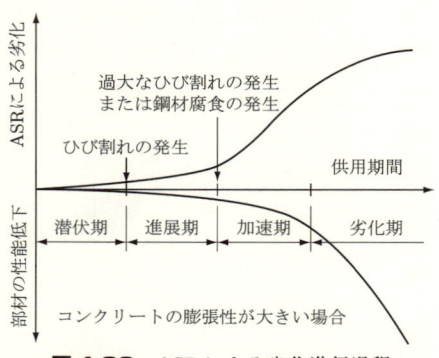

図 4.26 ASR による劣化進行過程
［土木学会：2007 年制定 RC 示方書］

① **潜伏期**：ASR は進行するが，膨張およびひび割れがまだ発生しない
② **進展期**：水分とアルカリが供給される状態で膨張が継続的に進行し，ひび割れは発生するが，鋼材腐食がない
③ **加速期**：ASR による膨張速度が最大を示す段階で，ひび割れが進展し，鋼材腐食が発生する場合もある
④ **劣化期**：ひび割れの幅と密度が増大して部材としての一体性が損なわれ，鋼材の腐食による断面減少，鋼材の損傷が発生して耐荷力の低下が顕著になる

　膨張性が大きい場合の劣化過程の長さを左右する要因が，潜伏期が反応性鉱物の種類と量，およびアルカリ量によって定まるアルカリシリカゲルの生成速度，進展期と加速期が水分とアルカリの供給状況によって定まるアルカリシリカゲルの吸水膨張速度，劣化期がアルカリシリカゲルの吸水膨張速度，鋼材の腐食速度，鋼材の引張応力増加率である．
　膨張性が小さい場合は，ASR によるひび割れは発生するが，膨張がある時点で収束し，進展期から加速期への劣化過程の移行は見られない．
　ASR の影響を受けた，あるいは受ける可能性が高い構造物と，その対策の特徴は，
① モニタリングしていても，劣化が顕在化する前に発見することが難しい．反応性骨材が使用され，アルカリ量が多くても，実際に膨張するかどうかは明らかではない．
② 劣化による膨張が発生することが明らかになっても，構造物の状態を潜伏期のままに留める対策は確立されていない．
③ ASR の兆候が見られない潜伏期の構造物に対して，将来 ASR による劣化が生じる恐れがあるとの理由で対策を施すには，不確実な点が多い．

(3) ASR による劣化の予測
コンクリートの膨張予測
　使用骨材に反応性があれば，点検時に ASR の兆候が見られなくても，長期の供用期間後に膨脹する可能性がある．ASR による膨張過程は，化学反応によりアルカリシリカゲルが生成される化学反応過程と，アルカリシリカゲルが吸水して膨張する物理的過程からなり，化学反応過程の十分な進行後に膨張過程が始まる．化学反応過程の進行速度は，主に反応性鉱物の種類と含有量，セメントの種類とアルカリ量，コンクリートの配合などによって決まる．物理的過程の進行速度は，構造物への水分の供給条件と温度などに影響される．
　ASR によるコンクリート膨張の進行を精度よく予測することは難しいが，ASR で劣化した構造物の維持管理に必要な膨張予測には，次の方法が用いられる．
① あらかじめ部材の変形，ひび割れの進展をコンタクトゲージ法などで定期的に測

定し，その経時変化から将来の部材のひび割れの進展を予測する方法．ASR による膨張とそれに伴うひび割れの発生は，構造物周辺の環境条件に影響されるため，ひび割れの顕著な部分とひび割れの少ない部分の双方で測定すると，構造物全体の膨張挙動の予想に有効である．

② 構造物から採取したコンクリートコアを，ASR が進行しやすい雰囲気中に保管し，促進環境における膨張量を測定してコンクリートの膨張の可能性を予測する方法．促進養生試験による膨張量が 0.1 ％以上のコンクリートは，将来有害な膨脹を生じ，使用性および耐久性の低下を招く恐れがあると評価されることが多い．

鋼材の腐食進行と損傷の予測

ASR による劣化はコンクリートの膨張に伴うひび割れを発生させるが，それ自体は鋼材の腐食には影響しない．しかし，特に塩害の影響がある地域では，ひび割れから侵入した塩化物イオンの影響で鋼材が著しく腐食した事例があり，鋼材が破断する恐れがある．T 型橋脚の梁部や，フーチングの上面などの，比較的鋼材量の少ない部位で，主鉄筋に沿う幅が 10 mm 以上のひび割れをまたぐ鋼材の破断が，鉄筋の曲げ加工部に生じている事例が報告されている．ASR で著しく劣化している構造物については，類似の構造物調査結果を参考に鋼材の損傷発生の可能性を検討し，適切な非破壊試験や，必要に応じて鉄筋のはつり出しによる調査が実施される．

4.5.8　RC 床版の疲労

(1) RC 床版の疲労の劣化機構

道路橋 RC 床版の疲労劣化はいくつかの要因が重なって発生する．その一つに車両の大型化による設計時の想定荷重と実荷重の差異の増大がある．また，水分の供給によってコンクリートの疲労寿命は著しく低下し，路面凍結防止剤による塩害の発生で内部鉄筋が腐食していると，疲労寿命が低下する．

(2) RC 床版の疲労による劣化の進行と予測

RC 床版は，設計上，曲げモーメントが支配的で，弾性薄板曲げ理論に基づく許容応力度設計法による照査が行われ，繰返し荷重に対しても十分安全であると認識されてきた．しかしながら，昭和 40 年代後半から RC 床版下面のひび割れ発生とコンクリートのはく落が認められるようになり，その主な原因として過積載車両の走行などが指摘された．表 4.14 に示す要因が複合して，劣化が急激に進行し，最終的な陥没に至ったと考えられている．

RC 床版の性能低下は，次のように区分される（図 4.27）．

① **潜伏期**：乾燥収縮や荷重による主鉄筋に沿う一方向曲げひび割れ，あるいは主桁の拘束条件により，乾燥収縮や主桁の温度変化による橋軸直角方向のひ

4.5 劣化機構の推定および劣化予測

表4.14 陥没に至った道路橋RC床版の疲労劣化要因［土木学会：2001年RC示方書］

RC床版疲労の原因		内容
使用条件	過積載車両の走行	昭和30年代の交通量の飛躍的な増大と積載制限を超過する車両の増加
設計	主桁拘束の影響	RC床版の合成桁はジベルで，非合成桁はスラブ止めで主桁に固定されており，その拘束のため乾燥収縮によるひび割れが生じやすい構造である
設計	薄い床版厚	昭和39年以前の鋼道路橋設計示方書により設計されたRC床版は，床版厚が18cm程度と薄いため，大型車両の走行による曲げひび割れが発生しやすい
設計	主鉄筋に比べて少ない配力筋	昭和39年以前の鋼道路橋設計示方書により設計されたRC床版は，配力鉄筋が主鉄筋の25%程度で，橋軸直角方向の曲げひび割れが発生しやすい
施工	コンクリートの品質	疲労損傷したRC床版は，粗骨材の砂利から砕石への移行時期に一致して単位水量とセメント量が増大し，結果としてモルタルの多いコンクリートで施工されており，乾燥収縮によるひび割れが生じやすい
環境	雨水の浸透	乾燥収縮，荷重作用などで発生したひび割れが貫通すると，路面からの浸透水でひび割れ面の摩耗が促進され，RC床版上縁の圧縮側コンクリートを分離させる骨材化現象が発生して疲労が促進した

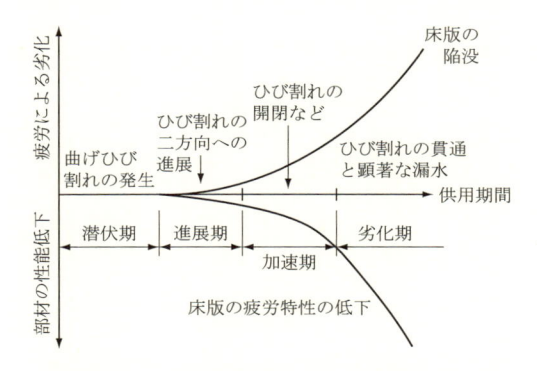

図4.27 RC床版の疲労による劣化進行過程
［土木学会：2007年制定RC示方書］

び割れが床版下面に発生する
② **進展期**：主鉄筋に沿う曲げひび割れが進展するとともに，配力鉄筋に沿うひび割れが進展し，格子状のひび割れ網が形成される
③ **加速期**：ひび割れの網細化が進み，ひび割れの開閉やひび割れ面のこすり合わせが始まる
④ **劣化期**：ひび割れが床版断面内に貫通して床版の連続性が失われ，貫通ひび割れで区切られた梁状部材として輪荷重に抵抗する

進展期では，外観上ひび割れ密度の進行が著しいが，床版の連続性は保たれている．加速期では，ひび割れのスリット化や角落ちが生じて，コンクリート断面の抵抗は期待できず，床版の押抜きせん断耐力は急激に低下する．RC床版の部材としての終局耐力は，貫通ひび割れの間隔，コンクリート強度，配筋量などとともに，雨水の浸透と鉄筋腐食が影響する．図4.28は，疲労によるRC床版下面のひび割れ進行状況である．

潜伏期と進展期の長さを左右する要因は，床版厚，配力鉄筋量，床版支間長などの適用設計基準，乾燥収縮および交通量，車両重量（軸重），走行位置などの床版の供用条件である．加速期の長さは，これらの要因に加えて，浸透水と過去の対策（床版防水工ならびに補修・補強の有無）に影響される．劣化期の長さは，これらすべての要因に影響される．

RC床版の疲労劣化進行を定量的に予測する方法には，輪荷重走行試験による押抜きせん断疲労実験で得られるS–N線図を用いる方法がある．しかし，疲労試験による予測結果には不確定さをともなうため，RC床版の疲労予測は，床版下面の状態と，疲労の進行に影響する要因を考慮した定性的評価が行われる．

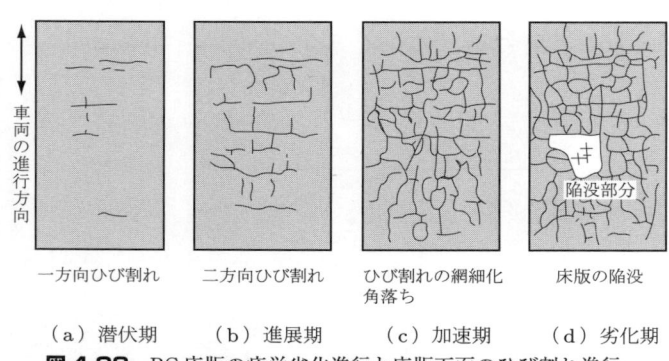

一方向ひび割れ	二方向ひび割れ	ひび割れの網細化 角落ち	床版の陥没
（a）潜伏期	（b）進展期	（c）加速期	（d）劣化期

図4.28 RC床版の疲労劣化進行と床版下面のひび割れ進行
［土木学会：コンクリートライブラリー81］

4.5.9　すり減り

(1) すり減りの劣化機構

すり減りは，水流や車輪などの摩耗作用により，コンクリート断面が時間とともに欠損していく現象である．水流により劣化を受けた構造物は，初期にはモルタルの欠損によって粗骨材が露出し，劣化が進行すると粗骨材が脱落し，さらに鋼材の露出や腐食，鋼材とコンクリートの断面欠損が生じる．

(2) すり減りによる劣化の進行と予測

水流による劣化過程は，次のように分類される（図 4.29）．
① **潜伏期**：すり減りが発生するまで
② **進展期**：粗骨材が露出するまで
③ **加速期**：露出した粗骨材が脱落するまで
④ **劣化期**：断面欠損が著しく性能低下が顕著になる

各過程の長さはすり減り速度に影響される．すり減り速度は，コンクリートの配合や強度，水の流速や土砂の混入状態，波の強さや頻度，衝撃の有無によって決まる．コンクリートは，水セメント比が小さいほど緻密で強度が高くなり，すり減り速度は遅くなる．品質が同じコンクリートでも，作用する荷重によってすり減り速度は異なり，すり減りの進行予測には，コンクリートの物性とともに環境作用の評価が必要である．

すり減りの進行予測は，点検で得られるすり減り量の経時変化の回帰式，あるいは，同一環境下にある類似構造物の点検結果に基づいて行うのがよく，点検結果がない場合には，すり減り試験を行って，すり減り速度の予測が行われる．

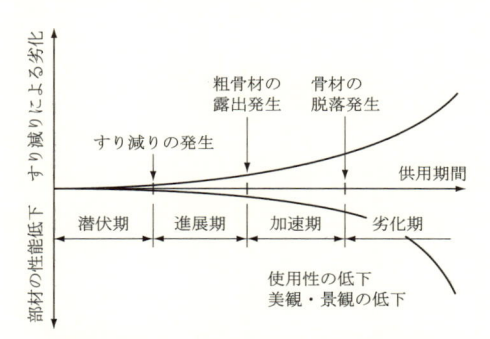

図 4.29 すり減りによる劣化進行過程
［土木学会：2007 年制定 RC 示方書］

4.6 評価および判定

4.6.1 概　要

構造物の診断では，初期点検，日常点検，定期点検あるいは臨時点検で実施される標準調査と，必要に応じて実施される詳細調査によって劣化状況の現状を把握し，劣化の将来予測（劣化予測）が行われる．劣化予測の結果をもとにして，点検時および予定供用期間終了時の構造物，部位・部材の性能をできるだけ定量的に評価して，対策の要否を決定するのが基本である．

4.6.2 評　価
(1) 点検時の評価
　点検結果を用いて構造物の性能を照査する場合，性能によっては用いるべき評価式がない，あるいは評価式の精度が必ずしも満足できないことがある．そのような場合には，構造物の性能は，劣化の状況と劣化過程の関係から半定量的に評価され，対策の要否が判定される．

安全性

　耐荷性能は，材料特性，断面寸法，配筋状態などに基づいて，適切な耐力評価式を用いて算定される．断面破壊に対する安全性は，点検結果に基づいて算定された耐荷力が，必要な安全率で算定された断面力より大きいか否かで判断される．安定性や靱性などの耐荷性能以外の安全性についても，断面破壊に対する安全性と同様の考え方で評価，判定がなされる．

使用性

　使用性は，たわみ，振動特性，傾斜，漏水の有無など，点検で直接得ることができる指標を用いて評価できることが多い．その場合には，点検結果が評価基準を満足するか否かによって判定される．部材剛性などの評価では，適切な評価式を用いて安全性と同様に評価される．

第三者影響度

　第三者影響度は，コンクリートの浮きやコールドジョイントなどの影響でコンクリート塊が落下し，下方の人や器物に損傷を与える可能性の有無として評価される．最も安全側の評価は，ひび割れの発生で第三者影響度に関する性能が損なわれたとすることである．浮きやコールドジョイントなどの変状があり，その下方に人や器物が存在する可能性があると，原則として第三者影響度に関する性能は満足されていないと判断される．

美観・景観

　美観・景観は，ひび割れ，スケーリング，錆汁，漏水跡などが構造物の美観・景観を損なうか，あるいは見る人に不快感や不安感を与えるかという観点から評価される．美観・景観の評価は主観的で，評価が困難な場合もあるが，構造物の劣化状態に加え，維持管理区分，構造物の重要度や位置，残存供用期間，経済性などを考慮して維持管理者が判定する．

(2) 予定供用期間終了時に対する評価
　予定供用期間終了時における性能の評価は，点検時の性能評価結果に劣化の進行予測を重ねることにより行われる．残存予定供用期間が長く，供用期間終了時までの劣化進行予測が難しい場合は，残存予定供用期間内で設定が可能な時点と，その時点ま

でに構造物に要求される性能を想定して，その設定時点までの性能評価を行う（図4.30）．これを繰返すことで供用期間中の性能評価が行われる．

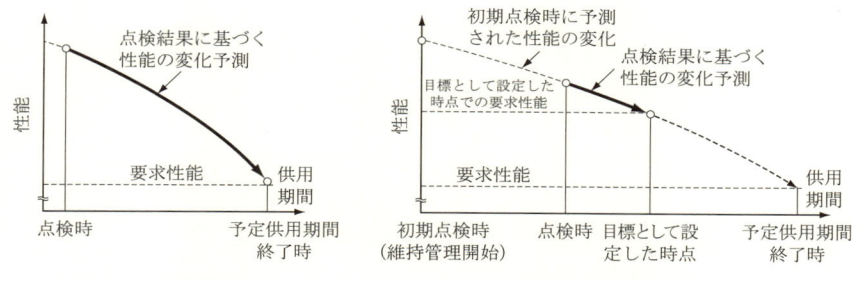

(a) 性能評価の基本　　　(b) 予定供用期間が長い場合の性能評価

図4.30 予定供用期間と性能評価［土木学会：2007制定RC示方書］

4.6.3 判定

コンクリートと鋼材の劣化予測を組み合わせて構造物の各種性能を定量的に予測することは容易ではない．構造物の劣化進行過程の期間の長さを予測することで劣化進行予測に置き換え，劣化進行過程と劣化の状況の関係から構造物の性能を評価する方法が採用されている．

構造物の性能低下で対策が必要と判定されると，構造物の劣化過程をもとに対策が選定される．どの対策を選定するかは，構造物の種類と重要度，劣化機構，劣化の進行速度，維持管理区分によって決まる．

対策として補修，補強を行う場合は，補修，補強に期待する効果を明確にし，その効果に必要とされる補修，補強の性能（何年間どの程度の性能を維持するか）を明らかにする必要がある．補修，補強の工法選定は，工法に期待する効果のほかに，構造物の性能低下の現状を考慮して行われる．

(1) 中性化

中性化および塩害は，いずれも鋼材腐食が原因で構造物の性能が低下するため，詳細調査では，鋼材の腐食の有無，位置，面積，質量，孔食深さなどを測定して定量的に評価するのが望ましい．簡便な方法としては，鋼材の腐食状態を表4.15のようにグレード分けして評価する方法がある．

コンクリートと鋼材の状態が必ずしも構造物の性能と結びつかない場合には，構造物の外観変状が性能評価の有力な情報となる．中性化で劣化した構造物の劣化過程と劣化の状況は，表4.16のように分類され，鋼材の腐食グレードⅠ，Ⅱ，Ⅲ，Ⅳは，それぞれ，潜伏期，進展期，加速期，劣化期にほぼ対応する．

中性化で劣化した構造物の補修，補強の選定には，工法に期待する効果のほかに，

構造物の性能低下の現状を考慮する必要がある．各劣化過程に対する標準対策工法を表 4.17 に示す．表 4.17 に劣化期の対策が示されていないのは，中性化によって劣化期に至るような例がほとんどないためである．

(2) 塩 害

塩害で劣化した構造物の劣化過程と劣化の状況は表 4.18 のように分類されており，劣化過程から，構造物の性能低下を評価することができる．性能低下で対策が必要と

表 4.15 腐食グレードと状態［土木学会：2007 年制定 RC 示方書］

腐食グレード	鋼材の状態
I	黒皮状態，または錆は生じているが全体的に薄い緻密な錆であり，コンクリート面に錆は付着していない
II	浮き錆が部分的に生じているが，小面積の斑点状である
III	断面欠損は目視観察では認められないが，鉄筋の全周または全長にわたり浮き錆が生じている
IV	断面欠損が生じている

表 4.16 中性化による劣化過程と劣化の状況［土木学会：2007 年制定 RC 示方書］

劣化過程	劣化の状況
潜伏期	外観上の変状は見られない．中性化残りは発錆限界以上である
進展期	外観上の変状は見られない．中性化残りは発錆限界未満である．腐食が開始している
加速期前期	腐食ひび割れが発生している
加速期後期	腐食ひび割れの進展とともにはく離・はく落が見られる．鋼材の断面欠損は生じていない
劣化期	腐食ひび割れとともにはく離・はく落が見られる．鋼材の断面欠損が生じている

表 4.17 中性化による劣化過程と標準的な対策および工法［土木学会：2007 年制定 RC 示方書］

劣化過程	標準的対策						標準的工法
	点検強化	補修	補強	機能向上	供用制限	解体撤去	
潜伏期	○**	○**	※**	※	—	—	表面処理，再アルカリ化（予防的に実施）
進展期	○	○	※	※	—	—	表面処理，（断面修復），再アルカリ化
加速期前期	◎	◎	※	※	—	—	表面処理，（電気防食），再アルカリ化，断面修復
加速期後期	◎	◎*	※	※	○	—	表面処理
劣化期	—	—	—	—	—	—	断面修復，（鋼板・FRP 接着），（外ケーブル），（巻立て），（増厚）

◎：標準的な対策，○：場合によっては考えられる対策，
※：劣化過程以外の基準で実施する対策
＊：力学的性能の回復を含む対策，＊＊：予防的対策
（ ）の工法：塩化物イオン濃度が高く，鉄筋腐食速度が速い場合および腐食量が大きい場合に選定する

判定されると，劣化過程をもとに表4.19から対策が選定される．

(3) 凍 害

凍害で劣化した構造物の劣化過程と劣化の状況は，表4.20のように分類される．

表4.18 塩害による劣化過程と劣化の状況
［土木学会：2007年制定RC示方書］

劣化過程	劣化の状況
潜伏期	外観上の変状は見られない．腐食発生限界塩化物イオン濃度以下である
進展期	外観上の変状は見られない．腐食発生限界塩化物イオン濃度以上である．腐食が開始している
加速期前期	腐食ひび割れが発生している．錆汁が見られる
加速期後期	腐食ひび割れが多数発生し，錆汁が見られる．部分的なはく離・はく落が見られる．腐食量が増大している
劣化期	腐食ひび割れが多数発生，ひび割れ幅が大きい．錆汁が見られる．はく離・はく落が見られる．変位・たわみが大きい

表4.19 塩害による劣化過程と標準的な対策および工法
［土木学会：2007年制定RC示方書］

劣化過程	標準的対策						標準的工法
	点検強化	補修	補強	機能向上	供用制限	解体撤去	
潜伏期	○	○**	※	※	—	—	表面処理（予防的に実施）
進展期	○	○	※	※	—	—	表面処理，断面修復，電気防食，電気化学的脱塩
加速期前期	◎	○	※	※	—	—	表面処理，断面修復，電気防食，電気化学的脱塩
加速期後期	◎	○*	※	※	○	—	断面修復
劣化期	—	○*	※	※	◎	○	FRP接着，外ケーブル，巻立て，増厚，断面修復

◎：標準的な対策，　○：場合によっては考えられる対策，
※：劣化過程以外の基準で実施する対策
＊：力学的性能の回復を含む対策，　＊＊：予防的対策

表4.20 凍害による劣化過程と劣化の状況
［土木学会：2007年制定RC示方書］

劣化過程	劣化の状況
潜伏期	凍結融解作用は受けているが，性能低下がなく，初期の健全性を保持している
進展期	凍害深さが小さく剛性にほとんど変化はない．鋼材腐食もないが，美観などに影響している
加速期	凍害深さが大きくなり，はく落などの第三者への影響が起こり，鋼材腐食が発生している
劣化期	凍害深さが鋼材位置より深くなり，鋼材腐食が著しい．使用性や安全性に影響している

凍害による劣化は，コンクリート自体の劣化が主であり，凍害を受けたコンクリートの物性値は大きく低下している場合が多い．劣化の程度にもよるが，水の供給を防ぎ，凍害を受けた箇所の取換えが基本的な対策となる．対策時期は，構造物ができるだけ乾燥しているときが望ましい．劣化の程度によって選択する工法（表 4.21）は異なるが，劣化初期の段階で対策を講じると簡単な対策ですむことが多い．

(4) 化学的侵食

化学的侵食による劣化では，コンクリートと鋼材の状態が必ずしも構造物の性能と直接結びつかないため，コンクリート保護層の変状，コンクリートのひび割れ，断面欠損，変色やエフロレッセンス（efflorescence；主として水酸化カルシウムが炭酸化し，水の蒸発により生じた白い沈殿物で，ひび割れ部分によく見られる．白華ともいう），鋼材の腐食状態などの劣化状態により，構造物の劣化過程は，表 4.22 のように設定される．化学的侵食の劣化過程と標準的な対策および工法の関係を，表 4.23 に示す．

(5) アルカリシリカ反応

ASR による劣化過程と構造物の外観状況の関係を表 4.24 に，各劣化過程に対する

表 4.21 凍害による劣化過程と標準的な対策および工法
［土木学会：2007 年制定 RC 示方書］

劣化過程	標準的の対策				標準的工法
	点検強化	補修	補強	供用制限	
潜伏期	○**	○**	※**	—	表面処理（予防的に実施）
進展期	◎	◎	※	○	表面処理
加速期	○	◎*	※	◎	表面処理，ひび割れ注入，断面修復
劣化期	—	○*	※	◎	ひび割れ注入，増厚，打換え，巻立て

◎：標準的な対策, ○：場合によっては考えられる対策,
※：劣化過程以外の基準で実施する対策
＊：力学的性能の回復を含む対策, ＊＊：予防的対策

表 4.22 化学的侵食による劣化過程と劣化の状況
［土木学会：2007 年制定 RC 示方書］

劣化過程	劣化の状況	
	保護層がない場合	保護層がある場合
潜伏期	外観上の変状は見られない	
進展期	コンクリート表面が荒れた状態，あるいはひび割れが見られる	コンクリート保護層に変状が見られ，内部のコンクリートに変状が生じている
加速期	コンクリートのひび割れや断面欠損が著しく，骨材が露出あるいははく落している	
劣化期	コンクリートの断面欠損やひび割れが鋼材位置まで進行し，鋼材の断面減少のため，変位・たわみが大きい	

表 4.23 化学的浸食による劣化過程と標準的な対策および工法
［土木学会：2007 年制定 RC 示方書］

劣化過程	標準的な対策						標準的工法
	点検強化	補修	補強	機能向上	供用制限	解体撤去	
潜伏期	○	◎**	※	※	—	—	表面処理，換気・洗浄
進展期	◎	◎	※	※	—	—	表面処理，断面修復，埋設型枠，換気・洗浄
加速期	◎	◎*	※	※	○	—	断面修復，表面処理，増厚，埋設型枠，換気・洗浄
劣化期	—	○*	※	※	◎	◎	FRP 接着，断面修復，表面処理，増厚，巻立て，埋設型枠，換気・洗浄

◎：標準的な対策，○：場合によっては考えられる対策，
※：劣化過程以外の基準により実施される対策
＊：力学的性能の回復を含む対策，＊＊：予防的対策

表 4.24 ASR による劣化過程と劣化の状況（膨張量が大きい場合）
［土木学会：2007 年制定 RC 示方書］

劣化過程	劣 化 の 状 況
潜伏期	ASR による膨張，ひび割れは発生せず，外観上の変状は見られない
進展期	水分とアルカリの供給下で膨張が継続的に進行し，ひび割れが生じ，変色，アルカリシリカゲルの滲出が見られる．鋼材腐食による錆汁は見られない
加速期	ASR による膨張速度が最大を示す時期で，ひび割れが進展し，ひび割れの幅および密度が増大する．鋼材腐食による錆汁が見られる場合がある
劣化期	ひび割れの幅と密度が増大し，段差，ずれ，かぶりのはく離・はく落が発生している．鋼材腐食が進行し錆汁が見られる．外力の影響によるひび割れや鋼材の損傷が見られる場合がある．変位・変形が大きくなっている

標準的工法例を，表 4.25 に示す．

　ASR の進行抑制は，外部から構造物に水が供給されないように止水し，あるいは内部水を排水するなどの水処理が基本である．ASR に関与するアルカリと水分は，もともとコンクリート中に存在し，外部の環境からも供給される．何らかの方法で外部からの水分とアルカリを遮断しても，コンクリート内部に ASR を進行させるのに十分な水分とアルカリが存在すると，ASR の進行を停止することは難しい．

　ASR で劣化した構造物の表面被覆材に必要とされる性能のうち，特に重要なのは，ひび割れ追随性，遮水性，水蒸気透過性である．コンクリートが乾燥状態にあり，外部からの水分侵入が予想される場合は，遮水性の表面被覆とし，コンクリートからの水分の逸散が期待できる環境では，水蒸気透過性による放湿性が期待できる撥水性表面処理が有効である．

　ASR による性能低下を生じた構造物は，アルカリシリカゲルのしみ出しを生じるが，アルカリシリカゲルが排気ガスに汚染されて表面が変色した場合は，美観上の理

表 4.25 ASR による劣化過程と標準的な対策および工法
[土木学会：2007 年制定 RC 示方書]

劣化過程	標準的の対策						標準的工法	
	点検強化	補修	補強	機能向上	供用制限	解体撤去		
潜伏期	○	○**	※	※	—	—	水処理（止水，排水処理）（予防的に実施）	
進展期	○	◎	※	※	—	—	予想膨張量	小さい	水処理（止水，排水処理），ひび割れ注入，はく落防止，表面処理（被覆，含浸）
加速期	◎	◎	※	※	○	—		大きい	水処理（止水，排水処理），ひび割れ注入，はく落防止，表面処理（被覆，含浸），断面修復，プレストレス導入，増厚，鋼板・FRP 接着，鋼板・PC・FRP 巻立て，外ケーブル
劣化期	◎	◎*	※	※	◎	○	予想膨張量 小さい	水処理（止水，排水処理），断面修復，表面処理（被覆），はく落防止，プレストレス導入，鋼板・FRP 接着，増厚，鋼板・PC・FRP 巻立て，外ケーブル

◎：標準的な対策，○：場合によっては考えられる対策，
※：劣化過程以外の基準により実施される対策
＊：力学的性能の回復を含む対策，＊＊：予防的対策

由で補修が必要となることがある．

(6) RC 床版の疲労

RC 床版では，維持管理開始時から点検時までの性能低下の程度や，許容される限界状態となる時期の定量的評価が困難であり，目視調査による床版下面のひび割れの進行状況を考慮して，劣化過程の期間が半定量的に予測される．劣化過程は，各過程による床版下面のひび割れ状況（図 4.28）をもとに判定される

対策が必要と判定されると，劣化過程に応じた対策が選択される．性能低下が小さい潜伏期あるいは進展期にある場合は，点検強化で十分であるが，加速期以降では，使用条件や周辺環境を考慮して，補修，補強が実施される．

劣化過程に対応する標準的対策ならびに標準的工法を，表 4.26 に示す．これらは実績の多い工法であるが，使用実績の少ない材料を用いる場合は補修，補強後に点検頻度を増やして，補修，補強効果を追跡的に確認する必要がある．

(7) すり減り

すり減りによる構造物の性能低下を定量的に評価することは容易でなく，構造物の劣化の状況から，表 4.27 により劣化過程が判定される．すり減り速度などの点検結果をもとにすり減りの進行が予測できれば，予定供用期間終了時の劣化過程の推定も可能である．

表 4.26 疲労による劣化過程と標準的な対策および工法 ［土木学会：2007 年制定 RC 示方書］

劣化過程	標準的対策					標準的工法	
	点検強化	補修	補強	供用制限	打換え取換え		
潜伏期	○	○**	※	—	—	橋面防水層（予防的に実施）	
進展期	◎	◎	※	—	—	橋面防水層，鋼板・FRP 接着，上面増厚，下面増厚，桁増設	
加速期	◎	◎*	※	—	—	浸透水の影響	あり	橋面防水層，鋼板接着，上面増厚
							なし	橋面防水層，鋼板接着，上面増厚，桁増設
劣化期	○	◎*	※	○	○	供用制限，打換え	

◎：標準的な対策，○：場合によっては考えられる対策，
※：劣化過程以外の基準で実施される対策
＊：力学的性能の回復を含む対策，＊＊：予防的対策

表 4.27 すり減りによる劣化過程と劣化の状況 ［土木学会：2007 年制定 RC 示方書］

劣化過程	劣 化 の 状 況
潜伏期	コンクリートにすり減りは生じていない
進展期	すり減りが生じ，粗骨材が露出している
加速期	粗骨材が，脱落している
劣化期	粗骨材の脱落が著しく，広範囲に断面欠損が生じている

劣化過程と対策工法には表 4.28 の対応がある．すり減りを未然に防止するための表面処理が予防的に行われることがあり，進展期と加速期に断面修復工法を適用した場合には，断面修復箇所のすり減りを防止するための表面処理が行われる．劣化期で大規模な断面欠損のため耐荷性，剛性などの力学的性能が低下しており，打換えができない場合には，鋼板や FRP などの補強材の接着または巻立てが行われる．

(8) コンクリート橋の判定

点検の結果は，2 章の表 2.4 に例示するように，各事業者が構造物の性能などを考慮して定めた判定区分に従って判定されている．高速自動車道のコンクリート橋の点検結果に対して，表 4.29，表 4.30 に示す判定の標準が定められている．

4.7 対 策

4.7.1 対策の種類と選定

コンクリート構造物に対策が必要と判定された場合には，構造物の重要度，維持管理区分，残存予定供用期間，劣化機構，構造物の性能低下の程度などを考慮して目標とする性能を定め，対策後の維持管理のしやすさや経済性を考慮した上で，適切な種類の対策が選定され，実施される．コンクリート構造物の性能と，対策後に目標とす

表 4.28 すり減りによる劣化過程と標準的な対策および工法
[土木学会：2007 年制定 RC 示方書]

劣化過程	標準的対策					標準的工法
	点検強化	補修	補強	機能向上	供用制限	
潜伏期	◎	○**	※	※	—	表面処理（予防的に実施）
進展期	○	◎	※	※	—	断面修復，表面処理（予防的に実施）
加速期	—	◎	※	※	—	断面修復，表面処理（予防的に実施）
劣化期	—	○*	※	※	○	鋼板・ERP 接着，巻立て，打換え，表面処理（予防的に実施）

◎：標準的な対策，○：場合によっては考えられる対策，
※：劣化過程以外の基準で実施する対策
＊：力学的性能の回復を含む対策，＊＊：予防的対策

る性能のレベルに応じた対策の関係を，表 4.31 に示す．
　コンクリート構造物の補修は，次の目的で実施される．
① ひび割れやはく離といった，コンクリート構造物に発生した変状の修復
② 塩化物イオンの侵入や，中性化によって劣化因子を取り込んでしまったコンクリートの除去
③ 表面被覆などによる有害物質の再侵入防止による耐久性の向上，コンクリート片の落下などによる第三者影響の防止
④ 構造物の美観や景観などを確保するための修景
⑤ 水密性が要求される構造物からの漏水防止などの使用性の回復
　コンクリート構造物の補強方法には，主に劣化したコンクリート部材の交換，断面の増加，部材の追加，支持点の増加，補強材の追加，プレストレスの導入などがある．
　新たな機能を追加する機能向上には，補強を伴う場合がある．供用制限は，一般に点検強化を伴い，コンクリート構造物の補修，補強，解体・撤去を実施するまでの期間に行われることがある．
　コンクリート構造物の解体・撤去時に，構造物の性能低下と材料の劣化状況との関係などを調査することは比較的容易であり，載荷試験を実施するなど，できる限りの調査を行い，その結果を記録することが望ましい．

4.7.2　補修および補強

　補修，補強は，設計，施工計画および施工後の維持管理計画を定め，これらに基づく施工および施工管理計画・検査によって実施される．

（1）補修および補強の設計

　補修，補強の設計では，目標とする性能を定め，劣化機構を考慮して，補修，補強

表 4.29 高速自動車国道のコンクリート橋の点検項目と判定の標準 [NEXCO：保全点検要領]

損傷の種類	初期点検	日常点検*1 安全点検	変状診断点検 経過観察	変状診断点検 簡易診断	定期点検 A	定期点検 B	詳細点検	判定の標準*2 AA	判定の標準*2 A1〜A3	判定の標準*2 B
ひび割れ*3	○	—	—	○	○*5	—	○	詳細は部位別判定基準，表 4.30 による		
はく離（浮き）	○	●*4	○	○	○*5	—	○		はく離あるいは大きな浮きがある．またははく離が散在している	局部的な浮きがある
鉄筋の露出・腐食	○	●*4	○	○	○*5	—	○		鉄筋露出が著しく，鉄筋腐食が進行している	局部的な鉄筋露出がある
空洞	○	—	○	○	—	—	○	大きな空洞がある	空洞がある	
豆板	○	—	○	○	○*5	—	○	大きな豆板がある	豆板がある	
遊離石灰	○	—	○	○	○*5	—	○		水や遊離石灰の滲出が著しく，主桁・横桁中の腐食が認められる	局部的に水や遊離石灰の滲出があるが，小規模である
劣化・変色	○	—	○	○	○*5	—	○		ひび割れを伴い，コンクリート表面が変色している	局部的にコンクリート表面に変色がある
錆汁	○	●*4	○*4	○	○*5	—	○		錆汁の滲出が著しい，または PC 鋼材や定着具からの滲出がある	漏水等に伴って発生した局部的な鉄筋の錆汁が認められる
鋼材の破断・突出	—	●	○	○	○*5	—	○	PC 鋼材が破断し，定着部が突出している．または定着部に浮き・錆汁が見られ，突出の危険性がある	定着部にひび割れ，錆汁が認められる	—
円筒型枠の水抜き穴がないか詰まっている	○	—	—	○	○*5	—	○		中空床版橋の円筒型枠に水抜き穴が設けられていない．または詰まっている	—
補修・補強箇所のはく離，はらみ	○	○*4	○*4	○	○*5	—	○		補修・補強箇所にはく離，はらみがある	

*1：日常点検では，車上目視により異常を発見した場合は降車して判定を行う．
*2：AA〜B は表 2.4 参照．
*3：ひび割れが鉄筋位置に到達しているか否かについては，下式によりひび割れ許容幅を算出し，発生したひび割れ幅との比較により判断する．また，かぶりは設計値または RC レーダ，スケールなどの調査結果を参考にする．なお，ひび割れ幅は 0.1 mm 以上を点検範囲とする．0.1 mm は目視，デジタルカメラの処理能力から決めている．

　　　　許容ひび割れ幅　$W = 0.005C$　（C：かぶり）

　　0.1 mm 以上のひび割れのうち，耐久性，耐荷性および進展性に影響がないひび割れと判断される場合，点検対象から除いてもよい．
*4：跨道橋，ジャンクション橋の交差箇所を対象．
*5：第三者に対し支障となる恐れがある箇所を対象．
　○：点検対象項目，●：安全点検に加え，2 回以上／年の降車による安全点検を行う項目，
　—：原則として点検対象外

表 4.30 ひび割れの部位別判定基準 ［NEXCO：保全点検要領］

点検部位	判定基準		
	AA	A1～A3	B
端支点部	支承上付近の鉛直または斜め方向に大きなひび割れが見られ，遊離石灰や錆汁の発生を伴っている	支承上付近の鉛直または斜め方向に大きなひび割れが見られる	支承上付近の鉛直または斜め方向に小規模ではあるが，ひび割れが見られる
中間支点部	主桁上フランジや主版の鉛直方向に大きなひび割れが見られ，遊離石灰や錆汁の発生を伴っている	主桁上フランジや主版の鉛直方向に大きなひび割れが見られる	主桁上フランジや主版の鉛直方向に小規模ではあるが，ひび割れが見られる
支間中央部	主桁下フランジ付近の鉛直または橋軸方向に大きなひび割れが見られ，遊離石灰や錆汁の発生を伴っている	主桁下フランジ付近の鉛直または橋軸方向に大きなひび割れが見られる	主桁下フランジ付近の鉛直または橋軸方向に小規模ではあるが，ひび割れが見られる
支間1/4部	主桁下フランジ付近の鉛直方向に大きなひび割れが見られ，遊離石灰や錆汁の発生を伴っている	主桁下フランジ付近の鉛直方向に大きなひび割れが見られる	主桁下フランジ付近の鉛直方向に小規模ではあるが，ひび割れが見られる
打継目部	打継目に沿った面または直角方向に大きなひび割れが発生し，遊離石灰や錆汁の発生を伴っている	打継目に沿った面または直角方向に大きなひび割れが見られる	打継目に沿った面または直角方向に小規模ではあるが，ひび割れが見られる
定着部	ケーブルの定着部付近のせん断方向にひび割れが見られる	―	定着跡埋部に亀甲状のひび割れが見られる

表 4.31 コンクリート構造物の性能と目標とする水準に応じた対策の種類 ［土木学会：2007年制定 RC 示方書］

構造物の性能	対策の目標水準		
	建設時と点検時の中間の性能または点検時の性能	建設時の性能	建設時よりも高い性能
安全性	点検強化，補修，供用制限	補修	補強
使用性	点検強化，補修，供用制限	補修	機能向上，補強
第三者影響度	点検強化，補修，供用制限	補修	―
美観・景観	点検強化，補修	補修	補修
耐久性	点検強化，補修，供用制限	補修	補修

の方針，範囲を決定して，工法，材料の構成および仕様を選定する．

　補修，補強の設計は，コンクリート標準示方書・設計編のほか，当該構造物の設計に適用されているその他基準に基づいて，構造物に要求される性能が，残存予定供用期間を通じて目標を満足するように行われる．

　補修，補強後の構造物の性能を適切な方法で照査して，目標とする性能を満足するか確認する．耐久性の回復あるいは向上を目的とした補修設計の照査は，補修工法と材料構成，仕様などで保証される性能から，次に示す耐久性が確保される期間を区分して行われる．

① 残存予定供用期間に相当する長期の耐久性が要求される場合
② 中期の耐久性が要求される場合
③ 短期の耐久性が確保できればよい場合

　表 4.32 は，コンクリート構造物の劣化機構に対する補修の方針，工法の構成，目標とする性能を満足させる要因の関係である．コンクリート構造物に適用されている主な補修，補強工法の種類を，図 4.31 に示す．補修あるいは補強の工法選定にあたっては，期待される効果と工法の関係を明らかにする必要がある．

　たとえば，中性化で劣化した構造物の補修，補強に期待する効果は，劣化の状況により，中性化の進行抑制，中性化深さを 0 にする，鋼材の腐食進行の抑制，耐荷力の回復・向上などがある．塩害に対しては，腐食因子の供給遮断，腐食因子の除去，鋼材の腐食進行の抑制，耐荷力の向上が期待される．表 4.33 は，各劣化機構に対する構造物の補修，補強に期待する効果と，その効果を達成するための工法例である．なお，RC 床版の疲労に対する補修，補強に期待する効果のうち，水の影響の除去，ひび割れ開口の抑制，およびせん断剛性の向上は，疲労耐久性の向上を目的としたものである．

(2) 補修および補強の施工

　補修，補強工法を適切に行うため，設計の趣旨と現場条件を十分に考慮した施工の範囲，手順，および施工方法が決定される．そのために，構造物の現況と施工上の制約条件などに関する調査を行い，設計と調査結果に基づく施工計画が策定される．

(3) 補修および補強後の維持管理計画

　表面処理，接着・巻立て工法などで既存構造物の母材が目視できなくなる場合は，母材が点検できる手段が検討される．補修，補強後の劣化予測は，既設構造物の材料劣化，補修，補強材料，およびそれらの母材との一体性の劣化を含めて，補修，補強に特有の劣化過程を考慮して行われる．

　一部の部材や限定された部位に補修，補強を行うと，構造物，部位・部材への環

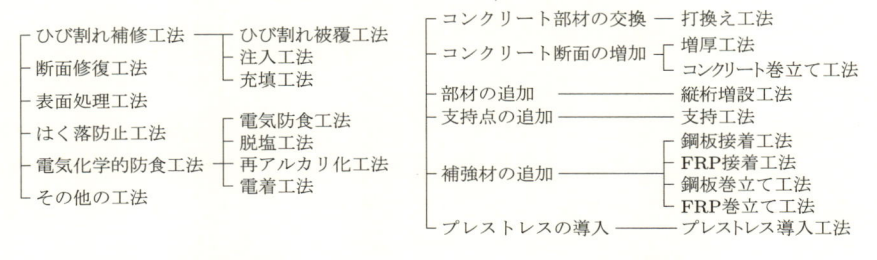

(a) 補修工法
- ひび割れ補修工法 ── ひび割れ被覆工法／注入工法／充填工法
- 断面修復工法
- 表面処理工法
- はく落防止工法
- 電気化学的防食工法 ── 電気防食工法／脱塩工法／再アルカリ化工法／電着工法
- その他の工法

(b) 補強工法
- コンクリート部材の交換 ── 打換え工法
- コンクリート断面の増加 ── 増厚工法／コンクリート巻立て工法
- 部材の追加 ── 縦桁増設工法
- 支持点の追加 ── 支持工法
- 補強材の追加 ── 鋼板接着工法／FRP接着工法／鋼板巻立て工法／FRP巻立て工法
- プレストレスの導入 ── プレストレス導入工法

図 4.31 コンクリート構造物に適用されている主な補修，補強工法
［土木学会：2001 年制定 RC 示方書］

表 4.32 劣化機構に基づく耐久性の回復,向上のための補修方針と工法
[土木学会:2007 年制定 RC 示方書]

劣化機構	補修方針	補修工法の構成	補修水準の設定で考慮する要因
中性化	中性化したコンクリートの除去 補修後の CO_2,水分の浸入抑制	断面修復工 表面処理 再アルカリ化	中性化部除去の程度 鉄筋の防錆処理 断面修復材の材質 表面処理の材質と厚さ コンクリートのアルカリ量レベル
塩害	浸入した塩化物イオン Cl^- の除去 補修後の Cl^-,水分,酸素の浸入抑制	断面修復工 表面処理 脱塩	Cl^- 浸入部の除去程度 鉄筋の防錆処理 断面修復材の材質 表面処理の材質と厚さ Cl^- 量の除去程度
	鉄筋の電位制御	陽極材料 電源装置	陽極材の品質 分極量
凍害	劣化コンクリートの除去 補修後の水分の浸入抑制 コンクリートの凍結融解抵抗性の向上	断面修復工 ひび割れ注入工 表面処理	断面修復材の凍結融解抵抗性 鉄筋の防錆処理 ひび割れ注入材の材質と施工法 表面処理の材質と厚さ
化学的侵食	劣化したコンクリートの除去 有害化学物質の浸入抑制	断面修復工 表面処理	断面修復工の材質 表面処理の材質と厚さ 劣化コンクリートの除去程度
ASR	水分の供給抑制 内部水分の散逸促進 アルカリの供給抑制 膨張抑制 部材剛性の回復	水処理 (止水,排水) ひび割れ注入工 表面処理 巻立て工法	ひび割れ注入材の材質と施工法 表面処理の材質と品質
RC 床版の疲労	ひび割れ進展の抑制 部材剛性の回復 せん断耐荷力の回復	水処理(排水) 床版防水工法 接着工法 増厚工法	既設コンクリート部材との一体性
すり減り	減少した断面の修復 粗度係数の回復,改善	断面修復工 表面処理	断面修復材の材質 付着性 耐摩耗性 粗度係数

境・荷重作用が部分的に変化して,補修,補強をしない場合と異なる変状が生じる可能性がある.状況によっては,補修,補強をしない部材・部位に新たな変状が生じて,構造物全体としての性能低下を起こす可能性もある.そのため,補修,補強後は,構造物全体を対象とした維持管理が必要である.

表 4.33 劣化機構と構造物の補修・補強に期待する効果と工法例
[土木学会:2007 年制定 RC 示方書]

劣化機構	期待する効果	工法例
中性化	中性化の進行抑制	表面処理,ひび割れ注入
	中性化深さを0にする	断面修復(防錆処理,被覆を含む)*,再アルカリ化
	鋼材腐食の進行抑制	表面処理,電気防食*,断面修復,再アルカリ化,防錆処理,水処理
	耐荷力の回復・向上	鋼板・FRP 接着*,外ケーブル*,巻立て*,増厚*
塩害	腐食因子の供給量低減	表面処理
	鋼材の腐食因子の除去	断面修復,電気化学的脱塩
	鋼材腐食の進行抑制	表面処理,電気防食,断面修復,防錆処理
	耐荷力の向上	FRP 接着,断面修復,外ケーブル,巻立て,増厚
凍害	水の供給抑制	表面処理,ひび割れ注入,排水処理
	劣化部の除去	断面修復,ひび割れ注入
	耐荷力の向上	増厚,打換え,巻立て
化学的侵食	化学的侵食の進行抑制	表面処理(樹脂ライニング,シートライニング),FRP 接着,埋設型枠,換気・洗浄
	鋼材腐食の進行抑制	断面修復,断面修復,防錆処理
	耐荷力の向上	FRP 接着,巻立て,増厚
ASR	ASR の進行抑制	水処理(止水,排水処理),ひび割れ注入,表面処理(被覆,含浸)
	ASR の膨張拘束	プレストレスの導入,鋼板・PC・FRP 巻立て
	劣化部の除去	断面修復
	鋼材の腐食抑制	ひび割れ注入,ひび割れ充填,表面処理(被覆,含浸)
	第三者影響度の抑制	はく落防止
	耐荷力の回復,向上	鋼板・FRP 接着,プレストレスの導入,増厚,鋼板・PC・FRP 巻立て,外ケーブル
RC 床版の疲労	第三者影響度,美観・景観の改善	表面処理(被覆)
	水の影響の除去	橋面防水層の設置
	ひび割れ開口の抑制	FRP 接着,プレストレスの導入
	断面剛性の回復	床版下面への鋼板などの接着,RC 断面の増厚,増設桁の設置
	せん断剛性の向上	床版上面増厚
すり減り	すり減りの進行抑制	表面処理(表面被覆,耐摩耗性材料の接着,含浸を含む)
	粗度係数の低減	表面処理,断面修復
	部材断面の確保	断面修復
	耐荷力の向上	鋼板・FRP 接着,巻立て,打換え

*:塩化物イオン濃度が高く,鉄筋腐食速度が速い場合,腐食量が大きい場合に選択される工法

4.8 コンクリート構造物の補修・補強

4.8.1 概　要

　補修，補強は歴史が浅く，また新設構造物の設計・施工と異なり，種々の制約を伴う．適用可能な補修，補強工法の種類は多種多様で，様々な研究と適用事例の蓄積がなされているが，目標性能を十分に満足する技術が存在しないこともあり，再補修，再補強を前提とした工法，材料の選定が経済的となることがある．補修，補強の工法，材料の選定に際しては，その長所，短所を十分に把握するとともに，実験による効果の確認，適用実績の調査が重要である．

4.8.2　補修工法
（1）ひび割れ補修工法
ひび割れ被覆工法

　幅 0.2 mm 程度以下の微細ひび割れの上に，塗膜を構成して防水性，耐久性を向上させる工法で，表 4.34 に示す種類がある．ひび割れ幅の開閉量，幅の変動が大きい活性なひび割れでは，追随性のよい弾性シーリング材と絶縁材が使用される．

注入工法

　ひび割れに樹脂系あるいはセメント系材料を注入して，防水性，耐久性を向上させる工法で，仕上げ材が浮いている場合の補修にも使用される．ひび割れ深部まで確実に注入できる低圧低速注入工法が多く用いられる．

充填工法

　0.5 mm 以上の比較的大きなひび割れで，鉄筋が腐食していない場合に適した工法である．約 10 mm 幅で U 字形にカットして（図 4.32），シーリング材，可とう性のエポキシ樹脂，ポリマーセメントモルタルなどが充填される．

（2）断面修復工法

　劣化で喪失した断面，あるいは炭酸ガス，塩化物イオンなどの劣化因子を含むコンクリートを除去した場合の断面を修復する工法である．前処理，下地処理，鋼材の防錆処理などを行った後，ポリマーセメントモルタル，軽量エポキシ樹脂モルタルなどで断面が修復される．

（3）表面処理工法

　表面処理工法には，表面被覆工法と表面含浸工法がある．表面被覆工法は，コンクリート表面を樹脂系あるいはポリマーセメント系の材料で被覆，劣化因子を遮断して劣化進行を抑制する方法である．コンクリート表面のレイタンス（laitance；ブリーディングによってコンクリート表面に浮かび出て沈殿した微細な物質），汚れなどを

4.8 コンクリート構造物の補修・補強

表 4.34 ひび割れ被覆工法の種類と概要

ひび割れの状態	不活性なひび割れ	活性なひび割れ	防水目的のひび割れ補修
工法	被覆材	被覆材／絶縁材	被覆材
被覆材	エポキシ樹脂樹脂含浸ガラスクロス	弾性シーリング材	タールエポキシ
下地処理	コンクリート表面をワイヤーブラシなどで荒らし，表面の付着物を除去，水洗いなどで清掃した後，乾燥．表面の気泡にはパテ状樹脂を充填		

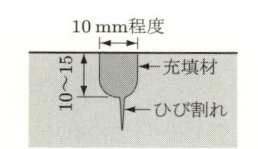

図 4.32 ひび割れ充填工法

ディスクサンダー，サンドブラスト，高圧水洗浄などで除去し，下地処理材塗布，表面の凹凸をなくすための不陸調整材処理，主材塗布，仕上げ材塗布などの複数の工程により実施される（図 4.33）．

表面含浸工法は，シラン系あるいはケイ酸塩系材料を含浸・塗布することにより，コンクリートの表層組織を改質する工法で，水の浸入を遮断する一方，内部の水分は水蒸気として外部に排出する性質を利用したものである．

(4) はく落防止工法

橋梁の床版下面や，壁高欄外壁などのかぶりコンクリート，トンネル覆工コンクリートが，劣化してはく落するのを防止するため，表面被覆工法と同様の工程で行われる工法である．主材塗布工程では，塗膜に強度と変形追従性を持たせるため，ビニロン繊維，ガラス繊維，炭素繊維，アラミド繊維などの，各種繊維シートあるいはネットにエポキシ樹脂系接着剤などを含浸して貼り付け，保護層が設けられる（図 4.34）．

(5) 電気化学的防食工法

電気化学的防食工法は，陽極材料からコンクリート中の鋼材に直流電流を供給して，直接的，間接的に鋼材の腐食進行を抑制する工法（表 4.35）である．

電気防食工法

鋼材の電気化学的反応を人為的に制御し，腐食を抑制するのが電気防食工法で，断

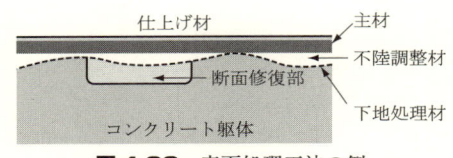

図 4.33 表面処理工法の例

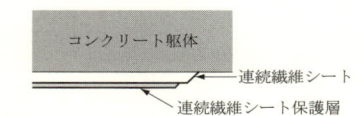

図 4.34 はく落防止工法の例［日本コンクリート工学協会：補修・補強指針］

面修復工法や表面保護工法が困難な構造物に適用されることが多い．

鋼材の腐食は，局所的に電池が形成され，鉄が溶け出すアノード反応である．図4.35にアノード分極曲線を示す．アノード反応による電位と電流密度の関係は，A→B→C→Dと変化する．A～C間では不動態皮膜が存在し，鋼材は腐食しない．Cでは中性化による腐食が生じて，電流が流れる．塩化物が鋼材表面にある値以上存在すると，B（孔食電位）で電流が急増する．これが塩化物腐食である．コンクリート表面に配置した陽極から鋼材に防食電流を供給して（図4.36），BE間の電位をFの方向に戻し，「人為的に腐食しない」あるいは「腐食の著しく少ない」状態にするのが電気防食工法である．

電気防食工法は，外部電源方式と流電陽極方式に大別される（表4.36）．外部電源方式では，10～30 mA/m² 程度の直流電流を流すが，流電陽極方式は，鋼材よりもマイナス電位の陽極材と鋼材の電位差により，鋼材に向かって電流が流れる．

表 4.35 電気化学的防食工法の種類と適用例［日本コンクリート工学協会：補修・補強指針］

条件		電気防食工法	脱塩工法	再アルカリ化工法	電着工法
環境条件	陸上内陸部	○	○	○	△
	海洋環境 大気中部	○	○	○	△
	海洋環境 飛沫帯部	○	○	○	△
	海洋環境 干満帯部	△	△	×	△
	海洋環境 海中部	△	×	×	○
構造部材	RC構造	○	○	○	○
	PC構造	○	△	△	○
新設と既設の区分	新設	○	×	×	○
	既設	○	○	○	○

注）○：適用対象，△：適用には要検討，×：適用対象外

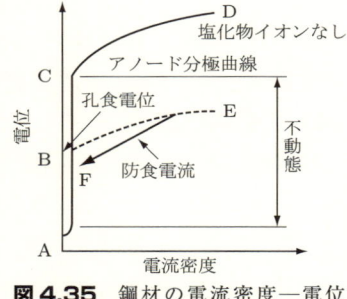

図 4.35 鋼材の電流密度―電位関係と電気防食の概念

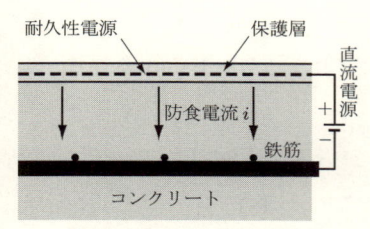

図 4.36 電気防食工法

表 4.36 電気防食工法の種類

電源	陽極材	陽極材の設置	陽極材の種類
外部電源	面状	対象面全体	チタンメッシュ 導電性塗料 導電性モルタル チタン溶射
	線状	対象面に一定間隔	チタングリッド チタンリボンメッシュ
	点状	対象面に棒状陽極を点状に挿入	チタンロッド
流電陽極	面状	対象面全体	亜鉛板 亜鉛溶射

脱塩工法

コンクリート表面に，水酸化カルシウムやホウ酸リチウムなどの電解質溶液を含む陽極材を4～8週間程度設置して，1 A/m^2 程度の直流電流を通電し，コンクリート中の塩化物イオンを電解質溶液まで電気泳動させて除去する工法である（図4.37）．ASRを起こす恐れのある構造物への適用には，ASRに関する十分な検討を必要とし，PC構造物への適用には，水素脆性に関する検討がなされる．

再アルカリ化工法

コンクリート表面に，炭酸カリウムなどのアルカリ溶液を含む陽極材を1～2週間設置して，1 A/m^2 程度の直流電流を通電，コンクリート中の鋼材に向かってアルカリ溶液を電気浸透させる工法である（図4.38）．ASRの可能性のある構造物やPC構造物に適用する場合には，脱塩工法と同様の検討がなされる．

電着工法

ひび割れの閉塞と表層部の緻密化によるひび割れ補修工法で，海中構造物に適用されている．コンクリート表面に，電解質溶液を含む外部電源（陽極）を約6ヶ月設置して，0.5 A/m^2 の直流電流をコンクリート中の鋼材に向かって通電（図4.39），海水中のCa^{2+}，Mg^{2+} イオンなどを，ひび割れ内部とコンクリート表面に無機系電着物として生成させるものである．

(6) その他の工法

浸透性吸水防止材をコンクリート表面に塗布・含浸して，表層部に吸水防水層を形成し，外部からの水の侵入，塩化物イオンの浸透を抑制する漏水防止工法が，幅0.2 mm程度以下のひび割れに適用される．

ほかには，かすがい状の鋼材をひび割れに直交して設置する普通鋼材製アンカー工法と，PC鋼棒のような高張力鋼材をひび割れに直交して設置して，プレストレスを

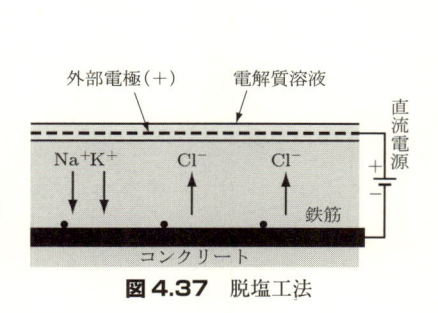

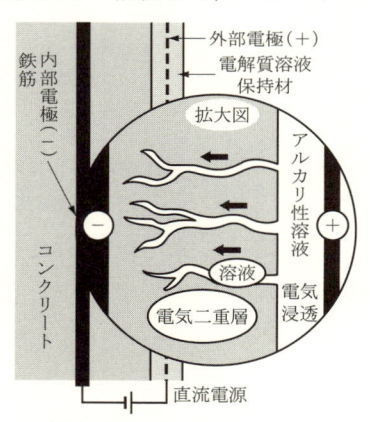

図4.37 脱塩工法

図4.38 再アルカリ化工法

加える高張力鋼材製アンカー工法がある．

4.8.3 補修材料

補修材料は，有機系，ポリマーセメント系，セメント系，繊維系に大別される（表4.37）．

(1) 有機系材料

有機系材料には，エポキシ樹脂，ポリエステル樹脂，アクリル樹脂，ウレタン樹脂などの合成樹脂，スチレンブタジエンゴム，クロロプレンゴムなどの合成ゴム，ナイロン繊維，ビニロン繊維，アラミド繊維などの合成繊維がある．

(2) ポリマーセメント系材料

これは，セメントコンクリート（モルタル）の練混ぜ水の一部を，合成樹脂エマルション（0.01～0.1 μmの合成樹脂微粒子を乳化剤とともに水に分散させたもの）あるいは合成ゴムラテックス（ゴム質物質を分散させたもの）と置換したものである．ポリマーセメント系材料に使用するポリマーの品質はJIS A 6203，試験方法はJIS A 1171に規定されている．

(3) セメント系材料

セメント系材料は，あらかじめ工場で普通ポルトランドセメント，アルミナセメント，超微粒子セメントなどを石粉，骨材と混合したものに現場で水を添加して，スラ

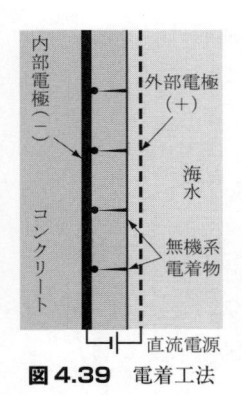

図4.39 電着工法

表4.37 補修工法に使用される材料の種類
[日本コンクリート工学協会：補修・補強指針]

補修工法		有機系材料	ポリマーセメント系材料	セメント系材料	繊維系材料	電極・電解質溶液
ひび割れ補修工法	ひび割れ被覆工法	○	○	○	×	×
	注入工法	○	○	○	×	×
	充填工法	○	○	×	×	×
断面修復工法		○	○	○	○	×
表面処理工法	表面被覆工法	○	○	△	×	×
	表面含浸工法	○	×	×	×	×
はく落防止工法	繊維シート接着工法	○	×	×	○	×
電気化学的防食工法	電気防食工法	△	△	△	×	○
	脱塩工法	△	△	△	×	○
	再アルカリ化工法	△	△	△	×	○
	電着工法	×	△	×	×	○

注）○：適用，△：補助工法の材料に適用，×：適用対象外

リー，ペースト，モルタルなどにして使用される．

(4) 繊維系材料

　補修・補強材としての繊維系材料は，鋼繊維と非金属系繊維に区分される．表4.38は，代表的な繊維系材料の物性である．これらの一般的特徴は，軽量，高耐食性，高強度である．アラミド繊維は，破断時の伸びが大きく，耐衝撃性に優れているが，紫外線に弱い．炭素繊維は，破断時の伸びは小さく，耐衝撃性に劣るが，酸・アルカリなどの耐薬品性，耐候性に優れている．ビニロン繊維は，耐アルカリ性に優れている．ガラス繊維は低価格で，熱膨張係数がコンクリートとほぼ同じで，ライニング用クロスに広く使用されている．

4.8.4 補強工法

　コンクリート構造物の補強に際しては，補強目的が達成できるよう，断面および部材の補強設計が行われる．補強後の断面，部材の耐力算定は一般の設計法によって行い，補強工法は，対象構造物の構造形式，部材断面の緒元，使用材料の力学特性に基づいて選定される．

　部材の種類ごとに適用可能な補強工法の分類を，表4.39に示す．適用事例が多く，施工および性能照査技術が比較的整備されている工法には，外ケーブル工法，接着工法，増厚工法，巻立て工法などがあり，実際の補強ではこれらの工法を組み合わせることもある．

(1) 部材の交換による補強

　部材の交換による補強工法に，打換え工法がある．これは，既設部材を全面的あるいは部分的に撤去し，新しいコンクリートを打設するかプレキャスト部材を設置して，必要な耐荷力を確保する工法である．補強設計では，部材の撤去にともなう断面変化，構造形式の変化に対する検討が行われる．新コンクリートの打設直後には，活荷重などによる振動の影響を極力少なくする対策を講じ，新旧コンクリートの打継目の処理には十分な注意を払わなくてはならない．

表4.38 代表的繊維系材料の物性

物　性		有機系繊維		無機系繊維		
		アラミド	ビニロン	炭素	ガラス （Eガラス）	PC 鋼線
密度	〔g/cm³〕	1.45	1.3	1.85	2.6	7.85
引張強度	〔N/mm²〕	2700〜3500	900〜1600	2500〜4500	3500〜3600	1950
弾性係数	〔kN/mm²〕	120	30〜39	300	74〜75	200
破断時伸び	〔％〕	2.0〜2.7	20〜30	1.3〜1.8	4.8	6.5
熱膨張係数	〔×10⁻⁶/℃〕	−2	—	−0.7	8〜10	12

表4.39 補強に関連した主な工法と適用部材［土木学会：2007年制定RC示方書］

適用対象	工法の概要	主な工法の例*1	適用部材					
			全般	はり	柱	スラブ	壁*2	支承
コンクリート部材	接着	接着工法	―	◎	○	◎	○	―
	巻立て	巻立て工法	―	―	◎	―	○	―
	プレストレスの導入	外ケーブル工法	―	◎	○	○	―	―
	断面の増厚	増厚工法	―	―	―	◎	―	―
	部材の交換	打換え工法	―	○	○	○	○	―
構造体	はり（桁）の増設	増設工法	―	◎	―	―	―	―
	壁の増設	増設工法	―	―	―	―	◎	―
	支持点の増設	増設工法	―	○	―	◎	―	―
	免震化	免震工法	◎	―	―	―	―	◎

◎：実績が比較的多いもの，○：適用が可能と考えられるもの
＊1：鋼板接着工法，FRP接着工法（連続繊維シート接着工法，連続繊維板接着工法）
　　　巻立て工法：鋼板巻立て工法，RC巻立て工法，モルタル吹付け工法，FRP巻立て工法（連続繊維シート巻立て工法，連続繊維板巻立て工法），プレキャストパネル巻立て工法
　　　プレストレス導入工法：外ケーブル工法，内ケーブル工法
　　　増厚工法：上面増厚工法，下面増厚工法，下面吹付け工法
　　　増設工法：はり（桁）増設工法，耐震壁増設工法，支持点増設工法
＊2：壁式橋脚を含む

(2) 断面の増加による補強

既設コンクリート部材にコンクリートを打ち足し，抵抗断面を増加させて耐荷力の回復もしくは向上を図るもので，増厚工法と巻立て工法がある．

増厚工法

RC床版，桁などの部材にコンクリートやモルタルを打設して，部材断面を増加させることにより，必要な耐荷力を確保する工法で，上面増厚工法，下面増厚工法，下面吹付け工法などがある．

新旧コンクリートの一体化のため，コンクリート表面を十分粗面にする必要があり，スチールショットブラストやウォータージェットが多く用いられる．コンクリートには，高強度で早強性のある鋼繊維補強コンクリートが用いられることが多い．図4.40は，アスファルト舗装を撤去し，床版上面コンクリートを数cm切削して鋼繊維コンクリートを打込み，旧コンクリートと一体化した例である．この工法をRC床版の疲労対策に用いる場合には，橋面防水層を設けることが重要である．

巻立て工法

耐荷力が不足した既設橋脚，柱などの全周に鉄筋を配置して，新しくコンクリートを打込んで既設部材との一体化を図り，必要な耐荷力を確保する工法である．主に既

設橋脚，柱など，比較的マッシブな部材や，橋脚の特に段落し部の補強に多く採用されている．

補強設計は，通常，増厚工法と同様の考え方で行われるが，巻立てコンクリートの自重はかなりの質量で，基礎への影響が無視できない場合がある．図4.41は，既設コンクリート橋脚の表面を十分粗面にし，補強鉄筋を設置してコンクリートを打設したRC巻立て工法の例である．

(3) 構造系の変更による補強

新たに支点を増設して支間を短縮し，作用曲げモーメントを減少させる方法で，代表的工法に縦桁増設工法と支持工法がある．

縦桁増設工法

鋼橋RC床版の既存主桁間に新たに縦桁を増設して床版支間を短縮し，作用曲げモーメントを低減させる曲げ補強工法である．梁を下面から補強するため，交通を阻害することなく施工でき，コンクリートの劣化進行を直接追跡調査できる利点がある．図4.42に補強例を示す．

支持工法

既設部材の中間を，増設した部材で支持して支間を短縮し，耐荷力を回復あるいは向上させる工法である．新たに支柱を設置できない場合には，梁の両側に鋼製梁を設置して既設部材を支持し，作用断面力を減少させる場合もある．梁やスラブの下方に支柱を設置する空間が必要であり，設計・施工上の制約も多い．図4.43は支持工法の例である．

(4) 補強材の追加による補強

この補強は，対象部材に補強材を接着する工法と，部材の周辺に補強材を配置し

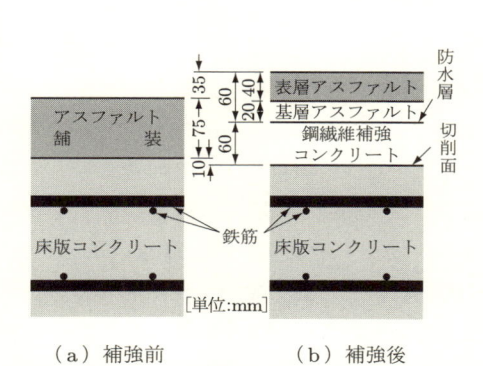

図4.40　床版上面増厚工法の断面例［日本コンクリート工学協会：補修・補強指針］

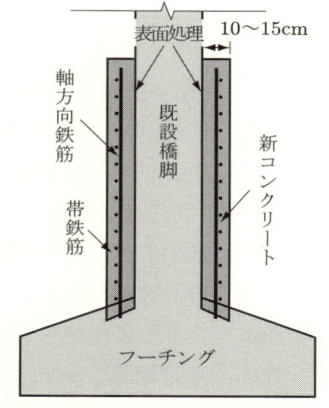

図4.41　RC巻立て工法の例

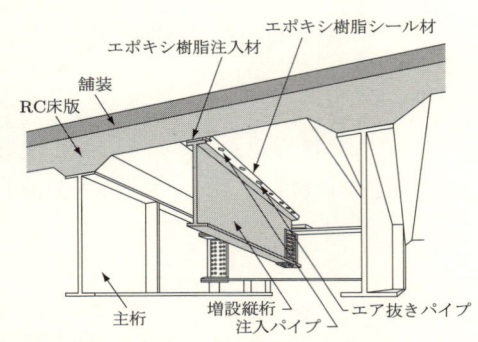

図 4.42 RC 床版の縦桁増設工法例 [土木学会：コンクリートライブラリー81]

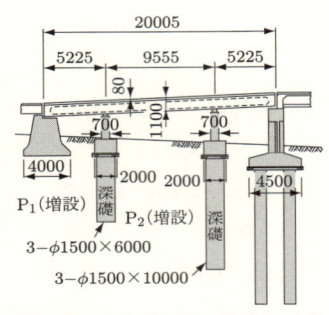

図 4.43 支持工法（橋梁の例） [土木学会：コンクリートライブラリー81]

て，既設部材との一体化により必要な性能を向上させる巻立て工法に大別される．接着工法には，鋼板接着工法，FRP接着工法などがあり，巻立て工法には，鋼板巻立て工法，FRP巻立て工法，コンクリートセグメント工法などがある．

鋼板接着工法

コンクリート部材の，主として引張応力作用面に鋼板を取付け，鋼板とコンクリートの隙間に注入用接着剤を圧入して両者を一体化，曲げ耐力と押抜きせん断耐力の向上を図る工法である．鋼橋のコンクリート床版，建築物の床スラブなどが主な対象である．

既設コンクリートの劣化，強度不足が著しい場合や，ひび割れが進行している場合などには，鋼板とコンクリートとの一体化が不十分となり，所要の効果が得られないことがあり，床版の部分打換えが検討される．図4.44，図4.45は，道路橋RC床版の補強例である．

FRP 接着工法

鋼板の替わりに，炭素，アラミド，ガラスなどの連続繊維をシート状あるいは板状にしたFRPを貼り付け，接着樹脂を含浸・硬化させて必要な耐荷力を確保する補強工法である．橋梁床版を補強したFRP接着工法の例を，図4.46に示す．

プライマーおよび含浸接着剤の使用にあたっては，繊維シートとの適合性を考慮する．目付け量（単位面積当たりの繊維質量）が $400 \mathrm{~g/m^2}$ 以上の繊維シートを使用する場合は，含浸接着樹脂の含浸不足のため，期待する効果が得られないことがあり，接着剤含浸性の検討が必要である．含浸接着樹脂として一般的に使用されているエポキシ樹脂は，紫外線劣化が懸念されるため，上塗材には耐候性に優れたものが使用される．なお，連続繊維シートを柱などに巻いて補強する工法を，FRP巻立て工法という．

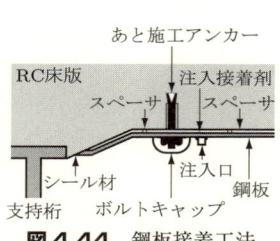

4.8 コンクリート構造物の補修・補強

図 4.44 鋼板接着工法

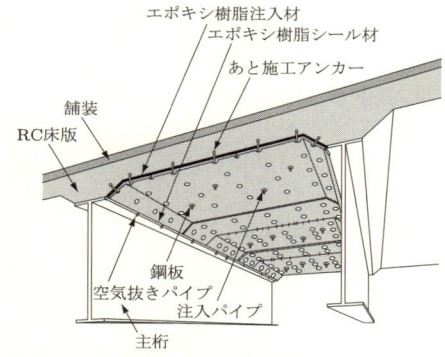

図 4.45 鋼板接着工法の施工例［土木学会：コンクリートライブラリー81］

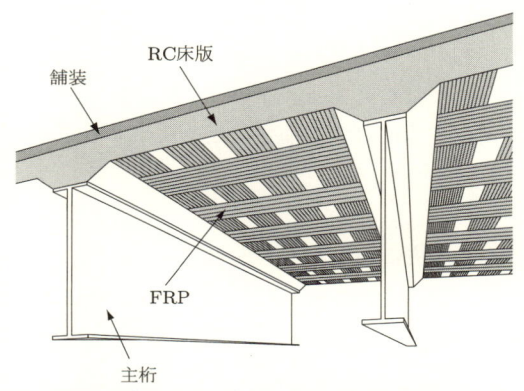

図 4.46 道路橋 RC 床版の FRP 接着工法例［土木学会：コンクリートライブラリー81］

コンクリートセグメント工法

　矩形断面柱の側面に，コンクリートセグメントをポリマーセメントモルタルを介して張り付け，外周を亜鉛めっき鋼より線で横拘束して補強する工法で，標準断面で建設されることが多い鉄道ラーメン高架橋柱の耐震補強に利用されている．

鋼板巻立て工法

　耐荷力が不足した橋脚，建築物の柱などの全周に鋼板を連続して配置し，既設部材との一体化を図り，必要な耐荷力を確保する工法で，地震力に対するせん断や曲げの補強に用いられることが多い．既設コンクリート部材の劣化が著しく，品質が低下している場合は別途検討が必要であり，補強後はコンクリートの劣化進行の有無を直接観察できない問題がある．

　使用鋼材は基本的に鋼板接着工法と同じで，鋼板と既設部材との隙間には，充填材

としてコンクリート，モルタルあるいはエポキシ樹脂が用いられる．図4.47は，橋脚に鋼板を巻いて補強した例である．

(5) プレストレス導入工法

プレストレスの導入による補強は，緊張材の配置方法により，外ケーブル工法と内ケーブル工法に分類され，一般に外ケーブル工法が用いられる．外ケーブル工法は，緊張材をコンクリートの外部に配置して，定着部および偏向部を介して部材に緊張力を与え，曲げおよびせん断耐力を回復もしくは向上させる工法である（図4.48）．構造物の局部的補強よりも，むしろ構造系の変更，耐力の改善を目的として採用されることが多く，次のような特徴がある．
① 補強効果が力学的に明確である
② 偏向部をせん断補強部に設置して外ケーブルの鉛直成分を考慮することにより，設計せん断力が軽減できる
③ 補強後の管理が容易である
④ 施工時には，基本的に交通規制を必要としない
⑤ コンクリートの強度不足，劣化に対する補強効果を期待することは難しい

4.8.5 補強材料

補強材料は，補強の目的と工法に適したものが使用されるが，表4.40に各種補強工法に対応した材料の分類を示す．補強材料は，鋼材，有機系・ポリマーセメント系・セメント系料・繊維系の材料に大別される．鋼材以外の材料は，4.8.3項を参照されたい．

補強工事に使用する鋼材などは，JISに適合したものが使用されるが，プレストレス導入工法では施工条件が制約されるため，次のように考えるとよい．
① 定着具は小さいものがよく，定着方式は，定着端におけるセット量の少ないもの

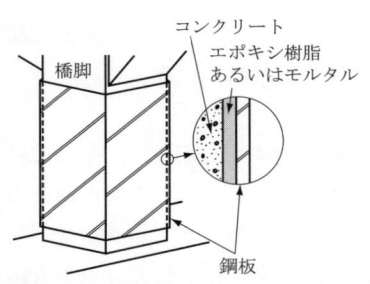

図4.47 鋼板巻立て工法（橋脚の補強例）[土木学会：コンクリートライブラリー81]

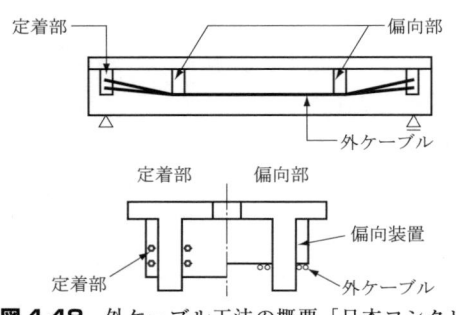

図4.48 外ケーブル工法の概要［日本コンクリート工学協会：補修・補強指針］

4.8 コンクリート構造物の補修・補強

表 4.40 補強工法の使用材料例［日本コンクリート工学協会：補修・補強指針］

補強工法	補強材料
増厚工法	鉄筋，セメント系材料，鋼繊維，繊維系材料，ポリマーセメント系材料，あと施工アンカー
接着工法	鋼板，繊維系材料，有機系材料，あと施工アンカー
巻立て工法	鉄筋，セメント系材料，鋼板，有機系材料，あと施工アンカー
プレストレス導入工法	PC 鋼材，定着具，鉄筋，セメント系材料，グラウト材
部材増設工法	鉄筋，セメント系材料，H 形鋼，有機系材料，あと施工アンカー

が有利である
② PC ケーブル長が短いほどその効果が顕著で，くさび式よりねじ式の方がセットロスは少ない
③ 補強工事では，作業空間，作業時間の制約が多いため，緊張用機器は小型軽量で作業が簡単なものがよい

あと施工アンカーは，アンカーボルト・ロックボルトなどを固定するために使用される．樹脂系アンカー（接着系アンカー）と金属系アンカーに大別され，補強工事には樹脂系アンカー（図 4.49）の実績が多い．

樹脂系アンカーは，骨材を混合した主剤入り外管と硬化剤を封入した内管からなる 2 重ガラス管構造のカプセル型アンカーである．これを清掃した穿孔内に挿入し，アンカー筋を付けたハンマードリルで外管・内管を壊して主剤と硬化剤を混合し，アンカー筋を埋め込んだ状態で反応硬化させる．金属系アンカーが，先端のくさび部分でボルトを支持するのに対して，接着系アンカーは，穿孔内の周壁全体でボルトを固定

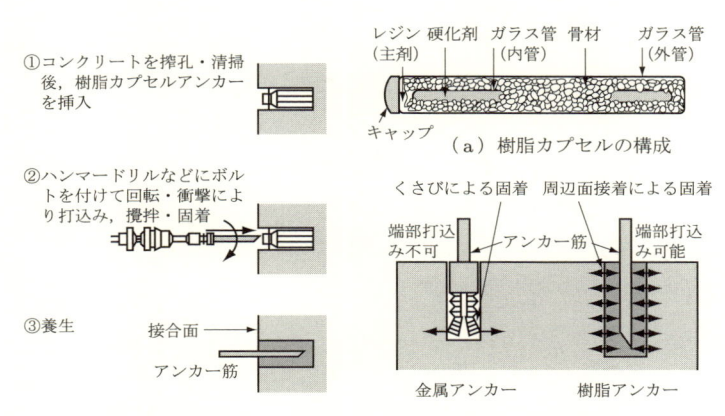

(a) 樹脂カプセルの構成

(b) 樹脂カプセルアンカーの施工

(c) 金属アンカーと樹脂アンカーの比較

図 4.49 あと施工アンカーの施工例と比較
［湊俊ほか：最新土木材料 第 2 版］

するため，振動に対しても安定している．

4.8.6 補修，補強の検査

補修，補強工事の工事計画に従い十分な効果が得られるよう，設計通りに工事が行われているか否かの検査を，工事中あるいは工事終了時に行う．必要に応じて，適切な方法で，補修効果および補強効果の確認も行われる．

(1) 補修効果の確認

補修工事を効果的に実施するには，補修作業の施工管理および検査を十分に行い，作業工程ごとの検査によって所定の作業が行われたことを確認する必要がある．

漏水対策を目的としたひび割れ補修の場合，補修が所期の目的を達しているか確認するのは比較的簡単である．しかし，構造物全体の性能評価，あるいは耐久性の確保を目的としたひび割れ補修の場合，補修効果の確認は必ずしも容易ではない．そのため，補修目的を十分に把握し，目的に応じて，工事中に塗膜や断面修復材の付着試験，コア採取による注入深さの確認などを行い，工事完了後はかぶり，配筋状態の非破壊検査などの記録，補修の仕上がり状態などを確認する必要がある．

(2) 補強効果の確認

補強工事の段階ごとに検査を行い，補強設計通りに所定の工事が行われていることを確認することが重要である．特に，新旧材料の一体性の確保が十分なされているか注意が必要である．

補強終了後は，竣工検査を行い，施工後の材料の品質・仕上り寸法などの確認，施工中の管理試験結果を検査するとともに，補強計画に従い適切に補強されたことを確認する．

補強効果の確認方法は，たとえば，ひび割れなどで損なわれた構造物・部材の性能回復あるいは向上の場合，次のように行えばよい．

① ひび割れの追跡調査を行う．ひび割れが進行せずに安定していることを確認し，プレストレスで補強した場合には，ひび割れが閉じていることを確認する
② ひずみゲージを用いた鉄筋あるいはコンクリートのひずみ測定
③ 静的載荷試験によるたわみや，動的載荷試験による振動特性の測定を行う．実測値が良好であれば，所定の補強が行われたと判断することができる

4.9 記　録

4.9.1 概　要

維持管理における記録は，構造物の効率的で合理的な維持管理のための資料を得る目的で行う．維持管理結果を保存することにより，維持管理技術の妥当性が確認で

き，記録の分析により維持管理面からみた設計，施工上の問題点や改善点が明らかになるなど，技術の進歩に役立つ．そのため，構造物の緒元，設計に際して適用した規準類，工事記録，点検の内容や結果，劣化予測，点検結果の評価および判定，補修，補強などの対策の実施内容など，構造物の維持管理に必要な内容を，参照しやすい形で記録として保存する．

記録はデータベースであり，記録内容が最新の内容となるように配慮する．維持管理記録は，構造物を供用している期間はもちろん，供用期間を過ぎた後も，類似構造物の維持管理に役立たせるために保存するのがよい．

4.9.2 記録の方法

コンクリート構造物は，一般に，長期にわたり供用されるため，維持管理組織の変更，担当者の交代などを考慮して記録する．記録を見るだけで構造物の履歴が理解できるような形式で記録し，正確かつ客観的なデータとする．そのため，構造物に応じた記録方法をあらかじめ設定し，分かりやすいデータシートを用いるとよい．大量のデータを記録するため，効率的なデータベースシステムを構築し，利用しやすい電子データの状態で保存するなど，データベースシステムが変更されても，記録が引き続き活用できるよう配慮する必要がある．

4.9.3 記録の項目

記録項目は，少なくとも，主要緒元，周辺環境，維持管理区分，初期点検の結果，劣化予測の方法と結果，点検計画と結果，評価と判定の結果および写真が必要で，維持管理者，点検実施者の氏名は必ず記録し，設計図書は必ず保存する．表 4.41 に標準的な記録項目を示す．

初期点検で初期欠陥などが発見された場合には，表 4.41 に示す点検の記録項目のほか，初期欠陥などの位置・状況，点検結果に基づいた性能の評価および判定内容を記録する．詳細調査を行った場合には，調査項目，方法，範囲，および調査結果と，それに基づく構造物の性能評価，対策の要否判定結果を記録する．

日常点検，定期点検で変状が発見された場合には，変状の種類，位置，程度，進行の有無，点検結果に基づいた評価および判定の内容（変状原因の推定，部位・部材や構造物の状態，詳細調査の要否の判定）などを記録する．詳細調査を行った場合には，調査の方法，変状の種類，位置，状況をできるだけ詳しく記録し，調査結果を用いた劣化予測と評価および判定の内容，診断を委託した場合の診断業務受託者の氏名などを記録する．

臨時点検および緊急点検は，突発的事態の内容，点検の目的，変状の位置・状況，

表 4.41 診断および対策に関わる標準的な記録の項目例［土木学会：2007 年制定 RC 示方書］

		記　録　の　項　目
一般	担当者などの氏名	維持管理者（管理技術者，責任技術者，専門技術者，点検担当者など） 診断業務委託者（責任技術者，専門技術者など）
	構造物の諸元など	周辺環境，維持管理区分，維持管理実績 構造物の名称，荷重，周辺環境条件，予定供用期間，維持管理区分 維持管理実績
診断　点検	点検の種類	初期点検，日常点検，定期点検，臨時点検，緊急点検
	時期	実施日時
	位置	調査対象構造物，調査部材，調査の詳細な位置
	項目	調査項目
	方法	項目ごとの方法（規格外の方法は詳細に記述）
	結果	調査項目ごとの結果，各種試験結果および判定結果
劣化予測	予測の方法	用いた劣化予測モデルあるいは式と各パラメータ
	結果	潜伏期・進展期・加速期・劣化期の予測結果
性能の評価および判定	性能の評価および判定の方法	構造物の性能算定方法，評価に用いた基準
	劣化の状況	構造物の劣化の状況
	結果	部位・部材あるいは構造物ごとの評価および判定結果
対策	担当者などの氏名	維持管理者（管理技術者，責任技術者，専門技術者，点検担当者など） 対策業務委託者（責任技術者，専門技術者など）
	対策の種類 対策の方法 施工記録	点検強化，補修，補強，供用制限，解体・撤去 対策の施工計画書，施工計画図面 対策の実施時期，対策の竣工図面，実施報告書 対策の履歴

劣化予測の内容（初期点検時の劣化予測との差異に関する考察など），評価および判定の内容（部位・部材や構造物の状態，詳細調査の要否の判定など）を記録する．

演習問題

【4.1】コンクリート構造物に生じる変状について説明せよ．
【4.2】構造物の性能を低下させる要因について説明せよ．
【4.3】コンクリート構造物の非破壊検査に用いられる物理現象を挙げよ．
【4.4】コンクリート構造物の目視による調査で観察すべき項目を挙げよ．
【4.5】コンクリート構造物の劣化機構について説明せよ．
【4.6】点検結果を用いて構造物の性能を評価する方法について説明せよ．
【4.7】コンクリート構造物の補修，補強の設計方法について説明せよ．

5章 鋼構造物の維持管理

5.1 はじめに

　地盤のよくない箇所に建設される社会資本施設は，軽量化する必要があるために，その本体構造の材料に鋼が使用される場合が多い．鋼構造物（steel strucure）は，軽量化が図られることはもちろんであるが，鋼材は自由な加工ができるため，複雑な形状の構造物を構築することが可能である．鋼橋，鋼床版，鋼製橋脚など，橋梁の躯体のほか，伸縮装置では鋼製フィンガージョイント，支承では鋼製支承，照明柱などの付属物も鋼構造物である．さらに，桟橋や鉄塔も鋼構造物であるが，本章は，社会資本ストックの多い橋梁に関連した鋼構造物を対象とする．

　鋼構造物には，溶接による変状など製作段階における初期欠陥のほか，長期間の過酷な条件下における供用による塗膜の劣化，腐食による錆の発生，部材断面積の減少などの変状が発生する．さらに，疲労による亀裂の発生，遅れ破壊による高力ボルトの破断のほか，衝突や火災などによる変形など各種変状が発生することがある．躯体のほか，鋼製フィンガージョイント，鋼製支承などの付属構造物にも各種変状が生じる．このような変状が発生した場合には，その原因を究明し，適切な補修・補強を行うとともに，その変状原因を新設構造物の計画や設計に反映し，同様の変状が発生しないようにすることが重要である．

5.2 鋼構造物の要求性能と変状

5.2.1 概　要

　鋼構造物は，諸基準に従い適切に設計・施工され，維持管理されていれば，設計耐用期間中に変状が顕在化することはきわめてまれである．事実，長年にわたって健全な状態で供用されている鋼構造物が数多く存在している．しかし，劣悪な自然および社会環境下にある鋼構造物は，経年と共に各種の変状が発生し，要求される性能を満足しなくなることがある．

5.2.2 鋼構造物の要求性能

　鋼構造物の要求性能は，コンクリート構造物と同様に，次のとおりである．

① **安全性**：鋼構造物が所定の強度を有しており，利用者および第三者が，安全・安心して快適にその鋼構造物を使用できる性能
② **使用性**：鋼構造物を，現在および将来にわたって所期の目的で使用できる性能
③ **美観・景観**：鋼構造物が周辺の環境と調和している性能
④ **耐久性**：変状が生じ難いこと，さらに変状が生じた場合にも，その進行状況が容易に把握でき，補修・補強も容易に実施できる性能

適切な点検や補修・補強などの維持管理を実施することにより，上記の性能を継続的に確保することが可能である．

5.2.3 鋼構造物の変状と原因

鋼構造物に生じる主な変状は，表 5.1 に示すように，異常たわみ，異常音，異常振動など，鋼構造物全体に現れる変状のほか，防錆のために施された塗膜自身の劣化や，鋼材の特徴に起因する劣化現象である腐食による発錆および断面減少，過積載車

表5.1 鋼構造物に生じる主な変状と原因 [NEXCO：保全点検要領]

変状の種類	変状の概要	変状の原因
異常たわみ	主桁が全体的または局部的に大きく垂れ下がったり，せり上がっている状態	他の部位に生じた変状
異常音	車両走行時に叩き音やきしみ音などの通常では発生することのない音が発生している状態	他の部位に生じた変状
異常振動	目視または体感で振動が異常と思われる状態	他の部位に生じた変状
塗膜劣化	塗膜の劣化によりひび割れ，ふくれ，はがれ等が生じている状態およびそりにより表面錆が発生している状態	塗膜自身の劣化
腐食	鋼材に集中的に錆が発生している状態または錆が極度に進行し断面減少や腐食を生じている状態	塗膜の劣化や滞水
高力ボルトのゆるみ，脱落	部材連結部において高力ボルトに何らかの原因によりゆるみや破断および脱落を生じた状態	高力ボルトの強度レベル，化学的影響
亀裂	応力の繰返しにより部材の断面急変部や溶接接合部などの応力集中部に生じた鋼材または溶接の割れ（疲労亀裂），また地震，車両の衝突など過度の外力により生じた鋼材の亀裂	応力の繰返しや過積載車両の走行，過度の外力の作用
変形・座屈	車両の衝突，地震などにより部材に生じた永久的な変形	過度の外力の作用
漏水・滞水	部材の交差部や箱桁内，鋼製橋桁内などの自然に水が抜けることのない部材に雨水などが浸入し溜まった状態	雨水などの浸入
遊間異常	支承や伸縮装置が所定の位置から離れている	本体または他の部位に生じた変状
段差	伸縮装置が所定の位置から離れている	本体または他の部位に生じた変状

の大量走行などに起因する疲労による亀裂の発生，さらには，化学的作用等に起因する遅れ破壊による高力ボルトの破断などの局部的な変状がある．

これらの変状原因は，表5.2に示すように，外力や使用・環境条件による外的要因と，材料，設計および施工による内的要因に大別される．

表5.2 鋼構造物の変状原因の区分

区分		自然的要因	人為的要因
外的要因	外力	地震	過積載車両，交通量
	使用・環境条件	風雨，大気汚染	車両の衝突，火災
内的要因	設計	—	想定していない条件
	材料	化学的物質	所定の品質が確保されない材料不良
	施工	—	所定の品質が確保されない施工不良

5.3 維持管理の方法

鋼構造物の維持管理は，それぞれの管理者が要領類を整備しているが，一般的な手順は，2.4節の図2.2に示したとおりである．鋼橋の診断は，2.4節の表2.3に示した初期点検，日常点検，定期点検，臨時点検において，必要に応じて詳細調査を行い，これらの結果に基づいて対策の必要性を判断する．

5.4 点　検

5.4.1 点　検

鋼構造物の代表である鋼橋の点検箇所（部位）は，桁支間中央部，漏水が起こりやすい桁端部，滞水しやすい箱桁内部，亀裂が発生しやすい溶接箇所，高力ボルトによる接合部，さらには遊間や段差が生じる伸縮装置，支承，沓座などである．点検項目は，異常たわみ，異常音，異常振動，塗膜劣化，腐食，亀裂，高力ボルトの脱落，変形・座屈，漏水・滞水，遊間そして段差などである．代表例として，高速自動車国道の鋼桁・鋼床版・鋼製橋脚，鋼製フィンガージョイント，鋼製支承における点検項目と判定の標準を，表5.5，表5.7，表5.8に示す．

5.4.2 調　査
(1) 調査項目

鋼構造物の点検において調査すべき項目は，異常なたわみ，音そして振動，各部位・部材における腐食や亀裂などの変状の有無およびその程度，高力ボルトの脱落，さらには，付属物である伸縮装置や支承などの変状である．表5.3は，鋼構造物の標準的な点検項目と点検箇所の例である．

表 5.3 鋼構造物の標準的な点検箇所［NEXCO：保全点検要領］

点検項目	点検箇所
異常たわみ，異常音，異常振動	桁支間中央，桁端部（伸縮装置，支承部）
塗膜劣化	桁全体，箱桁・鋼製橋脚内部
腐食	桁端部（支承周辺，端対傾構），排水装置周辺，箱桁・鋼製橋脚の内部など
亀裂	ソールプレート前面溶接部，桁端切欠き部，対傾構取付け垂直補剛材溶接部，鋼床版縦リブ溶接部，鋼床版縦リブ-横リブ交差部，鋼製橋脚隅角部など
高力ボルトの脱落	高力ボルトによる継手部（F11T を使用している場合は特に注意が必要）
変形・座屈	桁端部，桁支間中央部，車道直上部
漏水・滞水	桁端部，マンホール，排水装置周辺など
遊間	伸縮装置，支承，沓座
段差	伸縮装置，支承，沓座

表 5.4 点検の標準的な方法［NEXCO：保全点検要領］

変状の種類	点検の標準的方法	変状発見の併用が望ましい調査	その他の主な詳細調査例（参考）
異常たわみ，異常音，異常振動	近接目視	水準測量（レベルによるキャンバー計測）	振動計測，騒音計測
塗膜劣化	近接目視	ビデオ撮影・写真	インピーダンス，塩分測定，画像処理
腐食	近接目視	超音波板厚計による板厚測定	応力測定（耐荷力の検討）
亀裂	近接目視	―	超音波探傷試験（部位によって内圧亀裂を探査），応力測定（亀裂発生原因の推定）
高力ボルトの脱落	近接目視	ボルトヘッドマークの確認	超音波探傷（F11T 等）
変形・座屈	近接目視	―	応力測定（耐荷力の検討）
漏水・滞水	近接目視	漏水箇所の調査	―
遊間	近接目視	―	―
段差	近接目視	スケール等による段差計測	―

(2) 調査方法

鋼構造物の健全度を評価するための点検方法は，表 5.4 に示す近接目視が基本である．変状が発見された場合には，変状程度の実測および簡単な調査が行われる．変状が著しい場合には，詳細調査を実施する．鋼構造物には，表面や内部に変状が発生する場合がある．構造物の表面に生じた変状は目視検査（visual testing；VT）で確認されるが，塗膜がある場合は困難なことが多く，構造物の内部にある変状を目視検査により見付けることは不可能である．

このような場合には，変状の有無やその場所を特定するために非破壊検査が行われる．非破壊検査には下記のように多くの種類があり，適用に際しては，想定される変

状の種類や，発生箇所と各種試験方法の特徴を考慮して，調査する変状に最適な点検方法を採用することが大切である．

鋼材表面の非破壊検査

① **浸透探傷検査**（penetrant flaw testing；PT）

　検査対象構造物の表面に浸透液を塗布し，表面に亀裂がある場合には亀裂部に浸透液が入り込む．その後，表面に現像剤を塗布し，その現像液が亀裂部に入り込んでいる浸透液と反応し変色することで，変状を確認する検査である．これは，表面に存在する開口した亀裂のみに有効であるが，安価かつ容易に実施できる検査である．

② **磁粉探傷検査**（magnetic particle flaw testing；MT）

　構造物の表面近くに亀裂などの変状がある場合に磁束が乱れることを利用した検査方法であり，微細な蛍光磁粉を検査箇所の構造物表面に散布し，磁粉模様の変化から変状の有無を確認する．この検査は，開口していない表面または表面近くの亀裂の有無を簡易に確認できるが，内部の変状や亀裂の深さまでは測定できない．また，塗膜を除去する必要がある．

③ **渦流探傷検査**（eddy current testing；ET）

　電磁誘導により発生した渦電流の変化から，変状の有無を確認する検査である．塗膜の上から，構造物には非接触で，その表面または表面近くの亀裂の有無を速く，経済的に確認できるが，変状の形状が単純なものにのみ有効であり，亀裂の深さまでは測定できない．

鋼材内部の非破壊検査

　構造物内部の変状を発見する非破壊検査には，次の方法がある．

① **超音波探傷検査**（ultrasonic testing；UT）

　構造物表面の探触子から発射された超音波の反射を利用して，内部変状の有無を確認する検査である．この検査は使用実績も多く，経済的な試験方法で，面状の変状確認には有効である．しかし，溶接の作業中に取込まれる空気であるブローホールのような球状の変状確認には適しておらず，測定には熟練を要する．また，塗膜を除去する必要がある．なお，この方法は構造物の板厚を計測することも可能であり，腐食した部分の残存板厚調査にも利用されている．

② **放射線透過検査**（radiographic testing；RT）

　構造物表面からの放射線透過により，内部変状の有無を確認する試験である．この試験は，ブローホールのような球状の変状確認に有効であるが，試験中は放射線に対する安全管理を慎重にする必要がある．

5.5 変状機構の推定および変状予測

5.5.1 概　要

　鋼橋などの鋼構造物は，風雨など自然の影響を直接受けるなど，厳しい条件下にある．さらに，過積載車両の走行などの予測困難な荷重が作用することがある．そのために，劣化因子を正確に把握することは困難である．劣化要因は，同様の条件下にある鋼構造物の過去の点検結果や，変状の発生状況などの資料を精査して予測するのがよい．鋼橋などの鋼構造物に生じる代表的な変状の発生機構を，次に述べる．

5.5.2　外力による変状と予測

　鋼構造物を設計する際に想定した荷重以上の外力，または想定外の外力が鋼構造物に作用した場合に変状が生じる．

(1) 疲　労

　静的強度より小さい応力が材料に繰り返し作用した場合には，その材料に亀裂が生じ，やがては脆性的に破断することがある．これは疲労現象と呼ばれ，鋼をはじめ多くの材料に生じる現象である．図 5.1 は，ある鋼材を用いて応力範囲と破断に至るまでの繰返し回数を示した S–N 線図（疲労寿命曲線）である．ある一定以上の大きさの応力範囲で繰返し載荷すると，その材料には亀裂が生じ，最終的には破断する．亀裂の発生，破断までの繰返し回数は，その応力範囲が大きければ大きいほど少ない．また，一定の大きさ以下の応力範囲では，繰返し回数に関係なく亀裂は発生せず，または進展もしなくなる．この応力範囲を疲労限（fatigue limit）という．

　溶接や高力ボルトなどにより部材が構成されている鋼構造物は，鋼材の接合部に応力集中が生じやすい．特に，溶接により複雑な形状に加工されている継手では，その形状により疲労強度が大きく低下することが知られている．さらに，溶接時に降伏点

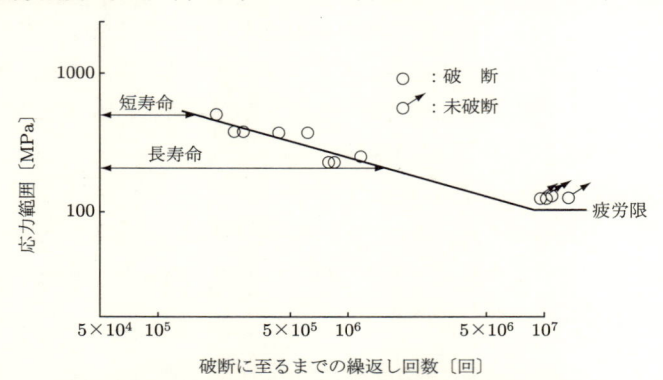

図 5.1　S–N 線図の例 [日本道路協会：鋼橋の疲労]

に近い残留応力が構造物に蓄積されていることもある．設計荷重を大きく上回る過積載車両の走行など，設計当初には想定されていなかったことが原因で，疲労による亀裂などの変状が，近年，多発している．

溶接継手の形状により疲労強度が減少する鋼構造物の維持管理では，どこにどのような継手が採用されているかを竣工図面で把握しておくことにより，亀裂発生の可能性を予測することが可能である．

(2) 過大な外力の作用による変状

車高制限以上の車両走行が原因と思われる衝突による変状が，橋桁下面に見受けられることがある．また，地盤沈下，支承の機能不全などに起因する構造的変状も見受けられる．これは，設計で考慮される以上の過大な外力の作用によるもので，状況によっては，構造物の耐力低下を招くために，変状が構造物にどのような影響を与えるのかを検討する必要がある．

5.5.3　外力以外による変状と予測

鋼構造物の多くは，風雨など厳しい自然現象の影響を直接受けるほか，設計や材料に起因する変状が発生する．

(1) 使用・環境条件による変状

鋼構造物には，景観や防食のため，一般に塗装が施されているが，その塗膜自身も経年劣化を生じる．その結果，白亜化，退色，変色，塗膜のふくれ，割れ，はがれ，さらに鋼の発錆などの腐食が原因の変状が生じる．

腐食は，鋼が鉄鉱石を還元して製造されることから，酸化により元の安定した状態に戻ろうとして起こる現象である．常温においても，適当な水分と酸素があれば，酸化，すなわち腐食が進む．鋼構造物の腐食は，その設置されている環境に大きく影響され，工場地帯や海浜部では，通常の環境にある場合に比べて変状の進行は早い．

腐食には，金属表面の全面が均一に腐食する全面腐食と，局部的に腐食が発生する局部腐食がある．一般的には，全面腐食は進行速度が遅いため，進行速度が速く変状箇所の断面欠損が大きい局部腐食の方が問題となる．局部腐食の代表的なものに，異種金属接触腐食がある．これは，電位に差のある複数の金属が接触している場合に，電位差による電流が流れて，電位が卑な金属が腐食するものである．異なる2種類の金属を接触させて使用するような場合には注意が必要である．

(2) 設計に起因する変状

従来，道路橋の設計においては，輪荷重を直接受け，活荷重応力の占める割合が大きい鋼床版以外は，活荷重による疲労の影響は小さいとして考慮されなかった．しかし，近年は大型車交通の多い箇所で，疲労が原因と思われる亀裂が発生している．こ

のように，疲労設計が行われていなかった古い鋼構造物では，疲労の原因となる応力の繰返しにより，応力集中部などで亀裂が発生する場合がある．

また，鋼床版に疲労亀裂が発生している場合があり，疲労耐久性の高い構造の採用など，さらなる設計的な配慮も必要である．

(3) 材料に起因する変状

材料に起因する変状としては，F11T など，強度レベルが高い高力ボルトに起こる遅れ破壊なども発生している．遅れ破壊（delayed fracture）は，建設後ある一定期間経過後に高力ボルトが脆性的に破壊する現象であり，腐食反応で発生した極微量の拡散性水素が原因と考えられている．防止対策としては，ボルトの腐食を防止すること，ならびに遅れ破壊の感受性がほとんどない材料（たとえば，F10T（JIS B 1186））を採用することが重要である．また，鋼材の腐食を防止するために塗装が施されているが，構造物の環境に適した塗料を選定することも重要である．

(4) 施工に起因する変状

施工に起因する変状の例としては，伸縮装置の施工が不備なために排水や止水機能が不十分な場合に起こる，橋桁端部の腐食がある．漏水や騒音・振動の発生源となる伸縮装置の施工は，特に入念に行わなければならない．また，鋼製橋脚の隅角部に疲労亀裂が多く発生しているが，その一因として，隅角部が特に狭い箇所での溶接作業になるため，完全な溶接の溶込みができず，高応力が発生したことや，溶接による残留応力の影響も考えられる．

(5) 他の部材の変状に起因する変状

鋼橋では，伸縮装置上を車両が走行する際に，異常音や異常振動の発生が問題になることがある．その原因の多くは，伸縮装置の変状ではなく，橋桁を支持している支承の変状により伸縮装置の段差が規定値よりも大きくなったためである．このように，橋桁から異常音や異常振動が発生している場合は，橋桁本体の変状ではなく，伸縮装置や支承などの付属物の変状であることも多く，点検に際しては総合的な判断が必要となる．

5.6 評価および判定

5.6.1 概　要

点検の結果，変状が確認された場合には，鋼構造物の供用に与える影響の程度や危険性，利用者・構造物の安全性などを考慮して，処置や対策の要否を判定する．判定に当たっては，表 2.4 に示すように，各事業者が構造物ごとに判定区分・判定基準を定めており，健全なものから重大な変状のものまで数段階に区分されている．代表例として，高速自動車国道の鋼橋，支承および伸縮装置の判定区分では，異常たわみや

振動，そして腐食・亀裂などの変状ごとに判定の標準が定められている．

5.6.2　点検結果の評価

各管理者が制定する点検基準により実施された点検結果に基づき，鋼構造物の性能の評価が行われる．この性能評価の結果および対象構造物の重要度などを総合的に考慮して，対策の要否判定が行われる．

5.6.3　点検結果の判定

補修等の対策を実施するか否かの判定区分の一例を，2.4 節の表 2.4 に示す．一般には，緊急対応，速やかに補修，将来補修および補修不要の四つに分類されている．このように，各種の変状に対して，その変状の程度と補修などの対策の必要性が対応している．代表例として，高速自動車国道の鋼橋，鋼床版および鋼製橋脚の点検項目と判定標準を，表 5.5 および表 5.6 に示す．疲労亀裂，変形・座屈，高力ボルトの脱落，塗膜劣化，そして腐食など，鋼構造物に起こり得る各種の変状ごとに，2.4 節の表 2.4 の統一した判定区分に対応した判定の標準が定められている．

鋼橋に関連した支承および伸縮装置の判定区分は，表 5.8 および表 5.7 に示すとおりであり，本体の変状のほか，異常音，異常遊間など，各種の変状ごとに 2.4 節の表 2.4 の統一した判定区分に対応した判定の標準が定められている．

また，橋桁本体以外に，鋼製支承や伸縮装置などの付属物も，鋼橋の性能を維持するためには不可欠なものであり，本体同様に点検が行われ，適切な状態に保つために維持管理されている．高速自動車国道の鋼製支承と伸縮装置の点検項目と判定標準は表 5.8，表 5.7 に示すとおりであり，本体の損傷のほか，腐食，遊間の異常そして異常音など，鋼構造物に起こり得る各種の変状ごとに 2.4 節の表 2.4 の統一した判定区分に対応した判定の標準が定められている．

支承の腐食などの変状により，橋桁は温度変化に伴う自由な移動を拘束され，橋桁に過度の応力が繰返されることになる．また，沓座(しゅうざ)モルタルに損傷が発生すれば，伸縮装置の段差異常となり，走行車両による振動や騒音の発生，さらには段差走行による衝撃の影響が，舗装や橋桁部材の変状原因になる場合がある．

このように，鋼構造物を構成する部材や支承・伸縮装置などは，単体で機能するのではなく，複数の部材が全体で一つの鋼構造物として機能するのである．すなわち，鋼橋などの鋼構造物は，数多くの部材で構成されているが，それらがすべて健全な状態にあることで，所期の機能や役割を果たす．また，それらの部材の一部に変状が生じると，その変状はそれに留まらず，関連する部材に悪い影響を与えることを認識して，判定された点検結果を評価する必要がある．

表5.5 高速自動車国道の鋼桁，鋼床版および鋼製橋脚の点検項目と判定の標準
［NEXCO：保全点検要領］

損傷の種類	初期点検	日常点検※1 安全点検	変状診断点検 経過観察	変状診断点検 簡易診断	定期点検 A	定期点検 B	詳細点検	判定の標準※2 AA	判定の標準※2 A1~A3	判定の標準※2 B
異常たわみ	—	△	○	○	△	—	○	明らかな異常たわみが確認される 参考値：道示では支間長L>40mの場合は，L/50	目視によって確認できる程度垂れ下がっている	—
異常音	—	○	○	○	△	—	○	—	車両の走行時に異常音が発生している	—
異常振動	—	○	○	○	△	—	○	—	目視や体感で異常振動が確認される	—
塗膜劣化	—	—	—	○	△	—	○	—	全体的に塗膜のひび割れ，はがれ，ふくれまたは錆など，発生している面積が大きい	全体的に塗膜のひび割れ，はがれ，ふくれまたは錆など，発生している面積が小さい
腐食	—	—	—	○	△	—	○	腐食により主部材に孔食や著しい断面減少が生じ，構造物の耐荷力に影響を及ぼす恐れがある	腐食により部材に減厚や孔食が生じている	減厚や孔食に進行する恐れのある腐食・発錆
疲労亀裂	—	—	—	○	△	—	○	詳細は部位別判定基準，表5.6による		
高力ボルトのゆるみ，脱落	—	—	—	○	△	—	—	—	F11Tの遅れ破壊が見られる，主部材の添接部に一箇所当り2本以上の脱落がある	左記以外にリベット・HTBの脱落がある
変形・座屈	—	—	—	○	△	—	○	大きな変形・座屈が生じ，構造物の耐荷力に影響を及ぼす恐れがある	変形・座屈が生じている	—
漏水および漏水の痕	○	○	●※3	○※3	—	—	○	—	天候に関係なく常に漏水・滞水が生じている	天候（降雨後）により漏水・滞水が生じている
異常遊間	○	△	○	○	—	—	○	桁かかり長さが確保されていない，パラペットと桁が接触して本体に変形がある	遊間が閉塞されているか，異常に開いている，パラペットと桁が接触している	遊間が設計よりも拡がったり，狭まったりしている

○：点検対象項目
△：現地の状況に応じて適宜点検の実施を判断する
●：安全点検に加え，2回以上/年の降車による安全点検を行う
—：原則として点検対象外
※1：日常点検では，車上目視により異常を発見した場合は降車して判定を行う．
※2：判定標準のAA，A1~A3，Bは2.4節の表2.4参照．
※3：跨道橋，インター橋，ジャンクション橋の交差箇所を対象．

5.6 評価および判定

表 5.6 疲労亀裂の部位別判定基準 ［NEXCO：保全点検要領］

点検部位	判定基準		
	AA	A1〜A3	B
ソールプレート前面溶接部	亀裂がウェブまで進展している	亀裂が発生している	―
桁端切欠き部	亀裂がウェブまで進展している	亀裂が発生している	―
対傾構取付垂直補剛材溶接部	―	亀裂が発生している	―
主桁ウェブ面外ガセット溶接部	亀裂がウェブ上を進展している	亀裂の恐れのある塗膜割れがある	―
鋼床版縦リブ溶接部	溶接線長の 2/3 以上の長さに亀裂が進展している	亀裂が発生している	―
鋼床版縦リブ–横リブ交差部	溶接線長の 2/3 以上の長さに亀裂が進展している	亀裂が発生している	―
鋼製橋脚隅角部	亀裂が発生しており，進展する恐れがある	亀裂が発生している	―

日常点検では，車上目視により異常を発見した場合は降車して判定を行う．

表 5.7 高速自動車道路の鋼製フィンガージョイントの点検項目と判定の標準 ［NEXCO：保全点検要領］

損傷の種類	初期点検	日常点検[※1]			定期点検		詳細点検	判定の標準[※2]		
		安全点検	変状診断点検		A	B		AA	A1〜A3	B
			経過観察	簡易診断						
本体の損傷	―	●	○	○	△	―	○	フェースプレートに溶接部の破損または浮き上がりがある．アンカーボルト取付け金具の欠損がある．	フェースゴムの脱落がある．スノープラウによる損傷頻度が著しい．	―
後打ち材の損傷	―	●	○	○	△	―	○	―	本体と後打ち材，または後打ち材と舗装の隙間がある．ひび割れがある．	―
漏水	○	―	○	○	△	―	○	―	バックアップ材および弾性シール材の損傷により，漏水が生じ，橋梁部材に悪影響を及ぼしている．	―
非排水装置の損傷	―	―	○	○	△	―	○	―	遊間部からの漏水があり，橋梁部材に悪影響を及ぼしている．	―
異常音	―	●	○	○	△	―	○	―	車両の走行音に異常音が発生している．	―
異常遊間	○	●	○	○	△	―	○	―	遊間が閉塞されているか，異常に開いている．	―
段差	―	●	○	○	△	―	○	―	表 7.8 の段差によるものとする．	―

○：点検対象項目
△：現地の状況に応じて適宜点検の実施を判断する
●：安全点検に加え，2 回以上/年の降車による安全点検を行う
―：原則として点検対象外
※1：日常点検では，車上目視により異常を発見した場合は降車して判定を行う．
※2：判定基準の AA，A1〜A3，B は 2.4 節の表 2.4 参照．

表 5.8 高速自動車国道の鋼製支承の点検項目と判定の標準 [NEXCO：保全点検要領]

損傷の種類	日常点検※1 安全点検	変状診断点検 経過観察	変状診断点検 簡易診断	定期点検 A	定期点検 B	詳細点検	判定の標準※2 AA	判定の標準 A1〜A3	判定の標準 B
本体の損傷	—	—	—	○	△	—	○	①上沓，下沓，底板等の鉛直荷重を支持している部材が圧壊し，支持機能が果たせていない．②ローラ，ベアリングプレートが逸脱しているか，その恐れがある．	①すべり，転がり部に摩耗があり，支承が上下動している．②鉛直荷重支持部材にひび割れ程度の軽微な損傷．③ローラの軽度な変位	移動機能，回転機能が低下している．
本体の腐食	—	—	—	○	△	—	○	腐食が著しく，鉛直荷重支持機能が果たせていない．	腐食により，鉛直荷重支持機能が低下している．	腐食により，移動機能，回転機能が低下している．
付属物の損傷	—	—	—	○	△	—	○		①セットボルトの破断 ②ピンチプレート，サイドブロックの損傷 ③サイドブロックボルトの破断 ④アンカーボルトの破断，抜け出し	①セットボルトの緩み ②サイドブロックボルトの緩み ③アンカーボルト用ナットの緩み
沓座の損傷	—	—	—	○	△	—	○	沓座モルタル，コンクリートが損傷し，鉛直荷重支持機能が果たせていない．	沓座モルタル，コンクリートにひび割れが生じ，一部空洞化している．	沓座モルタル，コンクリートにひび割れが生じている，あるいははく離している．
遊間の異常	○	—	—	○	△	—	○	上，下沓が著しく変位し，荷重支持機能が果たせない状態．	ストッパーがぶつかるなど，移動可能量まで変位している状態．	計算移動量以上に変位している状態．
異常音	—	—	—	○	△	—	○	—	大きな衝撃音を発生している．	支承部から音が発生している．

○：点検対象項目
△：現地の状況に応じて適宜点検の実施を判断する
—：原則として点検対象外
※1：日常点検では，車上目視により異常を発見した場合は降車して判定を行う．
※2：判定標準のAA，A1〜A3，Bは2.4節の表2.4参照．

5.7 対　策

　鋼構造物に要求される性能を満たさなくなった場合には，構造物の重要度，変状の程度などを総合的に判断して，①点検強化，②補修・補強，③通行規制，④解体・撤去などの適切な対策が実施される．鋼構造物に重大な変状が発見された場合には，詳細調査を実施して，その原因究明を行わなければならない．その結果をもとに，変状原因を除去または軽減する対策を施すとともに，詳細調査結果を用いて性能の照査を行い，元の性能を回復させる補修工法，または元の性能以上に向上を図る補強工法を選定する．

5.8 鋼構造物の補修・補強

5.8.1　概　要

　過酷な条件下にある鋼構造物の多くには，何らかの変状が生じている場合があり，点検で発見される変状も軽微なものから重大なものまで多岐にわたる．鋼構造物に生じる代表的な変状の補修・補強方法を，過去の実施事例も交えて示す．

5.8.2　補修・補強方法の選定

　点検で発見される変状は，表5.5～表5.8に例示された変状程度の評価区分，および表2.4に例示された対策の判定区分に準じて処置される．

　補修・補強は，変状の原因と程度，現地の状況などを考慮して，その方法が決定される．腐食に対する対策例を，表5.9に示す．腐食が軽微な場合には，腐食部をケレン（錆を除去し，健全な鋼材の表面を露出すること）して再塗装する補修が一般的である．腐食による変状が著しく，構造物の耐荷性に支障のある場合には，添接板による補強が実施される．亀裂に対する対策には，変状の進展を防止するための応急対策，変状原因を究明した後に実施する恒久対策があり，表5.10のように分類される．

　鋼構造物の添接板設置などによる補強は，一般にボルト接合により行われるが，変状箇所が狭い場合などは，やむを得ず溶接による補修・補強が行われる．さらに，その補修・補強工事において強風や降雨，気温などの自然現象，通過交通からの振動や付加的な応力が発生することなどに対する注意が必要である．交通供用下で現場溶接

表5.9　腐食における補修・補強対策の例［日本道路協会：鋼橋の疲労］

変状	変状の程度	補修・補強対策の例
腐食	錆の発生	ケレンの後，再塗装
	板厚減少	ケレンの後，あて板による補強
	孔食（断面欠損）	腐食部を切断後，添接板による補強

表5.10 亀裂による補修・補強対策の例 ［日本道路協会：鋼橋の疲労］

変状	各種対策	補修・補強対策の例
亀裂	応急対策	亀裂先端での高い応力集中を低減させるためストップホールの設置
	恒久対策	① グラインダーやガウジングで亀裂を除去後に再溶接 ② 亀裂部に添接板を接合し亀裂部分を閉鎖 ③ 溶接ビード形状の改良による接合部の疲労強度改善 ④ 部材接合部の構造詳細の改良

を実施する場合には，特に慎重な施工計画および施工体制が求められる．

5.8.3 腐食に対する補修・補強

鋼構造物の腐食を防止する方法には，被覆，耐食性材料の使用，環境改善，電気防食などがある．

① 被覆による防食

塗料，亜鉛めっき，金属溶射などにより，腐食要因である水分や酸素から遮断する．最も一般的な防食方法である．

② 耐食性材料の使用

無塗装の耐候性鋼材（JIS G 3114）や，鋼板に耐久性のあるチタンを張り合わせたチタンクラット鋼などの材料を使用する．

③ 環境改善

腐食発生要因である水分を除去することにより防食する方法で，伸縮装置からの漏水防止対策などがある．箱桁内部や長大吊橋のケーブル素線など，腐食環境にある箇所を除湿することにより，防食を試みた事例がある．

④ 電気防食

鋼材に人為的に電流を流すことにより，電位差をなくして防食する方法（4.8.2項 (5) 参照）であり，水中の鋼構造物に有効である．

腐食対策を講じていても，腐食が発生する場合がある．腐食の原因は明白であることが多く，一般に変状が広い．断面欠損が著しい場合には，耐荷性に問題があることが多く，早急に補修を行う必要がある．代表的な腐食の状況や原因，補修方法は以下のようである．

（1）鋼桁（端部）の腐食

鋼桁橋の端部支点付近に見られる腐食（図5.2）の原因は，伸縮装置付近からの漏水である場合が多く，床版を通じて流れた水が鋼桁の塗装を劣化させて，腐食が急速に進行することがある．補修方法には，主桁の腐食部を切断除去し，下フランジ部を溶接により復旧し，図5.3に示すような切欠き桁に形状変更した事例がある．この方

図 5.2 鋼桁橋端部の腐食

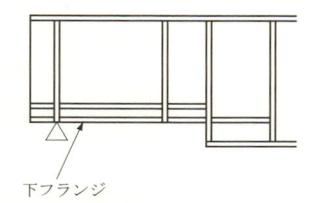

図 5.3 桁端部腐食の補修後

法によれば，補修後の支承の位置を補修前より高く設置することが可能となり，防錆上も有利となるなどの利点がある．

(2) 鋼桁（中間部）の腐食

鋼桁橋の中間部にも腐食が発生する．その原因は，コンクリート床版からの漏水であることが多い．コンクリート床版を建設する際に使用した型枠材の一部が，撤去されずに放置され，そこからの漏水が腐食の原因となった事例もある．このような場合の補修方法としては，腐食部分の錆を除去した後に再塗装し補修することが多いが，変状が増大し，断面欠損が大きい場合は，再塗装だけの補修では耐荷力が不十分である．腐食変状部を切断除去し，元どおりの部材に取換える必要がある．

都市部では，変状部の路下に幹線道路や鉄道などがあり，補修のための支保工の設置が困難なことも多い．そのような場合には，「バイパス工法」が採用された事例（図 5.4）がある．この工法では，鋼Ⅰ桁腹板の腐食変状部をまたいで補助部材（バイパス材）を補修工事前に設置し，主桁に作用していた応力を一時的にバイパス材に負担させる．主桁の応力を軽減した状態で変状部を切断除去して，新しい部材を取付け，バイパス材を撤去する．

(3) 鋼製支承の腐食

幅広く用いられてきた鋼製の支承にも，腐食による変状が発生しており，亜鉛溶射などによる補修が実施されている．

5.8.4 亀裂に対する補修・補強

代表的な亀裂に対する補強事例として，鋼桁腹板切欠き部，鋼Ⅰ桁橋の主桁と横桁の接合部，鋼製橋脚の隅角部そして鋼床版に発生した亀裂に対する補強事例を下記に示す．

(1) 鋼桁腹板切欠き部の亀裂

都市内高架道路では，地理的条件や用地取得の困難性などから橋脚位置の制約を受け，変則的な支間長になることが多い．そのため，隣接する橋梁の桁高が極端に異な

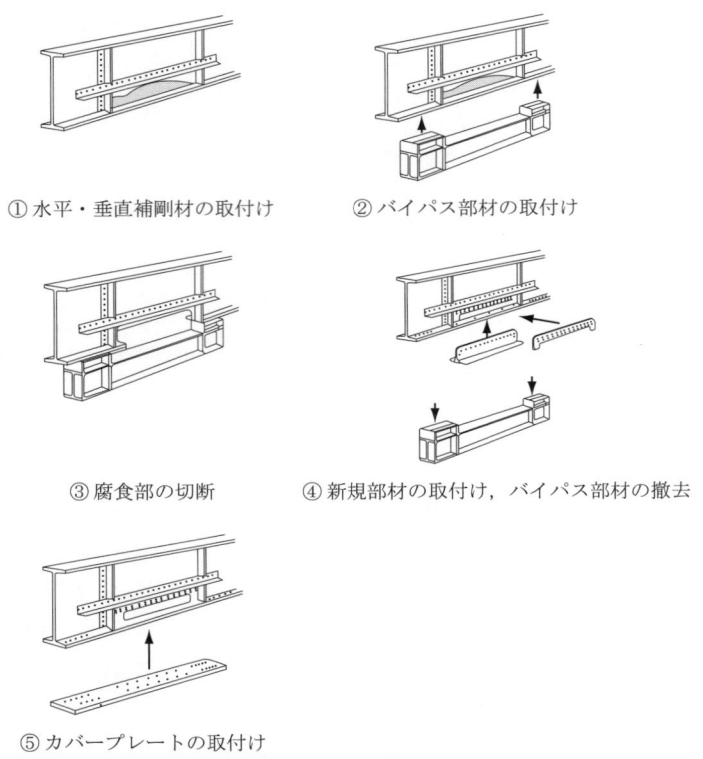

① 水平・垂直補剛材の取付け　　② バイパス部材の取付け

③ 腐食部の切断　　④ 新規部材の取付け，バイパス部材の撤去

⑤ カバープレートの取付け

図 5.4　バイパス工法の施工順序

る場合があり，主桁端部を切欠いた構造とすることがある（図 5.5）．このような鋼桁端部の切欠き部では，切欠き部の曲率半径が小さい場合，フランジとウェブの溶接部に疲労亀裂が生じることがある．その原因は，活荷重による過大な応力集中と考えられている．この場合の補強は，変状発生部の応力集中を軽減するために，補強材を高力ボルトにより取り付ける工法が採用されている（図 5.6）．

桁端切欠き部では断面が急変するため，応力集中により疲労変状が発生しやすい．さらに，切欠き部に変状が発生した場合の補修・補強は困難を伴う．そのため，地理的条件から橋脚位置に制約を受ける場合には，連続桁構造を採用するなど，できるだけ桁には切欠きを設けないよう，計画，設計段階から配慮する必要がある．

(2) 鋼I桁橋の主桁と横桁の接合部の亀裂

RC 床版を有する鋼 I 桁橋には，荷重分配横桁が主桁に直交して取付けられている．主桁と横桁の接合部の補剛材（ウェブギャップ板）の上端部に亀裂が発生することがあり（図 5.7），そのような橋梁には，以下のような共通点がある．

5.8 鋼構造物の補修・補強

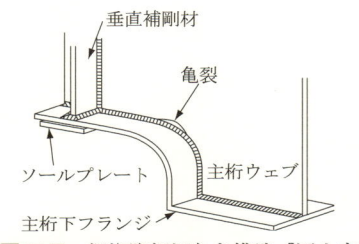

図5.5 鋼桁腹板切欠き構造［国土交通省道路局国道・防災課：橋梁定期点検要領（案）］

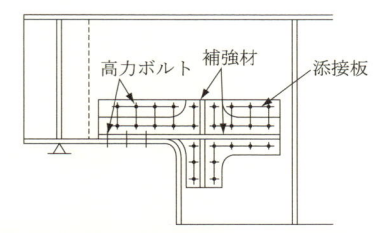

図5.6 桁端部の補強例［日本道路協会：道路橋補修・補強事例集2007］

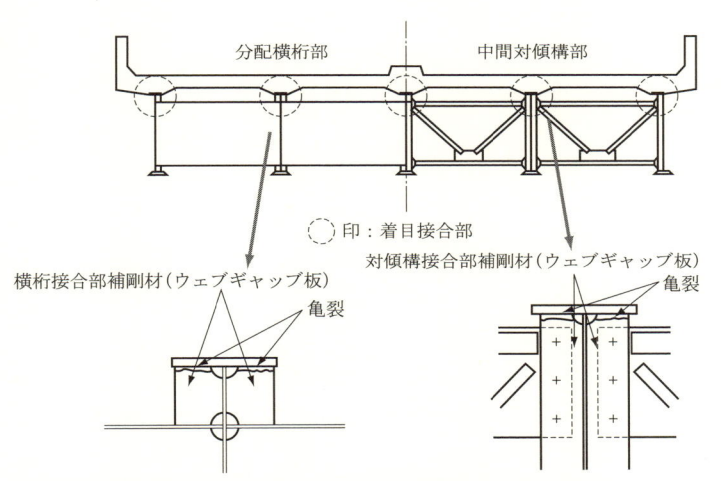

図5.7 主桁と分配横桁および対傾構の接合部とそこに発生した変状

① 変状が発生している橋梁の多くは，主桁間隔が広い上に RC 床版の厚さが薄い
② 主桁上フランジ付近にウェブギャップ（隙間）がある
③ 変状の発生しているウェブギャップ板には，スカラップ（製作時の溶接で溶接線の交差を避けるために設けられた扇形の切欠き）がある
④ 変状は，主桁間（幅員方向）で比較すると，外桁およびそれに隣接する桁（第1内桁）に集中している．橋軸方向では，荷重分配横桁のあるスパン中央が最も多く，支点付近に近づくに従い変状の発生率は低下する

この亀裂は，図 5.8 に示すように，輪荷重の影響で床版がたわんで，主桁上フランジの首振り現象により，ウェブギャップ板に過大な応力が作用し，スカラップ部に生じた応力集中が原因である．補強は，応力集中の原因となったスカラップのない，従来のものより板厚の大きなウェブギャップ板に取換えられた（図 5.9）．なお，半円形

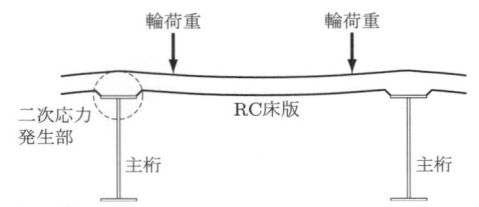

図5.8 輪荷重による床版のたわみによる二次応力

図5.9 スカラップのない半円形の欠損を有するウェブギャップ部の補強例

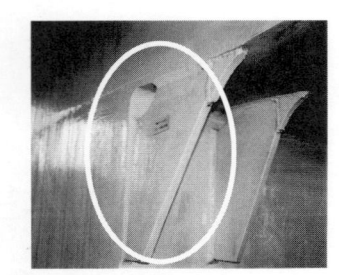

図5.10 鋼製橋脚に設けられた補強板

の欠損は，ウェブギャップ板による過剰な拘束を低減するための工夫である．

(3) 鋼製橋脚隅角部の亀裂

都市内では，死荷重軽減のために橋脚にも鋼製が採用されており，柱部と梁部が交差する隅角部に亀裂が発生することがある．これは，隅角部での複雑な応力状態のために応力集中が生じたためと考えられ，その補修には補強板が設置されている（図5.10）．

(4) 鋼床版の亀裂

死荷重を軽減するために鋼床版が採用されているが，鋼床版と溝型の補剛リブの溶接部に亀裂が発生している場合がある（図5.11）．この原因は，①輪荷重直下の鋼床版の局部変形による溶接部の応力集中，②鋼床版の剛性不足，などである．

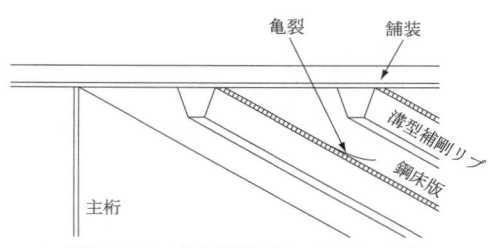

図5.11 鋼床版補剛リブ付近の亀裂

鋼床版亀裂の補修例としては，①アスファルト系舗装に替えてコンクリート系舗装にすることにより，床版の剛性を高める，②溝型の補剛リブ内部にモルタルを充填する，③補剛リブ間に鋼板であて板補強する，などの方法が検討された．

5.8.5 遅れ破壊

遅れ破壊が発生するボルトは，前述の通り，F11Tなどの強度レベルの高いものである．したがって，F11Tで変状が発生した場合には，F10Tなど強度の低いボルトに取換えるのがよい．取換える範囲は変状の状況によるが，通常は，一つの添接面に数本の変状が発生することが多い．その場合，変状したボルトのみを取換えることが多い．また，落下防止ネットの取付けなどの対策を併用することも大切である．なお，状況によっては，継手部全数のボルトを取換える場合もあるが，その際は添接板の中央ボルトから外側に向かって左右交互に取換える．

5.8.6 支承の補修と取換え

支承に発生した変状に対しては，補修によってその原因を除去し，支承の機能である鉛直力支持や水平力支持などの荷重伝達機能，水平移動や回転などの変位追随機能を確保する．補修では各種性能が確保されない場合，取換えが行われる．

支承の補修には，支承本体の補修，防錆処理，沓座の補修などがある．支承を取換える場合，橋梁の挙動上，すべての支承が同じ条件で機能することが好ましいため，同一支承線上の支承はすべて取換えるのがよい．また，支承の設計方針が建設時とは変更され，レベル2地震動の対策としてゴム支承（免振支承）を標準とするなど，耐震性に関する考え方が異なっていることもあり，取換えに際しては最新の設計基準に準拠することが必要である．さらに，温度変化による伸縮の影響も考慮して設置する必要がある．

5.8.7 伸縮装置の補修と取換え

伸縮装置に発生した変状に対しては，その程度に応じて伸縮装置本体は取換えず，部分的な補修や部品の交換により当初の性能に復元する補修と，変状した伸縮装置を撤去して新しい伸縮装置を設置する取換えがある．伸縮装置の補修に際しては，供用後，漏水や騒音・振動の要因にならないように入念に施工しなければならない．

伸縮装置の取換えに際しては，伸縮量や遊間量を検討しなければならない．必要以上に広い桁遊間の場合には，伸縮装置の取換えに併せて遊間調整を行うことが，伸縮装置の変状を未然に防止するために必要である．

5.8.8 その他の変状

衝突や落下物に起因する変状，火災による鋼構造物の変状，さらには，地盤沈下や異常たわみなどの構造的変状も発生する．いずれの変状も，入念な点検や調査により変状程度を把握し，適切な補修工法により早期に補修を行って，利用者の利便性を確保するとともに，第三者に対しての安全を確保することが重要である．また，これら一連の経緯を記録に留め，適切な維持管理により構造物の長期的な利用に努めることが重要である．

5.9 記　録

5.9.1 概　要

鋼構造物を適切に維持管理するには，構造物の建設時点や，その後の維持管理に関する記録がきわめて重要である．そのためには，建設時点における設計図面および設計計算書を保管することはもちろんのこと，供用時点での点検結果や，改築および補修・補強の履歴を保存しなければならない．

5.9.2 記録の方法および項目

記録に関しては，鋼構造物もコンクリート構造物と基本的には同様であり，4.9 節を参照されたい．

5.10 橋梁マネジメントシステム

3.3 節で述べたように，膨大な橋梁資産（ストック）を，合理的かつ適切に維持管理するために，点検には画像処理による客観的評価が導入されるなど，橋梁マネジメントシステム（BMS）の活用が図られており，劣化予測や維持管理コストの削減，さらには補修計画の最適化などの検討に役立てられている．

演習問題

【5.1】鋼構造物に生じる変状について説明せよ．
【5.2】鋼構造物に適用される非破壊検査について説明せよ．
【5.3】鋼構造物の補修・補強工法について説明せよ．

6章 トンネルの維持管理

6.1 はじめに

　トンネル（tunnel）の種類は，施工方法から山岳トンネル，シールドトンネル，開削トンネルの三つに大別され，後二者を合わせて都市トンネルと呼んでいる．利用目的からは，道路トンネル，鉄道トンネル，水路（下水道，電力水路）トンネル，通信・送電（通信，地中送電線）トンネルに区分される．覆工の構造は，1980年代中期（昭和60年頃）以前に建設されたトンネルは矢板工法，それ以降は現在の標準工法（NATM）に大別され，施工法によって全断面覆工（標準工法，矢板工法の全断面掘削工法），順巻き（矢板工法の側壁導坑先進工法など），逆巻き（矢板工法の上半先進工法など）に分類される．

　トンネルは，利用目的，使用環境や構造条件などによって，点検から補修・補強に至るまでの維持管理における留意点や，点検，補修・補強を実施するにあたっての制約が異なる．したがって，トンネルの維持管理にあたっては，これらの特性を十分考慮して計画，実施，処置を行う必要がある．

　ここでは，道路トンネルおよび鉄道トンネルを中心に記述する．

6.2 トンネルの要求性能と変状

6.2.1 トンネルの要求性能と変状

　トンネルは周辺地山なども含めて成り立つ構造物であるが，維持管理では覆工・躯体が対象となる．覆工・躯体の要求性能は，次のとおりである．
① **安全性**：トンネル構造が安定していること
② **使用性**：トンネルを安全・快適に使用できること
③ **第三者影響度**：第三者に悪影響を及ぼさないこと
④ **景観・美観**：景観・美観に配慮されていること
⑤ **耐久性**：上記①〜④の性能について，耐久性を維持できること
⑥ **作業性**：トンネルの維持管理が容易であること

　これらの性能に対する評価対象の項目と，通常のトンネルにおける維持管理で実施されている健全度を判定するための評価指標，および各評価指標の具体的な変状現象

表6.1 トンネルの要求性能ごとの評価指標と変状［土木学会：トンネルの維持管理］

性能種別	性能の評価項目	健全度を判定するための評価指標
安全性	［構造安定性］ 周辺地盤および構造物の力学的安定性 設計時に想定できない外力が作用している場合の抵抗性	トンネルの変位・変形，地山の変形，トンネルの損傷，材料劣化・材質不良など
使用性	［内空断面の保持］ 建築限界が保持されていること	トンネルの変位・変形，地山の変形，トンネルの損傷，漏水・凍結など
使用性	［防水・排水性］ 防水・排水の措置が適切に行われているか	トンネルの損傷，材料劣化・材質不良，補修・補強材の劣化，漏水・凍結，表面不着物，流入水，流入物など
使用性	［利用者快適性］ 利用者が快適にトンネルを使用できるか	トンネルの変位・変形，トンネルの損傷，漏水・凍結，表面不着物，流入水など
第三者影響度	［はく落抵抗性］ 覆工・躯体のコンクリート等のはく落に対する抵抗性	トンネルの変位・変形，地山の変形，トンネルの損傷，材料劣化・材質不良，補修・補強材の劣化，表面不着物など
第三者影響度	［地盤・空気振動の影響］ 振動など周辺に対する環境影響が法定限度内に抑えられているか	トンネルの損傷，補修・補強材の劣化，各種法令など
第三者影響度	［地下水位低下の影響］ 地下水位の低下による周辺地盤への影響	地山の変形，材料劣化・材質不良，補修・補強材の劣化，漏水・凍結，表面不着物，流入水など
第三者影響度	［地表面沈下の影響］ 地表面の沈下による周辺地盤への影響	トンネルの変位・変形，地山の変形，流入物など
第三者影響度	［臭気の影響］ トンネル使用者に与える臭気の影響	表面不着物，流入水，流入物など
景観・美観	トンネル構造物の美観・景観	トンネルの変位・変形，地山の変形，トンネルの損傷，材料劣化・材質不良，漏水・凍結，表面不着物など
耐久性	［部材・材料の耐久性］ 化学的侵食に対する抵抗性や物理的損傷に対する抵抗性などの，構造物を長期存続させるための部材・材料の抵抗性	トンネルの変位・変形，地山の変形，トンネルの損傷，材料劣化・材質不良，補修・補強材の劣化，漏水・凍結，表面不着物，流入物など
耐久性	［耐火性］ 火災による覆工・躯体の損傷に対する抵抗性	トンネルの損傷，材料劣化・材質不良，補修・補強材の劣化など
作業性	［維持管理の作業性］ 維持管理作業に必要な空間や施設が確保されていること	トンネルの変位・変形，地山の変形，トンネルの損傷，漏水・凍結，流入水，流入物，付帯設備の劣化など
作業性	［点検の容易性］ 維持管理作業を行うにあたり，変状を容易に発見できること	材料劣化・材質不良，漏水・凍結，表面不着物，流入水，流入物など

(備考) 各評価指標の具体的な変状は，おおむね以下のようになる．

- トンネルの変位・変形：横断面変形，縦断面変形，覆工押し出し，覆工・躯体移動，側壁転倒，脚部沈下，路盤隆起，路盤沈下，トンネル軸方向の変形（軌道変位），坑口前傾，坑口沈下，坑口移動など
- 地山の変形：トンネル周辺の押し出し，地表面沈下，地表面陥没など
- トンネルの損傷：目地切れ，目違い，段差，目開き，食い違い，はく離・はく落，ひび割れ，コールドジョイントの開口など
- 材料劣化・材質不良：石灰分の溶出，豆板，鉄筋の露出，鉄筋腐食，断面欠損，強度不足など
- 補修・補強材の劣化：浮き，ひび割れ，はく離・はく落，鉄筋腐食など
- 漏水・凍結：漏水，つらら，側氷
- 表面付着物：エフロレッセンス，錆汁，バクテリアスライム，煤煙，黒鉛，かび，汚泥，油など
- 流入水：漏水，滞水，氷盤など
- 流入物：噴泥，沈砂，バクテリアスライム，汚泥など
- 付帯設備の劣化：支持金物の腐食，取付部の緩み，脱落など

を，表 6.1 に示す．トンネルの変状の定義は各事業者で異なるが，土木学会では「トンネル構造物に発生したひび割れ，浮き，はく離，はく落，変形，漏水，材料劣化等により，個々のトンネルの機能を果たすために必要とされる構造物の安全性や使用性が阻害されている状態，あるいは放置すればその恐れがある状態」としている．

6.2.2 トンネルの変状と原因

変状が発生する原因は，表 6.2 に示すように，外的要因（トンネルの覆工が外的な影響を受けて変状するもの）と内的要因（トンネルの覆工材や覆工構造自体に内在する原因で変状するもの）に大別される．これらの要因によって発生する特徴的な変状の模式図を，図 6.1 に示す．

表 6.2 変状原因の区分［土木学会：山岳トンネル覆工の現状と対策］

区分		自然的要因	人為的要因
外的要因	外力（構造的変状）	地形：偏圧，斜面クリープ，地すべり 地質：塑性圧，緩み圧，地盤沈下，地耐力不足 地下水：水圧，凍上圧 その他：地震，地殻変動	近接施工，列車振動・空気圧変動
	使用・環境条件	経年：地山風化，中性化，材料劣化 地下水：漏水，凍害（冬期の低温） その他：塩害，有害水	煙害，火災
内的要因	材料	—	所定の品質が確保されない材料不良
	施工	覆工コンクリート打込み時の気温，湿度	所定の品質が確保されない施工不良
	設計	—	外的要因を考慮しない設計不良

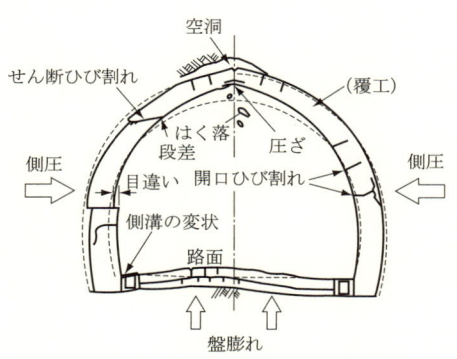

図 6.1 トンネルの特徴的な変状
［日本道路協会：道路トンネル維持管理便覧］

6.3 維持管理の方法

トンネルの維持管理は，それぞれの事業者が要領類を整備しているが，一般的な手順は，2章の図2.2に示したとおりである．トンネルの診断は，2.4節の表2.3に示した初期点検，日常点検，定期点検，臨時点検において，必要に応じて標準調査，詳細調査を行い，これらの結果に基づいて対策の必要性を判定する．

6.4 点　検

6.4.1 点　検

トンネルの点検箇所（部位）は，覆工，坑門，内装板，天井板，路面，路肩，および排水施設（路盤部）に大別され，点検項目は，ひび割れ，漏水，変形などである．代表例として，高速自動車国道の覆工における点検項目を，6.6節の表6.4に示す．

点検で抽出された変状が著しい問題区間においては，詳細な情報を得るための詳細調査（詳細点検）が実施される．詳細調査では，できる限り定量的なデータを得るための検査手段（変位計測，覆工背面空洞調査など）が用いられ，トンネルの変状状況を詳細に把握して，変状の原因推定，構造物としての健全性，対策の必要性や緊急性を評価・判定するための根拠とされる．

6.4.2 調　査

(1) 調査項目

トンネルの調査目的は，①コンクリート片のはく落の恐れ，②覆工の劣化による強度低下，③地圧や水圧など外力による覆工の変状，④漏水や路盤部の変状などによるトンネルの機能障害の恐れ，などの点に着目して，問題箇所を抽出することである．表6.3に示すように，調査対象トンネル坑内での構造物調査のほかに，調査対象のトンネルに関連する資料文献調査，環境気象調査，地形・地質調査が行われる．

(2) 調査方法

資料文献調査は，既存の資料・文献や施工記録を収集するもので，環境気象調査は，トンネル設置箇所の環境条件と，その変化について調査するものである．

構造物調査および地形・地質調査の調査方法は，次のとおりである．

① 目視調査

覆工表面の外観を目視により観察して，ひび割れ状況やひび割れ幅，湧水状況などを記録する目視観察，カメラにより外観を記録する写真撮影がある．

② 打音検査

ハンマーで覆工表面を打撃し，打撃音やハンマーの跳ね返り方によって，コンクリ

表6.3 主な変状現象に対する一般的な調査手法 [土木学会：トンネルの維持管理]

部位	形態	変状現象	工法区分	資料文献調査	環境気象調査	目視調査	打音検査	覆工表面調査	ひび割れ調査	覆工変位測定	覆工内部背面調査	覆工ひずみ測定	材料試験	地山ボーリング調査	地山変位調査	湧水調査
覆工	損傷	目地切れ、段差、目開き	山・都	○	○	○	○	○	○							
		ひび割れ、コールドジョイントの開口	山・都	○	○	○	○	○	○							
		はく離、はく落	山・都	○	○	○	○	○								
	変形	押し出し、横断面変形	山・都	○	○	○		○	○	○	○	○		○	○	
		移動、隅壁転倒、沈下	山・都	○	○	○				○				○	○	
	材料劣化	石灰分の溶出	都	○	○	○		○					○			
躯体	材料不良	豆板、断面欠損	山・都	○	○	○	○	○								
		鉄筋の露出、鉄筋腐食	山・都	○	○	○	○	○					○			
		鋼製セグメント腐食、継ぎ手ボルトの腐食	都	○	○	○	○	○					○			
漏水・凍結	漏水	つらら、側氷	山	○	○	○										○
	凍結		山	○	○	○										
表面付着物		エフロレッセンス、錆汁	山・都	○	○	○		○					○			○
		バクテリアスライム、煤煙、黒鉛、かび、汚泥	山・都	○	○	○		○								
路面	損傷	ひび割れ	山・都	○	○	○		○	○							
路盤	変形	隆起、沈下	山・都	○	○	○				○				○	○	
		トンネル軸方向の変形（軌道変位）	山	○	○	○				○						
		排水溝の縁石の転倒	山	○	○	○										
排水溝	流入水	水盤	山	○	○	○										○
		滞水	都	○	○	○										○
		噴泥、沈砂	山・都	○	○	○										○
		バクテリアスライム、汚泥	山・都	○	○	○										
坑口部・開口部	損傷	ひび割れ	山・都	○	○	○	○	○	○							
	変形	前傾、沈下、移動	山	○	○	○				○				○	○	
構造変化部	損傷	ひび割れ	山・都	○	○	○	○	○	○							
		目地切れ、段差、目開き	山・都	○	○	○	○	○	○							
	変形	横断面変形、縦断面変形	山・都	○	○	○				○		○		○	○	
	流入水	漏水	山・都	○	○	○										○
付帯設備	腐食	支持金物の腐食	山・都	○	○	○	○									
	変形	取付部の緩み、脱落	山・都	○	○	○	○									
補修・補強材	劣化	浮き、ひび割れ、はく離、はく落	山・都	○	○	○	○	○	○				○			
	損傷	腐食	山・都	○	○	○	○									
地山	損傷	トンネル周辺の押し出し	山	○	○	○								○	○	
	変形	地表面沈下・陥没	山	○	○	○								○	○	

（備考）※山：山岳トンネル（山岳工法によるトンネル）／都：都市トンネル（シールド工法または開削工法によるトンネル）．この区分は、構造の特徴上比較的生じやすい変状現象を表すものであり、区分されていない工法では該当する変状が生じないということではない．

※※具体的には、既設トンネルと新設トンネルの接合部、トンネルの分岐部、工法の変化部などである．

ートの変状・剥離状況を調べる方法である．打音検査は，感覚的な方法であるが，打音が「清音，濁音」であるかを指標として，剥離部分の叩き落し（濁音の場合）の判定も可能である．

③ **覆工表面調査**

目視観察，写真撮影の他，ラインセンサーカメラ（連続走査画像），スリットカメラ，レーザー，赤外線カメラ，CCD カメラ，パノラマカメラなどを使用して撮影記録するシステムが実用化されている．

④ **ひび割れ測定**

ひび割れを観察すると，変状の進行状況，発生原因などを推定することが可能である．ひび割れの幅，長さ，密度，段差などについて，テープやクラックスケール，撮影記録によるデータを使用して展開図を作成する．詳細調査には，超音波法による非破壊検査や，ボーリングによるコア採取法などがある．

⑤ **覆工変位測定**

覆工の変位・変形量を，3次元レーザースキャナーや内空変位計を用いて測定し，建築限界に対する余裕や変状の進行速度，作用土圧の方向などを確認するものである．

⑥ **覆工内部および覆工背面調査**

覆工コンクリートの巻厚，覆工背面の空洞や地山状況を調査し，変状の原因推定，対策の選定などに必要な資料を得ることを目的とした調査である．覆工内部および覆工背面の調査法は，非破壊検査機器を用いて行われる．

⑦ **覆工ひずみ測定**

覆工表面にひずみ計を取り付けて，発生するひずみ量を測定するもので，近接施工時の影響調査に用いられることが多い．

⑧ **覆工コンクリートの品質試験**

覆工のボーリングにより採取されたコアや，覆工のはつりによって得られたコンクリートから，強度試験，中性化試験，PH 試験，アルカリ骨材試験，空気量（空隙率），塩化物含有量，鉄筋の劣化度（かぶり，発錆）などの品質試験が行われる．リバウンドハンマーにより覆工コンクリートの反発度を測定して，圧縮強度を推定計算する反発度法（4.4.3 項参照）などがある．

⑨ **地山ボーリング調査**

地山ボーリング調査は，トンネル周囲の地質を直接観察できることから，実態の確認にもっとも確実な方法であり，採取試料を用いて室内試験を行うことにより，地山の単位体積質量試験，一軸圧縮試験などの試験値を得ることができる．さらに，ボーリング孔を利用して孔内試験などを行い，亀裂状況，岩盤の強度・変形特性などのデ

ータを得ることができる．

⑩ **地山変位測定**
　地山変位測定には，トンネル内からの地中変位計をボーリング孔に挿入し，地中の任意の点の軸方向変形を測る地中変位測定と，地すべりなどに対しトンネル外で行うボーリング孔内にガイドケーシングを挿入して，これに沿って孔内傾斜計を昇降させて，ケーシングの曲がりを測定する地中傾斜測定とがある．

⑪ **湧水調査**
　変状の原因として，多量の湧水による裏面排水工の機能低下や，降雨による地下水位上昇などが想定される場合には，湧水の流量・水温調査，土砂流入調査，水質調査が行われる．

6.5 変状機構の推定および変状予測

6.5.1 概　要

　トンネルは，地圧，地殻変動，地震，水圧などが複雑に作用する地中構造物であり，これらの外力が将来にわたってどのように作用するかを正確に予測することは困難である．また，建設時におけるトンネルの設計・施工とともに，供用後のコンクリートの劣化によって，変形，ひび割れなどの変状も発生する．したがって，点検・調査の結果から変状発生の原因推定や予測をしようとする場合には，トンネルに関する豊富な知識と経験を有する建設技術者の判断に委ねることが多い．

6.5.2 外力による変状

　外力によってトンネル覆工に生じる変状は，覆工の変形やひび割れが様々な形態で発生する．外力が作用する場合の代表的な覆工の変状形態は，次のとおりである．

(1) 塑性圧，水圧，凍上圧による変状

　トンネル掘削によって周辺の地山が塑性化し，塑性領域の拡大に伴って地山が押し出されることにより，覆工に塑性土圧が作用する．主にトンネルの側方あるいは下方からの土圧の作用によって，巻厚が薄い覆工，背面空洞がある覆工などが変形し，ひび割れが発生する（図6.2）．また，周辺に帯水した地下水による水圧や，冬期の凍結膨張による凍上圧によっても，塑性圧と同様な覆工のひび割れが発生する．

(2) 緩み鉛直圧による変状

　緩み鉛直圧は，トンネル掘削，支保工の沈下，覆工の背面空洞などがある場合に，トンネル上方の地山が緩み，地山重量が覆工に鉛直方向の荷重として直接に作用する場合の土圧である（図6.3）．覆工背面に空洞がある状態で，上部の緩んだ岩塊が落下して覆工が破損・崩壊する突発性の崩壊も含まれる．

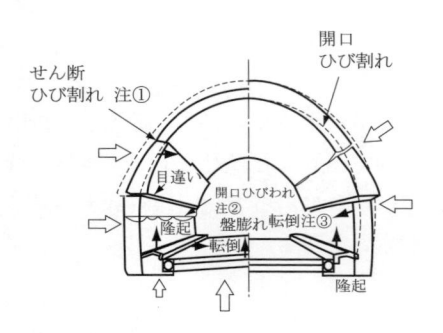

注①覆工巻厚が薄い，またはコールドジョイントがある場合は発生しやすい．
注②直壁に発生しやすい．
注③"迫め"部の充填が不十分な場合発生しやすい．

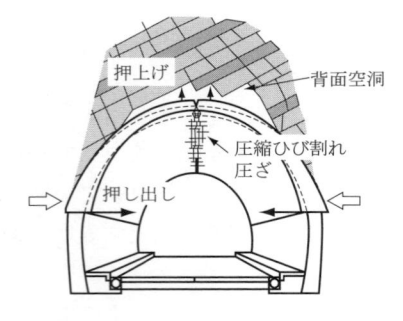

（a）一般的な変状形態　　　　（b）覆工背面に空洞がある場合

図6.2 塑性圧，水圧，凍上圧による変状［土木学会：山岳トンネル覆工の現状と対策］

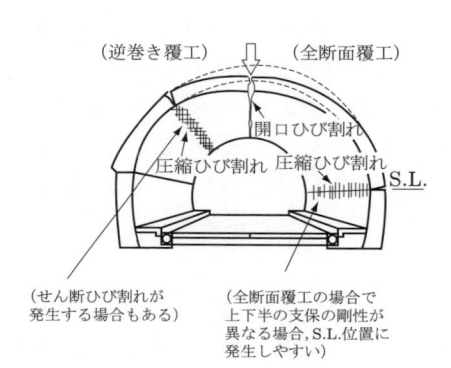

（a）一般的な変状形態　　　　（b）覆工背面に空洞がある場合

図6.3 緩み鉛直圧による変状［土木学会：山岳トンネル覆工の現状と対策］

（3）偏圧・斜面クリープ，地すべりによる変状

　偏圧は，トンネル断面の左右非対称に作用する地圧の総称で，坑口部のように土被りが小さく，地形が傾斜している場合に発生しやすい（図6.4）．地すべりによる変状は，特に地すべり面付近でトンネルがせん断力を受ける箇所に，複雑なひび割れが発生する場合がある（図6.5）．

（4）近接施工・支持力不足による変状

　トンネルに近接したトンネルの併設・交差，トンネル上部の盛土・湛水，トンネル上部の開削・構造物基礎，トンネル側方部の掘削，トンネル近傍のアンカー，地盤振動などによって，既設のトンネルが影響を受けることがある（図6.6）．また，支持力

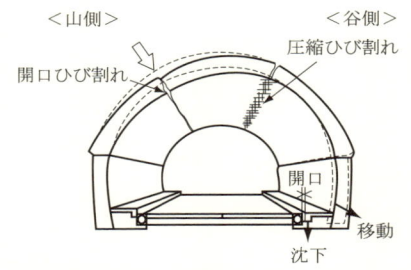

図 6.4 偏圧・斜面クリープによる変状
［土木学会：山岳トンネル覆工の現状と対策］

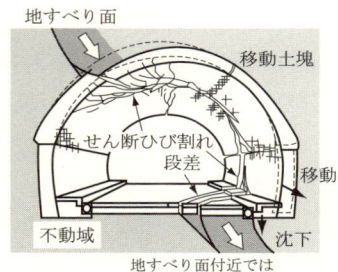

図 6.5 地すべりによる変状［土木学会：山岳トンネル覆工の現状と対策］

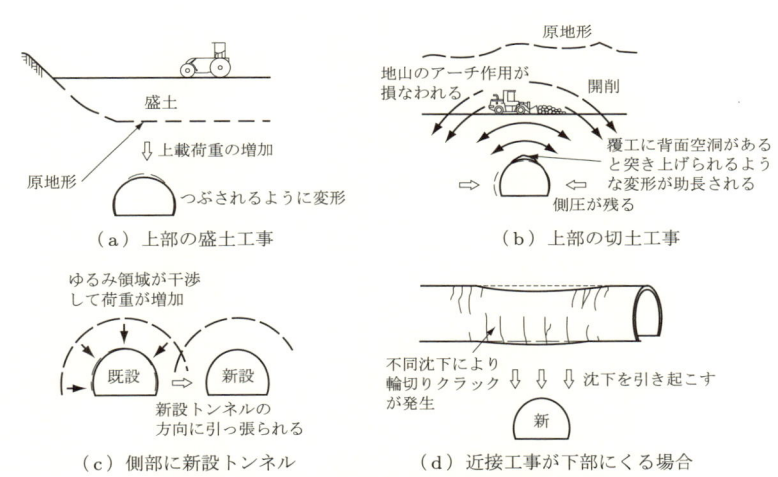

(a) 上部の盛土工事

(b) 上部の切土工事

(c) 側部に新設トンネル

(d) 近接工事が下部にくる場合

図 6.6 主な近接施工による変状形態の模式図
［NEXCO：設計要領第三集トンネル編］

が不足してトンネルが変状する場合は，図 6.6(c) と同様に，不同沈下によって覆工の横断方向にひび割れが発生する．

(5) 地震・地殻変動による変状

　坑口付近で比較的土被りが浅く，未固結土砂が分布している場合や，地震によって坑口部の斜面崩壊・地すべりが誘発された場合，断層を横断している場合などでは，地震・地殻変動によってトンネルに変状が発生する場合がある．

(6) その他の変状

　覆工背面の空隙，覆工巻厚の不足，インバート（底盤部の覆工）なしの条件下では，土圧に対して十分な耐荷力が得られず，変状が発生することがある．

6.5.3 外力以外による変状
(1) 材料，施工，使用・環境条件による変状
　覆工の変状の原因が，材料，施工，使用・環境条件に起因すると考えられる主な変状は，次に示すとおりである．
　　初期欠陥：コールドジョイント，初期ひび割れ，豆板など
　　劣化：乾燥収縮，中性化，ASR，凍害，塩害，火災など
　山陽新幹線の福岡トンネルでは，コールドジョイントと乾燥収縮によるひび割れが原因で覆工コンクリートの崩落事故が発生し，新幹線車両が損傷した事例（図 6.7）があり，社会問題となった．

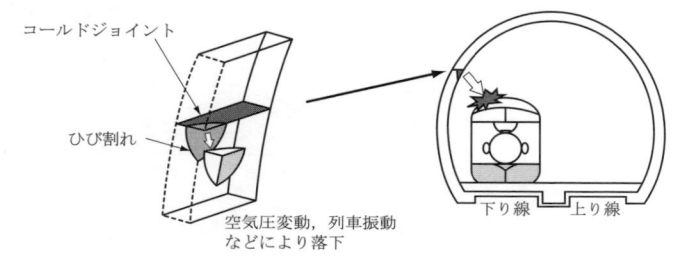

図 6.7 コールドジョイントによるコンクリート塊の落下による新幹線車両の破損

(2) 漏水による変状
　標準的な山岳工法では，現在，一般に防水シートを設置する漏水対策がとられている．矢板工法で施工されたトンネルでは，覆工のひび割れ箇所における漏水の発生，寒冷地におけるつらら・氷盤の形成などにより，車両・列車・歩行者の通行に支障が生じる場合がある．漏水は，覆工背面の土砂流出，覆工コンクリートの材質劣化・凍害など，他の変状を促進する場合がある．

6.6 評価および判定

　点検（調査）によって変状が確認された場合には，トンネルの供用機能に与える影響の程度や，危険性，利用者・構造物の安全性を考慮して，処置や対策の必要性が判定される．判定にあたっては，表 2.4 に示したように，各事業者が構造物ごとに判定区分・判定基準を定めており，諸変状を総合的に見て判断される．代表例として，高速自動車国道のトンネルの覆工における判定の標準は，表 6.4 に示すとおりである．ひび割れ・角落など変状の種類ごとに，2 章の表 2.4 で示した，統一した判定区分に対応した判定の標準が定められている．一般国道のトンネルでは，変状を外力による変状，材質の劣化による変状，漏水などによる変状，の 3 種類に区分して判定基準を定めている．

6.6 評価および判定

表 6.4 高速自動車国道のトンネルの点検項目と判定の標準 ［NEXCO：保全点検要領］

損傷の種類	初期点検	日常点検[1]			定期点検		詳細点検	判定の標準[3]		
		安全点検	変状診断点検		A	B		AA	A1〜A3	B
			経過観察	簡易診断						
ひび割れ・角落	○	△	△	○	△	—	○	急激に密集したひび割れが進行，あるいは幅の広い引張ひび割れやせん断ひび割れが生じている場合．	ひび割れ（幅0.3mm以上），または角落があり，進行が認められる場合．	ひび割れ（幅0.3mm以上），または角落があり，進行が認められない場合．
はく離（うき）・はく落（補修材含む）	○	△	△	○	△	—	○	大規模なコンクリートのはく離（うき），はく落が見られた場合．	厚いコンクリートのはく離（うき），はく落が発見された場合．	薄いコンクリートのはく離（うき），はく落が発見された場合．
打継目の目地切れ・段差	○	△	△	○	△	—	○	—	目地のずれ，開き，段差などが進行している場合．	目地のずれ，開き，段差などがあるが進行が認められない場合．
漏水・遊離石灰[2]	○	△	△	○	△	—	○	大規模な漏水，遊離石灰がある場合（漏水状況の目安：噴出・流下）	—	漏水または遊離石灰の流出がある場合（漏水状況の目安：滴水・にじみ）
材料劣化	○	△	△	○	△	—	○	—	材料劣化などにより，強度が相当低下している場合．	材料劣化などが見られるが，表面のみの場合で，強度への影響がほとんどない場合．

○：点検対象項目
△：現地の状況に応じて適宜点検の実施を判断する
—：原則として点検対象外

*1 日常点検では，車上目視により異常を発見した場合は降車して判定を行う．

*3 AA〜B は表 2.4 参照．

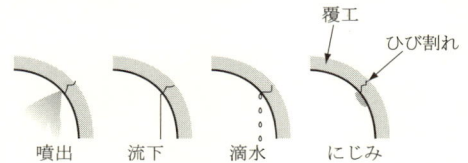

噴出　流下　滴水　にじみ

噴出：多量に吹き出している
流下：流れ出している
滴水：滴下している
にじみ：にじみ出している

*2 漏水状態の分類

6.7 トンネルの補修・補強

6.7.1 補修・補強方法の選定

　変状が生じているトンネルは，変状状況を把握し，原因の推定，健全度の判定を行った後に，ライフサイクルコストを考慮のうえ，覆工の補修・補強方法を選定して工事が実施される．

　トンネルの補修・補強方法は，劣化・はく落対策，漏水・凍結対策および外力対策に区分される．各変状に対する一般的な対策を，表6.5に示す．対策の選定にあたっては，①変状の状況（内容，規模，進行性など），②変状の原因（外力，漏水，材料劣化など），③トンネルの構造（矢板工法，標準工法など）・形状，④環境条件（地形，地質，気象など），⑤施工性（施工条件，安全性など），⑥耐久性，⑦経済性などを考慮する必要がある．

6.7.2 劣化・はく落対策

　劣化の範囲・程度が小規模であっても，覆工にひび割れやコールドジョイントが発生した箇所ではく離が生じると，コンクリート片（塊）の落下によって歩行者，車両，列車などに被害を及ぼす可能性（第三者影響度）が大きい．このため，はく落対策としては，近々にはく落が生じ，第三者被害が発生する可能性がある（緊急性がある）と予測される箇所のコンクリートは，はつり落し（打音検査時を含む）を行い，事後に断面修復・表面被覆をするのが通常である．

　将来，はく落の発生が予測される箇所や，その範囲が広い場合には，4.8.2項で述べたひび割れ補修工法，はく離防止工法や，外力対策とも関連する内面補強工法，地山との一体化（ロックボルト）などの対策工法を適切に選定する必要がある．また，海底トンネルでは，鋼材の腐食に対する対策が重要である（3.4.2項および4.8節参照）．

6.7.3 漏水・凍結対策

　漏水対策は，覆工のひび割れや打継目からの漏水によるトンネルの機能低下や，通行車両の安全が損なわれることを防ぐことが目的とされている．漏水対策（凍結がある場合を除く）には，線状の漏水防止工（導水工法：図6.8，止水工法），面状の漏水防止工（防水板，防水シート），背面注入工，水位低下工（外力対策とも関連する水抜き孔，水抜きボーリング）などがある．

　凍結対策の目的は，①凍結融解による覆工材料の劣化防止，②背面地山の凍上圧による変状防止，③つらら・側氷・氷盤の発生による第三者被害の防止，④坑内作業の

6.7 トンネルの補修・補強　147

表 6.5 変状に対する対策工の例 [土木学会：トンネルの維持管理]

部位	形態	トンネルの変状現象	工法区分	劣化・はく落対策							漏水・凍結対策						外力対策		
		変状現象		ひび割れ補修工法	断面修復工法	表面被覆工法	電気化学的補修工法	電気防食工法	はく離防止工法	内面補強工法	地山との一体化	導水工法	止水工法	背面注入工法	地下水位低下工法	断熱工法	加熱工法	裏込注入工法	ロックボルト補強工法	内巻工法	セメント補強工法	内面補強工法
覆工	損傷	目地切れ、目違い、段差、目開き	山・都	○																	○
		ひび割れ、コールドジョイントの開口	山・都	○	○	○														○	○
		押し出し、はく落	山・都		○	○				○											○
	変形	移動、側線転倒、沈下	山																		
	材料劣化	石灰分の溶出、断面欠損	山・都	○	○	○	○														○
		豆板	山・都						○													
	材質不良	鉄筋の露出、鉄筋腐食	山・都	○	○	○	○	○													
	漏水	つらら、側氷	山・都									○	○	○								
	凍結	漏水	山・都												○	○						
	表面	エフロレッセンス、鋼汁	山・都		○	○						○	○									
	付着物	バクテリアスライム、煤煙、黒煙、かび、汚泥	山・都		○	○																
路面	損傷	ひび割れ	山・都	○	○													○				
	変形	隆起、沈下	山・都															○				
路盤	変形	トンネル軸方向の変形（軌道変位）	山							○												
排水溝	流入水	水盤	山	○	○																	
		滞水	山・都	○	○																	
	流入物	噴泥、沈砂	山・都																			
		バクテリアスライム、汚泥	山・都																			
坑口部・開口部	損傷	ひび割れ、食い違い	山・都	○	○																	
	変形	前傾、沈下、移動	山															○				
構造変化部	損傷	ひび割れ	山・都	○	○																	
		目地切れ、目違い、段差、目開き	山・都	○																		
	変形	横断面変形、縦断変形	山・都																			
付帯設備	漏水	取付部の緩み・脱落	山・都									○										
補修・補強材	劣化	浮き、ひび割れ、はく離・はく落	山・都	○	○				○													
	損傷	トンネル周辺の押し出し	山																			
地山		地表面沈下・陥没	山								○												

(備考) ※ 山：山岳トンネル（山岳工法によるトンネル）／都：都市トンネル（シールド工法または開削工法によるトンネル）。この区分は、構造の特徴上比較的生じやすい変状現象を表すものであり、区分されていない工法については該当する変状が生じないということではない。

※ 具体的には、既設トンネルと新設トンネルの接合部、トンネルの分岐部などである。

※※※ ○は対策工法が適用可能なものである。

安全性確保，⑤つらら落し等の保守作業の軽減，などである．凍結対策は，断熱工法（図6.9）と加熱工法（電熱ヒーター，ヒートパイプ設置）とに分類され，漏水や凍結の状況から適切に選定する必要がある．

6.7.4 外力対策

外力対策は，塑性圧，水圧，偏圧，地すべりなどの外力による変状原因を直接取り除くことが対策工の基本であるが，施工性や経済性から一般には非効率なことが多い．このため，トンネル構造を補強して耐荷力を回復・向上させる工法と，変状原因をトンネルの外から取り除く工法とが対策工となっており，前者が選定されることが多いが，場合によっては両者の併用も必要となる．

トンネル構造を補強して耐荷力を回復・向上させる工法は，覆工の背面空洞を充填し，地盤反力を均等に作用させる裏込注入工法を基本としており，主な工法を次に示す（図6.10）．

① 裏込注入工法

地山の荷重を覆工に均等に伝え，地山の緩みの進行を防止することを目的とし，覆

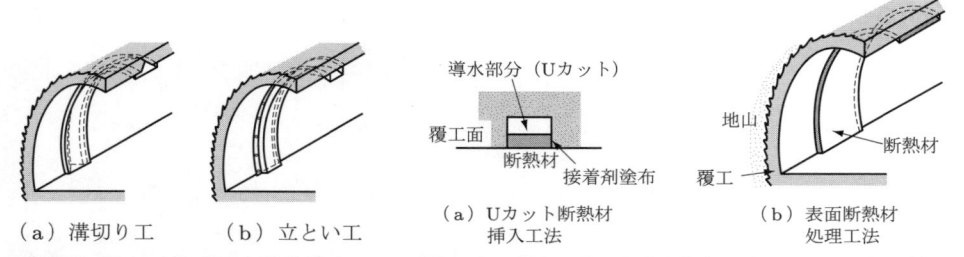

図6.8 導水工法［日本道路協会：道路トンネル維持管理便覧］
（a）溝切り工　（b）立とい工

図6.9 断熱工［日本道路協会：道路トンネル維持管理便覧］
（a）Uカット断熱材挿入工法　（b）表面断熱材処理工法

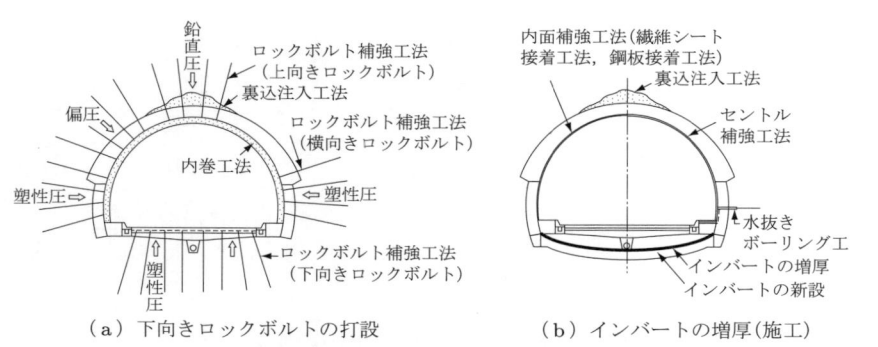

図6.10 外力による変状の対策工法
（a）下向きロックボルトの打設　（b）インバートの増厚(施工)

工の背面空洞に注入材（エアモルタル・エアミルク，ポリマーセメント系，発泡ウレタンなど）を細部まで充填する工法である．

② ロックボルト補強工法

内圧により変状の進行を抑制するとともに，覆工を地山へ縫付けることを目的とし，横向きあるいは上向きにロックボルトを挿入し，地山に定着させる工法である．

③ 内巻工法

トンネル内空断面に余裕がある場合に，覆工の巻厚を大きくすることによる耐荷力の増加を目的とし，覆工の内面に鋼繊維補強コンクリート（原則として使用），鉄筋コンクリートなどを施工する工法である（図3.18）．

④ セントル補強工法

覆工片のはく落防止や覆工の応急的な補強を目的とし，覆工の内面にセントルの鋼材（H-100～H-150）を，1～1.5m 程度の間隔で設置する工法である．

⑤ 内面補強工法（4.8.4項のFRP接着工法，鋼板接着工法参照）

覆工の内面に繊維材や鋼板を接着させることによる耐荷力の増加を目的とし，繊維シート接着工法（アラミド繊維，炭素繊維などのシートをエポキシ樹液等で含浸・接着），鋼板接着工法（鋼板をアンカーボルトで固定し樹脂で接着）を施工する．

⑥ 底盤部補強

路面・側壁部に生じた大きな変状（盤膨れなど）の進行抑制を目的とし，インバートの新設あるいは増厚，下向きロックボルトの打設などによる補強工法である．

一方，変状原因をトンネルの外から取り除く工法には，水圧の対策工（地表面水の排水，水抜きボーリング孔の設置など），偏圧・斜面クリープの対策工（トンネル上部の斜面の切取り，押さえ盛土の設置，斜面防護工，地下水位の低下など），地すべりの対策工（偏圧の対策工のほか，抑止杭の設置など），近接施工の対策工（上部の盛土の除去，軽量化あるいは復元など）がある．

6.8 記　録

調査の結果は，写真，図面，測定結果などを添付して，変状やひび割れ状況をグラフや表として整理することにより，判定や維持管理台帳（データベース）の資料となるように作成する．

―――― 演習問題 ――――

【6.1】トンネルの変状と原因について説明せよ．
【6.2】トンネルの補修・補強について説明せよ．

7章 舗装の維持管理

7.1 はじめに

　舗装（pavement）は，高速自動車国道，一般国道，都道府県道，市町村道，港湾道路，農道，林道などの道路路面を構成している．これらの道路管理者は異なるが，道路利用者が最初に気付くのは走行快適性に大きく影響する舗装の状態であり，快適に走行できることが期待されている．また，舗装は空港の滑走路やエプロン，スポーツ施設にも使用されている．

　舗装は直接，輪荷重を支持するほか，直射日光や降雪・降雨などの自然現象の影響なども受けるなど，過酷な条件下にある．そのため，舗装は，供用後，何らかの原因による各種の変状が発生し易く，他の土木構造物に比べて，修繕工事は頻繁に実施される．

　舗装は，道路利用者にもっとも身近な存在であり，その状態の良否が走行性にも大きく影響するため，舗装を適切に維持管理することにより，良好な状態を長期間にわたり保つことはきわめて重要である．ここでは，道路を対象とした舗装について述べる．

7.2 舗装の要求性能と変状

7.2.1 舗装の要求性能

　土木学会舗装標準示方書（2007年版）では，アスファルト舗装道路に要求する性能として，次の性能を求めている．

① **荷重支持性能**：表層はもちろんのこと，舗装を構成する基層，路盤，路体，路床が一体となって交通荷重を支持していること
② **走行安全性能**：通行する車両が安全に使用できること
③ **走行快適性能**：通行する車両が快適に使用できること
④ **表層の耐久性能**：舗装が所期の耐久性を有していること
⑤ **環境負荷軽減性能**：車両の通行により，周辺環境に重大な影響を与えないこと

　これらの性能を客観的に評価するために，上記5項目の性能に関する調査項目と調査方法が規定されている．舗装は自動車の輪荷重を直接支持するために，所定の強

度，耐力を要求されることはもちろん，自動車の安全走行のために所定のすべり抵抗性（skid resistance）を有すること，また快適に走行するための路面の凹凸に関する規定，さらには，周辺住民に対する配慮から騒音や振動に関する規定が設けられている．さらに，交通量（特に，大型車交通量）の多少，道路利用者および沿道住民から要求されるものに対応することが求められ，それに応じた修繕要否の目標値が設定され，それを満足しない場合には早急に適切な対策が講じられることになる．

一方，舗装設計施工指針（平成18年版）（日本道路協会）では，路面に必要な機能として，安全な交通の確保，円滑な交通の確保，快適な交通の確保，環境の保全と改善の4項目を規定している（図7.1）．すなわち，制動に必要な所定のすべり抵抗性が確保されていること，降雨時にも支障なく走行することが可能であること，ひび割れがなく，平たんであり，騒音・振動による周辺住民に対する影響がないこと，降雨時に沿道への水はねがないことなど，路面への具体的なニーズが設定されている．

7.2.2 舗装の変状と原因

アスファルト舗装道路の路面に生じる変状と原因を表7.1に示す．また，コンクリート舗装道路の路面に生じる変状と原因を表7.2に示す．

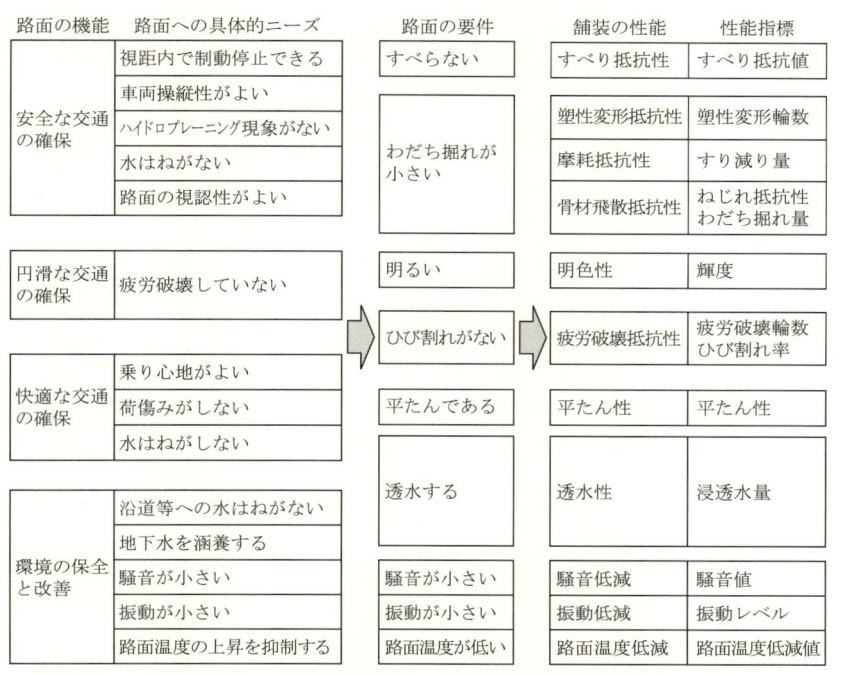

路面の機能	路面への具体的ニーズ	路面の要件	舗装の性能	性能指標
安全な交通の確保	視距内で制動停止できる	すべらない	すべり抵抗性	すべり抵抗値
	車両操縦性がよい			
	ハイドロプレーニング現象がない	わだち掘れが小さい	塑性変形抵抗性	塑性変形輪数
	水はねがない		摩耗抵抗性	すり減り量
	路面の視認性がよい		骨材飛散抵抗性	ねじれ抵抗性 わだち掘れ量
円滑な交通の確保	疲労破壊していない	明るい	明色性	輝度
		ひび割れがない	疲労破壊抵抗性	疲労破壊輪数 ひび割れ率
快適な交通の確保	乗り心地がよい	平たんである	平たん性	平たん性
	荷傷みがしない			
	水はねがしない			
環境の保全と改善	沿道等への水はねがない	透水する	透水性	浸透水量
	地下水を涵養する			
	騒音が小さい	騒音が小さい	騒音低減	騒音値
	振動が小さい	振動が小さい	振動低減	振動レベル
	路面温度の上昇を抑制する	路面温度が低い	路面温度低減	路面温度低減値

図7.1 車道の舗装における性能指標の一例［日本道路協会：舗装設計施工指針］

表 7.1 路面に見られるアスファルト舗装の変状
[日本道路協会：舗装設計施工指針]

変状の種類		主な原因等	原因と考えられる層	
			表層	基層以下
ひび割れ	亀甲状ひび割れ（主に走行軌跡部）	舗装厚さ不足，路床・路盤の支持力低下・沈下，計画以上の交通量履歴	○	○
	亀甲状ひび割れ（走行軌跡部～舗装面全体）	混合物の劣化・老化	○	○
	線状ひび割れ（走行軌跡部縦方向）	わだち割れ	◎	○
	線状ひび割れ（横方向）	温度応力	◎	○
	線状ひび割れ（ジョイント部）	転圧不良，接着不良	◎	○
	リフレクションクラック	コンクリート版，セメント安定処理の目地・ひび割れ		◎
	ヘアークラック	混合物の品質不良，転圧温度不適	◎	
	構造物周辺のひび割れ	地盤の不等沈下		◎
	橋面舗装のひび割れ	床版のたわみ	○	◎
わだち掘れ	わだち掘れ（沈下）	路床・路盤の沈下		◎
	わだち掘れ（塑性変形）	混合物の品質不良	◎	○
	わだち掘れ（摩耗）	タイヤチェーンの走行	◎	
平たん性の低下	平たん性 横断方向の凹凸	混合物の品質不良，路床・路盤の支持が不均一	◎	○
	コルゲーション，くぼみ，より	混合物の品質不良，層間接着不良	◎	
	段差 構造物周辺の段差	転圧不足，地盤の不等沈下		◎
浸透水量の低下	滞水，水はね	空隙づまり，空隙つぶれ	◎	
すべり抵抗値の低下	ポリッシング	混合物の品質不良（特に骨材）	◎	
	ブリージング（フラッシュ）	混合物の品質不良（特にアスファルト）	◎	
騒音値の増加	騒音の増加	路面の荒れ，空隙づまり，空隙つぶれ	◎	
ポットホール	混合物のはく離飛散	混合物の品質不良，転圧不足	◎	○
その他	噴泥	ポンピング作用による路盤の浸食		◎

[注] ◎：原因として特に可能性の大きいもの
　　 ○：原因として可能性のあるもの

7.2 舗装の要求性能と変状　153

表7.2　路面に見られるコンクリート舗装の変状
[日本道路協会：舗装設計施工指針]

変状の種類			主な原因等	原因と考えられる層	
				路面	コンクリート版以下
ひび割れ		初期ひび割れ	施工時における異常乾燥，打設後コンクリートの急激な温度低下	○	○
		隅角部ひび割れ	路床・路盤の支持力不足，目地構造・機能の不完全，コンクリート版厚の不足，地盤の不等沈下，コンクリートの品質不良等		◎
		横断方向ひび割れ			◎
		縦断方向ひび割れ			◎
		亀甲状ひび割れ			◎
		構造物周辺のひび割れ	構造物と路盤との不等沈下，構造物による応力集中		◎
平たん性の低下	摩耗わだち	ラベリング	タイヤチェーンの走行等	◎	
	平たん性	縦断方向の凹凸	地盤の不等沈下，路床・路盤の支持力不足	○	○
	段差	版と版の段差	ダウエルバー，タイバーの機能の不完全，ポンピング現象，路床・路盤の転圧不足，地盤の不等沈下		◎
		版とアスファルト舗装との段差		○	○
		構造物付近の段差			◎
浸透水量の低下	滞水，水はね		空隙づまり（ポーラスコンクリート）	◎	
すべり抵抗値の低下	ポリッシング		摩耗，粗面仕上げ面の摩損，軟質骨材の使用	◎	
騒音値の増加	騒音の増加		路面の荒れ	◎	
目地部の破損	目地材の破損		目地板の老化，注入目地材のはみ出し，老化・硬化・軟化・脱落，ガスケットの老化・変形・はく脱飛散等	◎	
	目地縁部の破損		目地構造・機能の不全	○	○
その他	はがれ（スケーリング）		凍結融解作用，コンクリートの施工不良，締固め不足	◎	
	穴あき		コンクリート中に混入した木材等不良材料の混入，コンクリートの品質不良	◎	
	座屈（ブローアップ，クラッシング）		目地構造・機能の不全		◎
	版の持ち上がり		凍上抑制層厚さの不足		◎
	路盤のエロージョン		ポンピング作用による路盤の侵食		◎

[注]　◎：原因として特に可能性の大きいもの
　　　○：原因として可能性のあるもの

舗装に変状が発生する原因は，外的要因（環境条件や交通条件など）と内的要因（設計条件，施工条件，使用材料など）に大別される．環境条件には，寒冷地，温暖地，降雨条件などがあり，交通条件には大型車の荷重などがある．

アスファルト舗装道路に生じる代表的な変状には，ひび割れ，わだち掘れ(rutting)，平たん性(roughness)の低下，すべり抵抗値の低下，近年，数多く採用されているポーラスアスファルト舗装の浸透水量の低下や騒音値の増加などがある．

(1) ひび割れ

ひび割れには，アスファルト層下面から生じる疲労ひび割れや，表層の劣化・老化などにより舗装表面から生じるひび割れがある．

(2) わだち掘れ

わだち掘れは，通行する輪荷重によりアスファルト混合物層が塑性変形するもので，車輪走行部は沈下し，その周辺（車線中央および路肩側）が盛り上がる現象をいう．

(3) 平たん性の低下

平たん性の低下は，車両の乗心地に影響する，道路の縦断方向の凹凸であり，地下埋設物などに沿って発生する．

(4) コルゲーション

コルゲーションは，道路延長方向に規則的に生じる，比較的波長の短い波状の凹凸をいう．

(5) すべり抵抗値の低下

路面のすべり抵抗値（摩擦係数）が低下すると，制動不良などを起こすなど，走行安全性に影響し，交通事故などの原因にもなる．

(6) 浸透水量の低下や騒音の増加

ポーラスアスファルト舗装で路面に水たまりが生じたり，車両走行音が大きくなる．

7.3 維持管理の方法

舗装の維持管理は，それぞれの事業者が要領類を整備しているが，一般的な手順は，2章の図2.2に示したとおりである．舗装の診断は，表2.3に示した初期点検，日常点検，定期点検，臨時点検において，必要に応じてさらに詳細な調査を行い，これらの結果に基づいて対策工事などの実施の必要性を判断する．

7.4 点　検

7.4.1 点　検

　舗装を長期間，良好な状態で経済的に使用するには，適切な維持管理が必要である．一般には，予防保全的に早めに維持・修繕することは，舗装の長期使用を可能にし，経済的になる場合が多い．そのため，常日頃から入念に舗装の状態を点検し，評価することが大切であり，その結果から適切な維持修繕計画を立案することが重要である．

7.4.2 点検の種類

　舗装の点検項目は，ひび割れ，わだち掘れ，平たん性，すべり抵抗値などである．代表例として，高速自動車国道の舗装における点検項目と判定の標準を，7.6 節の表 7.8 に示す．

7.4.3 調査項目とその方法

　アスファルト舗装の調査項目およびその方法については，土木学会が表 7.3，日本道路協会が表 7.4 を提案している．アスファルト舗装の調査には，目視観察や実際に走行した時の車上感覚から変状を発見する簡易調査，高速走行をしながら路面性状を調査する路面性状測定車（図 7.2 参照），プロフィルメータおよび FWD（Falling Weight Deflectometer：重錘落下式たわみ測定装置）などを利用して路面の状況を定量的に把握する定量調査がある．日常的な点検では，簡易調査を継続的に実施することも重要である．

　路床や路盤の支持力など，舗装構造の健全度を確認することは，修繕方法の選定や劣化予測のためにも必要である．従来は，CBR 試験や平板載荷試験などの解体調査

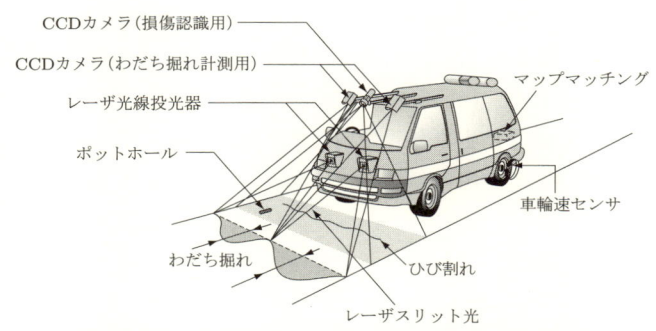

図 7.2　路面性状測定車の例［阪神高速道路(株)提供］

表 7.3 アスファルト舗装の調査項目と調査方法［土木学会：舗装標準示方書］

調査項目		調査方法
荷重支持性能	路床・路盤の性能	沈下量（永久変形量）・たわみ量測定
	疲労ひび割れ	目視，画像撮影
	低温ひび割れ	目視，画像撮影
	縦表面ひび割れ	目視，画像撮影
	凍上	目視，画像撮影
	耐震性能	目視，画像撮影
	交通量	日交通量・累積交通量測定
走行安全性能	すべり	きめ深さ・すべり摩耗係数測定
	すり減り（摩耗，わだち掘れ）	目視，横断プロファイル測定
	段差	目視，段差量測定
走行快適性能	縦断凹凸，ラフネス	目視，平たん性・縦断プロファイル測定
	段差	目視，段差量測定
表層の耐久性能	アスファルトの性能	目視，コア採取，解体調査
	はく離	目視，コア採取，解体調査
	骨材飛散	目視，コア採取，解体調査
	アスファルトの耐久性能	目視，画像撮影，解体調査
環境負荷軽減性能	テクスチャ	目視，表面粗さ・騒音・振動測定
	騒音値	騒音測定
	浸透水量	現場透水量試験
交通量		日交通量・累積交通量・輪荷重分布・車輪走行位置測定
アスファルト混合物の強度		FWD 試験，コア採取，解体調査
路床・路盤の支持力		FWD 試験，平板載荷試験，CBR 試験

により支持力評価が行われていたが，最近は，FWD法により，舗装をはがすことなく舗装を構成する各層の健全度が評価されている．

7.5 変状機構の推定および変状予測

7.5.1 概　要

　劣化機構としては，設計荷重以上の車両走行や，それに伴う疲労など，荷重条件が原因のものと，高温・低温，降雨など，環境が原因のものの2種類に大別される．また，劣化要因をさらに細分化すると，環境条件，交通条件，外力条件などの外的要因と，設計や施工による内的要因に分類される．

7.5.2 変状機構の推定

　舗装に生じる各種の変状の発生要因は，次のとおりである．

表7.4 アスファルト舗装の調査項目［日本道路協会：舗装設計施工指針］

調査項目		簡易調査	路面の定量調査	破損原因の調査※	
				調査水準1	調査水準2
ひび割れ（疲労抵抗，老化など）		目視観察	ひび割れ率 ひび割れ幅 ひび割れ深さ	コア採取 抽出および性状試験	非破壊調査 開削調査
わだち掘れ（塑性変形，摩耗など）		目視観察 試走（走行感覚）	わだち掘れ量	コア採取 抽出および性状試験	切取り供試体の物性試験 開削調査
平たん	平たん性	目視観察 試走（走行感覚）	平たん性	コア採取 抽出および性状試験	
	段差	目視観察 試走（走行感覚）	段差量		開削調査
透水		目視観察	浸透水量	コア採取 空隙率測定 透水係数測定	
すべり抵抗		目視観察	すべり抵抗値	コア採取 抽出および性状試験	
騒音		聴感	騒音値（タイヤ／路面騒音，沿道環境騒音）	コア採取 空隙率測定	
ポットホール		目視観察	長径，短径，個数	コア採取 抽出および性状試験	

※調査水準1：比較的簡単に行える調査であり，コア採取および採取コアを使用した試験などが含まれる．
調査水準2：より大掛かりな調査で，切取り供試体のホイールトラッキング試験，非破壊試験，開削試験などが含まれる．

(1) ひび割れ

舗装厚の不足や，路床・路盤などの支持力低下など材料劣化が原因である．舗装面全体に発生している場合は，地盤沈下やアスファルト混合物層の劣化・老化が原因であることが多く，寒冷地では，ひび割れは低温時の温度応力や路床・路盤の凍上などが原因で発生することがある．

(2) わだち掘れ

重量車両の通行のほか，アスファルト混合物の塑性変形，アスファルト混合物層の摩耗，路床，路盤の沈下などが原因であることが多い．

(3) 平たん性の低下

施工条件や材料選定，支持力不足などが原因であり，構造物の取付部や地下埋設物などに沿った箇所には，不等沈下による段差が発生することがある．

(4) コルゲーション

混合物の品質不良や層間接着の不良が原因であることが多い．

(5) すべり抵抗値の低下

骨材の品質不良が原因であることが多い．

(6) 浸透水量の低下や騒音の増加

ポーラスアスファルト舗装の空隙に泥などがつまることが原因である．

7.5.3 変状予測

舗装の性能劣化の予測方法としては，①既存の予測式を用いる方法，②設計条件や交通条件などが類似する箇所の路面状態の推移から予測する方法，③疲労によるひび割れ発生時期などから予測する方法，がある．

普通道路におけるひび割れの予測には，舗装計画交通量（舗装の設計期間内の大型自動車の平均的な交通量）に応じた，疲労によってひび割れが生じるまでの輪荷重の繰返し回数である疲労破壊輪数（表7.5）が参考になる．わだち掘れの予測には，表層温度が60℃の舗装路面に，49 kN の輪荷重が繰返し作用して，舗装路面が下方に1 mm 塑性変形するまでの繰返し回数である塑性変形輪数（表7.6）が参考になる．

表7.5 疲労破壊輪数の基準値（普通道路，標準荷重 49 kN）
[日本道路協会：舗装設計施工指針]

交通量区分	舗装計画交通量〔台/日・方向〕	疲労破壊輪数〔回/10 年〕
N_7	3000 以上	35 000 000
N_6	1000 以上 3000 未満	7 000 000
N_5	250 以上 1000 未満	1 000 000
N_4	100 以上 250 未満	150 000
N_3	40 以上 100 未満	30 000
N_2	15 以上 40 未満	7 000
N_1	15 未満	1 500

表7.6 塑性変形輪数の基準値（普通道路，標準荷重 49 kN）
[日本道路協会：舗装設計施工指針]

道路区分	舗装計画交通量〔台/日・方向〕	塑性変形輪数〔回/mm〕
第1種，第2種，第3種第1級および第2級，第4種第1級	3000 以上	3000
	3000 未満	1500
その他	−	500

7.6 評価および判定

7.6.1 概　要

点検の結果，舗装の変状が確認された場合には，安全，円滑かつ快適な交通の確保，さらには環境の保全などを考慮して，処置や対策の要否が判定される．判定に当

たっては，2.4節の表2.4に示すように，各事業者が構造物ごとに判定区分・判定基準を定めており，健全なものから重大な変状のものまで，数段階に区分されている．

7.6.2 点検結果の評価と判定

点検結果の評価と判定は，次のように行われている．

① 土木学会では，維持・修繕の要否を判定するための目標値を提案している（表7.7）．

② 一般国道では，舗装の路面性能は，ひび割れ，わだち掘れ量，平たん性の3要素で総合的に評価される．代表的な評価式には，MCI（Maintenance Control Index；維持管理指数）がある．

$$\mathrm{MCI} = 10 - 1.48 C^{0.3} - 0.29 D^{0.7} - 0.47 \sigma^{0.2} \tag{7.1}$$

ここに，C：ひび割れ率〔%〕$= \dfrac{\text{ひび割れ面積の和}+\text{パッチング面積の和}}{\text{調査路面面積}} \times 100$

D：わだち掘れ量の平均値〔mm〕

σ：平たん性（高低差の平均値に対する標準偏差）〔mm〕

ひび割れ率〔%〕の算定に必要なひび割れの計測はスケッチ，わだち掘れ量の計測は横断プロフィルメータ，平たん性は3mプロフィルメータにより測定されるが，近年では図7.2に示した路面性状測定車も利用されている．

MCIは，ひび割れ率，わだち掘れの深さ，縦断方向の凹凸量で決定される道路の供用性判定指標であり，全国の道路で幅広く使用されている．一般的には，MCI≧5：望ましい管理状態，3＜MCI≦4：修繕が必要な状態，MCI≦3：早急に修繕が必要な状態としている．

MCIの他に，乗り心地から路面の状態を評価する指標として，PSI（Present Serviceability Index；供用性指数）がある．

$$\mathrm{PSI} = 4.53 - 0.518 \log \sigma - 0.371 C^{0.5} - 0.174 D^2 \tag{7.2}$$

表7.7 維持・修繕の要否判定の目標値［土木学会：舗装標準示方書］

道路の種類	わだち掘れ深さ〔mm〕	段差〔mm〕		すべり摩擦係数	縦断方向の凹凸〔mm〕	ひび割れ率〔%〕	ポットホール径〔cm〕
		橋梁	管渠				
自動車専用道路	〜25	20	30	0.25	3.5（σ）	20	20
交通量の多い一般道路	30〜40	30	40	0.25	4.0〜5.0（σ）	30〜40	20
交通量の少ない一般道路	40〜	30	—	—	—	40〜50	20

ここに，D：わだち掘れ量の平均値〔cm〕

道路維持修繕要綱（1978 年制定，日本道路協会）では，

　　$2.1 \leq PSI \leq 3.0$：表面処理
　　$1.1 \leq PSI \leq 2.0$：オーバーレイ
　　$0 \leq PSI \leq 1.0$：打換え

としている．

③ 高速自動車国道では，路面の判定の標準が表 7.8 のように定められ，ポットホール，わだち掘れ，ひび割れなどの変状ごとに判定の標準が定められている．

7.7 対策の種類と選定

舗装の性能が所期の性能を満たさなくなった場合には，路線の重要度，変状の程度などを総合的に考慮して対策が講じられる．変状が軽微なものは，日常点検で変状の進行度合いや第三者への影響を重点的に監視される．変状がさらに進行した場合には，局部的に軽度な修繕が行われる（表 7.9）．ここで，パッチング工法とは，ポットホール，くぼみ，段差などの比較的軽微な変状箇所に，応急的に常温アスファルト混合物などを充填することにより修繕するものである．シール材注入工法とは，ひび割れ箇所にエマルション，カットバックアスファルトなどの注入目地材を充填し，暫定的に修繕する工法である．

舗装に大きな変状が生じる前に，予防的維持工法（表 7.10）が実施され，修繕期間の延長，ライフサイクルコストの低減を図る対策も実施されている．ここで，表面処理工法とは，既設舗装の上に加熱アスファルト混合物以外の材料を用いて，3 cm 未満の層を設ける工法で，路面の劣化，ひび割れ率，摩耗などが軽微なうちに処置され，舗装面の耐水性向上にも効果がある．薄層オーバーレイ工法とは，既設舗装の上に，厚さ 3 cm 未満の加熱アスファルト混合物を舗設する工法である．変状がさらに進展した場合には，オーバーレイ工法や打換え工法など，本格的な修繕が実施される．なお，路面陥没など，きわめて社会的影響が大きい場合には，通行止めなどの措置が必要となる．

7.8 舗装の修繕

7.8.1 修繕方法の選定

長期間道路を供用すると，舗装の性能が低下し，サービス水準を下回ることがある．このような場合には，変状を的確に把握し，原因の究明，健全度の判定を行った

7.8 舗装の修繕

表 7.8 高速自動車国道の路面の点検項目と判定の標準 [NEXCO：保全点検要領]

損傷の種類	初期点検	日常点検[1] 安全点検	日常点検[1] 変状診断点検 経過観察	日常点検[1] 変状診断点検 簡易診断	詳細点検	判定の標準[2] AA	判定の標準[2] A1〜A3	判定の標準[2] B
ポットホール，穴あき，はがれ，陥没	—	○	○	○	—	深さ20 mm以上かつ径20 cmの路面のはがれ等がある	AAには至らない路面のはがれ等	—
段差	—	○	○	○	—	構造物の取付部などに著しい段差があり，ハンドルが取られたり，走行車両が著しくバウンドする 橋梁取付部において20 mm以上の段差がある 横断構造物取付部・切盛境部において30 mm以上の段差がある	橋梁取付部において10 mm以上20 mm未満の段差がある 横断構造物取付部・切盛境部において10 mm以上30 mm未満の段差がある	—
わだち掘れ	—	○	○	○	調査	25 mm程度以上	15 mm程度以上25 mm程度未満	—
ひび割れ	—	○	○	○	調査	ひび割れ率20%以上	ひび割れ率10%以上20%程度未満	—
縦断の凹凸，コルゲーション	—	○	○	○	—	—	縦断の凹凸が大きく乗り心地が悪い コルゲーション（凹凸の差が30 mm以上）	縦断の凹凸が認められる コルゲーション（凹凸の差が10 mm以上30 mm未満）
ポンピング	—	○	○	○	—	路面に路盤材・砕石等の微粒子の噴出しが見られ，かつ亀甲状のひび割れを伴う	路面に路盤材・砕石等の微粒子の噴出しが見られる	—
ブリスタリング	—	○	○	○	—	ポットホールに至ったものは上記の判定による	路面の膨れが大きい，あるいはブリスタリングの発生箇所に微粒子の噴出し跡が見られる	Aに至らない路面の膨れ
すべり抵抗の低下	—	—	—	○	調査	0.25以下	0.25を超え，0.3以下	—
平たん性の低下	—	—	—	○	調査	3.5 mm/m以下	—	—

○：点検対象項目
−：原則として点検対象外
調査：RIにて調査を実施
※1：日常点検では，車上目視により異常を発見した場合は降車して判定を行う．
※2：判定標準のAA，A1〜A3，Bは表2.4参照．

表 7.9 日常的な維持および工法の例 [日本道路協会：舗装設計施工指針]

維持の種類		維持および工法の例
日常計画的・反復的に行う維持		路面の清掃など
局部的で軽度な修理	アスファルト舗装	ポットホール，ジョイントの開き，ひび割れなど	パッチング工法，シール材注入工法
	コンクリート舗装	目地材の剥脱飛散，目地部やひび割れ部の角欠け，穴あきなど	パッチング工法，シーリング工法，注入工法

表7.10 予防的維持工法の例［日本道路協会：舗装設計施工指針］

維持の種類	変状の種類	予防的維持工法の例
アスファルト舗装	ひび割れ	シール材注入工法
	わだち掘れ	表面処理工法，薄層オーバーレイ工法
	平たん性の低下	
	すべり抵抗値の低下	
コンクリート舗装	ひび割れ，目地部の破損	シーリング工法
	平たん性の低下	表面処理工法，薄層オーバーレイ工法
	すべり抵抗値の低下	

表7.11 アスファルト舗装の主な修繕工法［日本道路協会：舗装施工便覧］

対策のおよぶ層の範囲	工法の区分	
	※機能的対策（予防的維持または応急的対策）	※構造的対策
表層のみ	切削／シール材注入／表面処理／パッチング／段差すり付け／わだち部オーバーレイ／薄層オーバーレイ・オーバーレイ	
基層まで	表層・基層打換え／オーバーレイ／路上表層再生	
路盤以下まで	線状打換え	打換え（再構築を含む）／局部打換え／路上路盤再生

※機能的対策とは主として表層の修繕，構造的対策とは主として全層に及ぶ修繕をいう．

後に，ライフサイクルコストを考慮して最適な修繕時期に，適切な方法により修繕を行う．

　表7.11にアスファルト舗装の主な修繕工法を示す．わだち掘れが大きい場合は，その原因である層を除去する表層・基層の打換え工法が選定される．ひび割れが著しい場合は，路床，路盤の破損の可能性が高いため，オーバーレイ工法ではなく打換え工法が望ましい．また，路面のたわみが大きい場合は，路床，路盤の状態を調査し，その原因を究明した後に工法の選定を行うのがよい．

7.8.2　維持および修繕

　舗装の主な変状と修繕工法を，表7.12に示す．これらの工法は，変状とその程度

表7.12 舗装の主な変状とその修繕工法の例
[日本道路協会：舗装設計施工指針]

舗装の種類	破損の種類	修繕工法の例
アスファルト舗装（表層）	ひび割れ	打換え工法，表層・基層打換え工法，切削オーバーレイ工法，オーバーレイ工法，路上路盤再生工法
	わだち掘れ	表層・基層打換え工法，切削オーバーレイ工法，オーバーレイ工法，路上表層再生工法
	平たん性の低下	
	すべり抵抗値の低下	表層打換え工法，切削オーバーレイ工法，オーバーレイ工法，路上表層再生工法
コンクリート舗装（路面）	ひび割れ，目地部の破損	打換え工法，オーバーレイ工法，切削オーバーレイ工法，局部打換え工法
	わだち掘れ	
	平たん性の低下	オーバーレイ工法，切削オーバーレイ工法，局部打換え工法
	段差	オーバーレイ工法
	すべり抵抗値の低下	オーバーレイ工法，切削オーバーレイ工法

〔注1〕コンクリート舗装のオーバーレイ工法は，アスファルト混合物または薄層コンクリートにより行う．
〔注2〕コンクリート舗装の切削オーバーレイ工法では，薄層コンクリートにより行う．

に応じて適用され，必要に応じて複数の工法を組合せて適用される．

オーバーレイ工法とは，既設舗装の上に，厚さ3cm以上の加熱アスファルト混合物を舗設して修繕する工法である．切削オーバーレイ工法とは，路面の凸部を切削除去し，不陸や段差を解消した後にオーバーレイする工法をいう．

劣化が著しい場合には，全面打換え工法が採用されるが，近年では，資源の有効利用の観点から，劣化した既存のアスファルト混合物や路盤材を，現位置で改良して品質を高めた再生アスファルト混合物を用いた再生工法により補修工事を行っている．

コンクリート舗装では，修繕がコンクリート版全厚におよぶのか，表面のみかを検証する必要がある．コンクリート版に変状がある場合は，構造的対策として変状の程度に応じて打換え工法，オーバーレイ工法，注入工法などが採用される．版の表面変状の場合は，機能的対策として，変状の種類や程度に応じて粗面処理工法，表面処理工法，パッチング工法などが採用される．

7.9 記 録

7.9.1 概 要

舗装は，土木構造物の中でも修繕期間がきわめて短いものの一つである．そのように舗装は頻繁に修繕が実施されるために，建設時点での記録と併せて過去に実施された修繕に関連した資料を作成・保管することは，当該箇所での修繕履歴，修繕に用いた工法や材料を把握するうえでもきわめて重要である．

7.9.2 記録の方法および項目

同じ舗装構造でも，道路環境や交通状況により，舗装の性能低下は大きく異なる．そのために，舗装に関する各種のデータが蓄積されることは重要である．

7.10 舗装マネジメントシステム

舗装は，土木構造物の中でも，莫大な資産（ストック）があり，道路利用者の走行性など直接的に影響があるために，修繕間隔が短い．したがって，合理的かつ適切な維持管理が求められる．2.2節で述べたように，多くの点検データや修繕履歴などを参考に劣化予測を行い，舗装マネジメントシステム（PMS）によって，最適な修繕計画を立案する取組みが行われている．

演習問題

【7.1】舗装に要求される性能について説明せよ．
【7.2】舗装に生じる代表的な変状と，その原因について説明せよ．
【7.3】一般国道の舗装の供用性を判定する指標について説明せよ．

8章 高速道路の維持管理

8.1 はじめに

　道路は国民の生活には不可欠なもので，適切な手法で安全かつ円滑な道路の交通の確保が求められる．特に，高速道路（expressway）は平均速度が高く，長距離の利用が多いため，一般道路に比べて各種のサービスや安全のための設備が充実しており，それに伴う維持管理も必要になる．また，高速道路は一般道路に比べて迂回することが困難な場合が多く，渋滞情報や交通事故などの交通情報などの提供も必要である．道路の利用者に対して安心して，安全に，快適に利用できるように最先端の技術が導入され，適切な維持管理体制により各種のサービスが提供されている．

　高速道路の維持管理では，表8.1に示す保全業務や交通管理業務が行われている．このうち，コンクリート構造物や鋼構造物である橋梁（4章，5章），トンネル（6章），舗装（7章）については，それぞれの維持管理ですでに述べた．本章では，高速道路ののり面，交通安全施設，交通管制，保全作業，保全工事，改良工事，防災工事および環境対策工事を対象とする．

表8.1　高速道路の保全業務，交通管理業務

業務の区分		業務内容
保全業務	保全点検	初期点検，日常点検，定期点検，詳細点検，臨時点検
	保全作業	清掃作業，植栽作業，緊急作業，雪氷対策作業，交通規制
	保全工事	伸縮装置取換え，壁高欄補修，舗装小修繕，路面表示工
	改良工事	橋梁補強，支承改良，舗装改良，防護柵改良，環境対策（遮音壁，環境施設帯，裏面吸音板，ノージョイント化など），塩害対策，検査路設置，トンネル改良，交通安全施設，交通管理施設，植栽改良など
	防災工事	耐震補強，災害復旧，雪害対策
交通管理業務		交通管理巡回，交通管制（交通情報の収集，処理，提供）など

8.2 のり面

8.2.1 のり面の要求性能

　山岳地帯の高速道路は，地形的理由から一般に自然の丘陵地を掘削し，切り開く工法により建設される．平地では，盛土や切土により立体的に交差させて建設されるこ

とがある．このように，盛土や切土構造で建設された場合には，のり面の維持管理が重要になる．自然の斜面以外に，人工的なのり面は，植生のり面と構造物により保護されたのり面などに分類される．

のり面に要求される性能は，日本道路協会「道路土工要綱」では，①のり面として安定していること，②降雨・地震などの自然災害に対して被害を最小限にすること，③道路周辺に対しても被害を最小限にすること，④道路利用者や地域に対して美しい景観を有すること，などである．最近では，⑤植林によるCO_2固定化など環境面の機能も求められる．

8.2.2 のり面の変状と原因

高速道路における土砂災害は，崩壊，地すべり，土石流に分類され，崩壊は，のり面崩壊，斜面崩壊，落石に分類される．

のり面に生じる変状は，表8.2に示すように亀裂，浮石，崩壊，洗掘，のり面保護工や構造物の変状，排水溝のつまりなどである．これらの変状原因は水によることが多く，のり面の表面を集中して多量の水が流れることにより，のり面の洗掘や崩壊が起こる．はらみ出しや亀裂などは，のり面の大規模な崩壊の予兆である場合もあり，慎重な点検や対策が必要となる．また，のり面保護工では肥料不足などで植生が不十分な場合には，のり面として所期の効果が期待できないこともある．

8.2.3 のり面の点検

のり面の点検は，通常，巡回や踏査により，亀裂，陥没，はらみ出し，のり面保護工や構造物の変状，のり面排水溝の排水状況などについて行う．

点検に当たっては，変状には水が大きく影響するため，水に対する点検が大切である．また，植生工の生育状況，転石，浮石の有無，本体の亀裂やはらみ出しなどにも注意すべきである．のり面点検の一般的留意事項を，表8.2に示す．

8.2.4 のり面の評価および判定

各管理者が制定する点検基準により実施された点検結果に基づき，のり面の性能評価が行われ，その結果および重要度などを総合的に考慮して，対策の要否判定が行われる．代表例として，高速自動車国道におけるのり面の点検項目と判定の標準を，表8.3に示す．

8.2.5 のり面の対策

のり面の変状については水が影響している場合が多く，補修に際しては，その原因

表 8.2 斜面・のり面の点検における留意事項と変状 ［日本道路協会：道路土工要綱］

斜面・のり面の分類		斜面・のり面本体の変状	斜面・のり面保護工の変状	湧水の状態	排水溝
自然斜面		浮石の有無, 亀裂の有無	—		—
植生のり面		亀裂の有無	植生の生育状況		排水溝のつまり, 縦排水溝周辺の洗掘
落石予防工	コンクリート根固め工, 石積根固め工	浮石の有無, 亀裂の有無, 崩壊・洗掘の有無	コンクリートのひび割れ, 破壊, 裏込め材の流失	湧水の位置や量湧水状態の変化	
	ロックボルト工等		ゆるみ, 金具の損傷と腐食		
落石防護工	落石防止網工, 落下防止柵工	浮石の有無, 亀裂の有無	ロープや網の腐食・切断, アンカー部のゆるみなど		—
	落石防止擁壁工, 落石覆工		落石防護工の基礎の沈下, コンクリートのひび割れ, 破壊など		
構造物による保護工のあるのり面	ブロック積のり枠等	（右記参照）	亀裂, はらみ出し, 基礎の沈下, 洗掘, 中詰め材のゆるみ, 裏込め材の流失	水抜きパイプの状況, 湧水状態の変化	排水溝のつまり
	コンクリート吹付け, モルタル吹付け	（右記参照）	ひび割れ, はらみ出し, 部分はく離, 裏の地山との空洞		
	落石防止柵落石防止網	浮石の有無, 亀裂の有無	ロープや網の腐食・切断, アンカー部のゆるみ, 堆積土砂	湧水の位置や量湧水状態の変化	

を究明して対策を講じる必要がある．特に，盛土のり面の場合には，地下水位を低下させることにより安定することが多い．そのために，崩壊した場合にはその箇所を透水性の良い材料で埋め戻し，蛇篭やふとん篭でのり尻を固め，周辺部は地下排水工を設けて安定させる場合がある．

切土のり面の場合も，地下水位を低下させることが重要で，変状が小規模な場合には，ブロック積みなどの構造物で補強する場合が多く，変状が大規模な場合にはのり面を切り直して安定勾配にすることや，杭や擁壁，現場のり枠工と補強土工法，アンカーなどを組合せて補修する場合が多い．

このように，のり面が不安定で危険な箇所は，表 8.2 の事項に留意し，現地の状況にもっとも適した工法により，予防保全的にのり面の補強工事を実施することが得策である．

表 8.3　高速自動車国道ののり面の点検項目と判定の標準［NEXCO：保全点検要領］

損傷の種類	初期点検	日常点検※1			定期点検		詳細点検	判定の標準※2		
		安全点検	変状診断点検		A	B		AA	A1～A3	B
			経過観察	簡易診断						
崩落	○	△	○	○	△	○※3	○※4	崩落があり，崩落が拡大する可能性がある場合	崩落が小規模であり，拡大する可能性がない，または，のり面の安定の照査等が必要な場合	—
亀裂・はらみ出し・陥没	○	△	○	○	△	○※3	○※4	のり面の崩壊の要因となる可能性のある亀裂，はらみ出しまたは陥没がある場合	亀裂，はらみ出しまたは陥没があるが，極めて小規模でありのり面の崩壊の要因とならない，または，のり面の安定の照査をするためボーリング調査等が必要な場合	—
肌落・ガリー（雨裂）浸食	○	△	○	○	△	○※3	○※4	広範囲にわたる肌落，ガリーがあり拡大の恐れがある場合	部分的な肌落，ガリーがあるが，拡大の恐れのない場合	—
湧水	○	△	○	○	△	○※3	○※4	豪雨あるいは融雪期に勢いの増す湧水があり，崩壊に結びつく可能性のある湧水がある場合	豪雨あるいは融雪期に勢いの増す湧水があるが，崩壊に結びつく可能性は低い，または地下水の状況等確認のためボーリング調査等が必要な場合	湧水はあるが，崩壊の恐れはない場合
浮石・転石	○	△	○	○	△	○※3	○※4	著しく不安定な浮石・転石がある	不安定な浮石・転石がある	—

○：点検対象項目　　—：原則として点検対象外
△：現地の状況に応じて適宜点検の実施を判断する
※1：日常点検では，車上目視により異常を発見した場合は降車して判定を行う．
※2：判定標準の AA，A1～A3，B は表 2.4 参照．
※3：切土のり面の 2 段以下を対象．
※4：切土のり面の 3 段以上を対象．

8.3 交通安全施設

8.3.1　交通安全施設の要求性能

車両が安全・快適に通行するため，各種の交通安全施設が設けられている．

(1) 車両用防護柵

車両用防護柵（guard fence）は，通行する車両が正規の範囲を逸脱した場合，それにより運転手などの傷害を最小限にし，車両を正規の方向に復元することにより，更なる重大事故を防止するための設備である．そのために，車両用防護柵には，車両の逸脱防止性能，乗員の安全性能，車両の誘導性能および構成部材の飛散防止性能が要求される．

(2) 眩光防止施設

眩光防止施設は，夜間に対向車の前照灯による眩しさを低減するための施設である．ルーバー式防眩柵（軍配型），エキスパンドメタルによる防眩網，遮光ネットなどがある．眩光防止施設には，遮光性や美観・景観が求められる．

(3) 中央分離帯転落防止網

中央分離帯転落防止網は，上下線が分離しているような場合に，その隙間から積荷などが路下に落下することを防止するための施設であり，ネットやロープにより構成される．そのため，中央分離帯転落防止網には，腐食などが生じにくく，重量物の落下を支える性能が要求される．

(4) 落下防止柵

高架道路などを通行する車両から，積荷などが路下に落下することを防止するための施設であり，ネットや支柱により構成される．そのため，落下防止柵には，腐食などがなく，重量物の落下を支えることはもちろんのこと，美観・景観が求められる．

(5) 標識用門構

門構の柱は，一般的に鋼管が採用されているが，その基部には強度を向上させる目的でリブが設けられている．そのリブ付近に亀裂が発生する場合がある．その原因は，リブがあることで断面が急変するためと考えられている．このような箇所では，安全性に関する配慮が必要である．

8.3.2 交通安全施設の変状と原因

防護柵などの交通安全施設の変状は，事故などの直接的外力による損傷が大部分である．また，交通安全施設の多くは鋼構造物であり，塗装が施されているものの腐食が数多く見受けられ，適切な維持管理が必要である．

8.3.3 交通安全施設の点検と評価・判定

交通安全施設は，人命に係わる重要な施設であり，特に鉄道や主要道路との交差部などにある場合，点検は入念に行う必要がある．また，中央分離帯転落防止網は，橋梁の中央分離帯に設置されているものがほとんどであり，点検時に車上からの視認では十分に把握することが出来ない場合もある．そのような場合には，橋梁点検と併せて実施するなどの工夫が必要である．

8.4 交通管制

8.4.1 交通管制の目的

高速道路は膨大な数の自動車が利用するために，それに伴う自然渋滞や，事故など

により発生する渋滞を原因とする高速道路の機能の低下に対して，その予防や，速やかな回復を図る必要がある．それらに対する数々の対策を，交通管制（traffic control）という．

8.4.2 交通管制の方法
最新の光通信技術や，コンピュータ技術の導入により，交通に関する情報は効率的に収集・処理がなされ，一般に提供されている．

(1) 交通情報の収集
車両検知器により，通行車両台数，渋滞の有無を判断するための道路占有率，さらには車高から大型車占有率が計測されている．また，テレビカメラにより，時々刻々に変化する最新の交通状況を視覚により確認することにより，道路利用者に提供する最適な情報を収集している．さらに，車両番号読取装置により，走行速度や目的地までの所要時間を算出している．曲線部など見通しの悪い箇所にはCCDカメラが設置され，画像処理技術により事故や故障車などを検知して，後続車に知らせることで追突事故など，大規模な交通事故の防止に役立っている．また，気温，風速，凍結の有無などに関する気象情報や，地震の発生情報をいち早く道路利用者に提供するシステムも整備されている．

(2) 交通情報の処理
収集された最新の交通情報は，交通情報処理センターに集められ，大型電子計算機により分析される．

(3) 交通情報の提供
分析された交通情報は，交通管制室にある大型パネルに表示される．渋滞，事故，工事などの情報が，ビジュアル化された分かりやすい表示で道路利用者に提供される．

8.5 維持修繕作業

高速道路では，車が安全・安心して快適に走行できるように，保全作業，保全工事，改良工事および防災工事などの維持修繕作業が，日夜行われている．

8.5.1 保全作業
高速道路は，数多くの車両が高速で走行しており，それらの車が安全・安心して快適に走行できるように，走行環境を整備する保全作業が行われている．保全作業には，清掃作業，植栽作業，緊急作業，雪氷対策作業，交通規制などがある．

8.5.2 保全工事

道路を通行する車両が，安全かつ快適に走行できるように，道路を常に健全な状態に保つ必要がある．そのために，部分的な路面の補修や取換えなど，性能を維持するための保全工事が行われている．保全工事には，伸縮装置取換え，壁高欄補修，舗装小修繕，路面表示などがある．

8.5.3 改良工事

高速道路をより一層安全・快適に走行するためには，橋梁，路面などの機能を向上させる必要がある．そのために，道路機能をより一層改良するための改良工事が行われている．改良工事には，RC床版増厚や増桁などの橋梁補強，支承防錆工や支承取換工などの支承改良，オーバーレイ工や高機能舗装への改良などの舗装改良，一層強固な防護柵に取換える防護柵改良，環境対策などがある．なお，環境対策は8.6節を参照のこと．

8.5.4 防災工事

高速道路は，地震や水害などの災害時にも，その復旧道路としての機能が要求される．そのために，そのような際にも有効に通行の確保ができるようにする必要があり，それに対処するための防災工事が実施される．

(1) 耐震補強

地震時に橋脚が倒壊しないように，靱性（ねばり強さ）の向上を目的としてRC巻立工法や鋼板接着工法が実施される．また，図8.1に示すように，地震時にも橋桁が落下しないように橋桁が載っている橋脚天端の幅を広げる縁端拡幅，さらに，橋桁同士を連結する落橋防止構造など，地震にも強い高架道路とするための耐震補強工事が実施される（図8.2）．

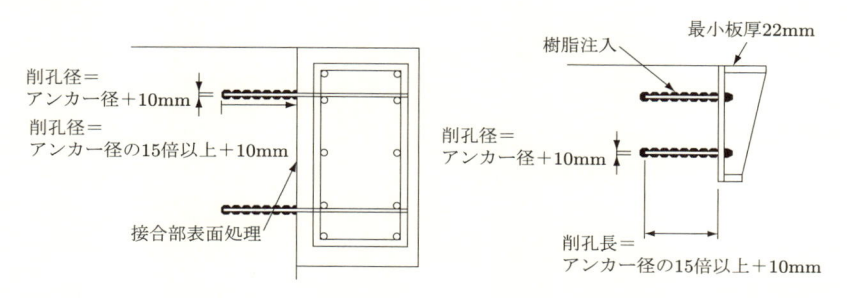

（a）コンクリート構造　　　　　　　　（b）鋼製構造

図8.1　縁端拡幅の例［プレストレストコンクリート技術協会：コンクリート構造診断技術］

(a) 端横桁の連結　　　(b) 主桁腹板の連結

図 8.2 橋桁間の連結の例［プレストレストコンクリート技術協会：コンクリート構造診断技術］

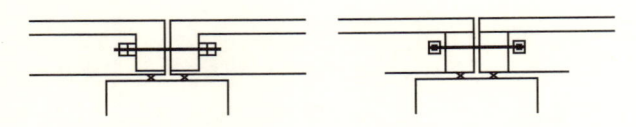

(2) 災害復旧
地震や水害などで道路が被害を受けた場合には，早期に供用するために，迅速に災害復旧工事が実施される．

(3) 雪害対策
防雪林や防雪柵の設置により，視程障害対策および吹溜り対策を行っている．また，除雪作業に伴う隣接施設への飛雪・落雪を防止するために，飛雪防止柵が設置されている．

8.6 環境対策

8.6.1 環境対策の目的
住居密集地の高速道路では，その沿道の環境を良好な状態に維持するために，走行車両から発生する騒音や振動の近隣への影響を低減する必要がある．また，高速道路は，周辺環境に合致したものにすることも重要であり，そのための景観対策も必要となる．

8.6.2 環境対策の種類
(1) 遮音壁
高速道路を走行する車両の，タイヤと路面の接触によって生じる走行音の沿道側への影響を軽減するために，遮音壁（noise barrier）が設置され大きな効果を得ている．最近では，遮音壁の形状や素材が改良され，より一層効果的な遮音壁が開発されている．

(2) 環境施設帯
高速道路と沿道地域の環境調和を図るために，道路と住宅街の間に緑地のような環境施設帯（buffer zone）が整備されている事例がある．交通騒音や振動の低減など，環境改善効果はもちろんのこと，住民の憩いの場としても有効に機能している．

(3) 裏面吸音板
高架道路と平面道路が併走する箇所では，平面道路を走行する車両からの走行音が，高架道路の裏面（下面）に反射して周辺地域に拡散することがある．それを防止

するために，高架道路の桁下に発泡材料などで構成されている裏面吸音板を設置し，反射音の低減に努めている事例がある．

(4) ノージョイント化
橋桁間の継目には，温度による伸縮を吸収する伸縮装置が設けられており，そこを車両が通過する際に騒音や振動が発生する場合がある．それらの発生要因である伸縮装置の多い高架道路では，桁を連結して伸縮装置を少なくするノージョイント化が行われ，伸縮装置を通過する際に発生する騒音，振動の低減に努めている．

(5) 高機能舗装
従来の舗装に比べて空隙の多い高機能舗装は，タイヤと舗装間から発生する走行音が低減するために，雨天時の安全走行のみならず，騒音低減効果も期待できる．

(6) 景観対策
高速道路が周辺地域の環境と調和するためには，その地域の環境に合致した構造物にする必要があり，景観への配慮を要する地区にある高速道路の多くは，各種の景観対策が講じられている．高架橋の桁下および側面に化粧板を設置することにより，景観に配慮した事例もある．

(7) ETC
渋滞発生の減少のみならず，環境改善にも大きな効果を期待して，料金所での料金支払いによる車両の一旦停止を解消させる ETC（electronic toll collection system）が導入されている．

8.7 道路保全情報システム

PMS，BMS 等のアセットマネジメントシステムを始めとした管理情報を統合した，道路保全情報システムが運用され，保全業務が効率的に処理されている．

演習問題

【8.1】のり面に要求される性能について説明せよ．
【8.2】防災工事の目的について説明せよ．
【8.3】環境対策の事例について説明せよ．

9章 解体・撤去

9.1 はじめに

　供用中に変状が著しい構造物や，所定の供用期間を経た構造物は，解体・撤去後に，更新または廃棄される．各種構造物の解体・撤去の工法（一般に，解体工法という）は，1960（昭35）年頃まではバール，のみ，ハンマなどを使用した手作業（はつり）による解体工法であったが，RC構造物については，徐々に機械化が進み，ハンドブレーカ工法，スチールボール工法による時代を経て，1965（昭40）年代になってから，圧砕機をつけたベースマシンを使用した解体工法が定着してきた．鉄骨構造物については，1980（昭55）年頃から，鉄骨切断用カッタによる解体工法で施工されるようになった．

　現在では，機能的で作業効率がよく，安全で振動・騒音・粉塵の少ない解体工法が必要とされており，解体・撤去する構造物の構造形式，規模と敷地，道路等の条件や現場周辺の環境条件に適応した各種の解体工法が実用化されている．解体・撤去時には，今後の維持管理技術の向上を図るうえで，強度試験，化学分析，載荷試験などの調査を行い，その結果を記録しておくことが望まれる．

　ここでは，鉄骨・鉄筋コンクリート構造物の解体・撤去について述べる．

9.2 鉄骨・鉄筋コンクリート構造物の解体・撤去

9.2.1 解体工法の概要

　構造物の解体工法は，解体発生材の形状からコンクリートを塊状に順次壊す破砕解体と，部材別にブロック状に切り離し，クレーン等で吊出し壊すブロック解体・部材解体とに分類される．

　また，破壊の原理・方法から，機械的衝撃による工法（手動工具，ハンドブレーカ，大型ブレーカ），油圧による工法（圧砕，鋼材大型切断機），研削による工法（カッタ，ワイヤソーイング，コアボーリング），噴射洗掘による工法（ウォータージェット，アブレッシブウォータージェット），膨張圧による工法（静的破砕剤），火焔による工法（火焔ジェット，テルミットランス），電気エネルギによる工法（鉄筋の通電加熱），火薬による工法（発破，ミニブラスティング），転倒工法（構造物を縁切り

し転倒させ解体）に分類される．

解体工事では，各工法の短所を補うように組み合せた工法で施工されており，ブロック解体・部材解体ではクレーンや架台が併用されている．解体工事に伴って発生する解体材は産業廃棄物であり，再利用の促進が図られている．

9.2.2 解体工法
(1) ハンドブレーカ工法
ハンドブレーカは，コンプレッサから圧縮空気をブレーカ本体に送り，その圧力で内部のスプリングを作動させ，のみ先に連続的に打撃力を与えることによりコンクリートを破砕する．騒音を低減させた油圧式，電気式のものもあり，小型のものはピックハンマという．

解体重機作業が不可能な場合，ハンドブレーカで各部材を大きなブロック状に縁切りし，露出した鉄筋をガス切断して構造物を解体していく工法であり，他の工法との併用や補助工法として使用される．

(2) 大型ブレーカ工法
大型ブレーカは，ベースマシンのアームに取付け，油圧でブレーカに組み込まれたのみ先に打撃力を発生させてコンクリートを破砕する．圧砕機で挟み込めない大断面の部材，鉄骨鉄筋コンクリート（SRC）部材，基礎部材などの解体に採用され，他の工法と併用する場合が多い．

(3) 圧砕工法
圧砕機は，はさみ状の油圧作動の刃先によってコンクリートを破壊するもので，大割・小割用があり，通常はベースマシンに取付けて使用される（図9.1）．鉄筋カッタを備えているので，鉄筋を切断することもできる．鉄骨がある場合には，鉄骨切断用カッタで切断する．

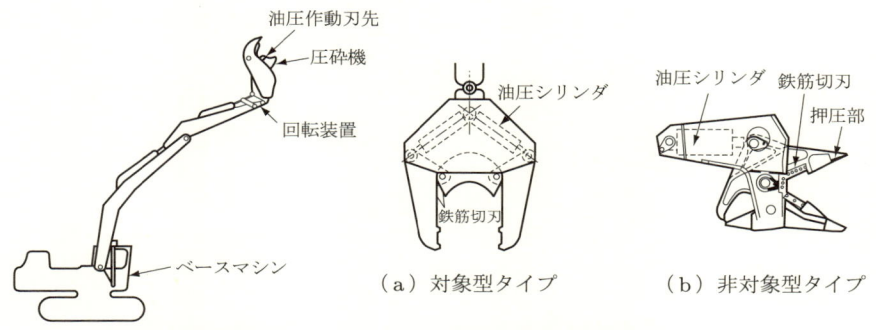

図9.1 圧砕機とベースマシン［全国解体工事業団体連合会テキスト］

地上から解体する工法では，超ロングブームを使用すると，地上高 40 m 程度の構造物も，圧砕機の先端に装備したテレビカメラの画像を見ながら地上から解体することができる．

地上から直接解体できない場合には，ベースマシン・圧砕機をクレーンで屋上または直下階に吊り上げて，上部から解体する．

(4) カッタ工法

ダイヤモンドを埋め込んだ円盤状の切刃（ブレード）を高速回転させて，鉄筋コンクリートをブロック状に直線的に切断するものである（図 9.2）．切削時には，約 15 l/min の冷却水を常に供給する必要がある．

解体順序は，カッタ機によって床版，壁高欄などを部材ごとに切り離し，一つ一つクレーンで取り除いて搬出，処理する．

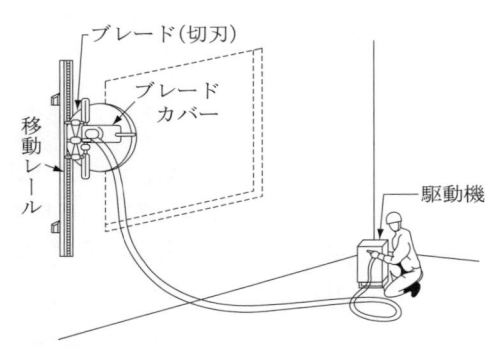

図 9.2 ガイドレール式カッタ機
[全国解体工事業団体連合会テキスト]

(5) ワイヤソーイング工法

図 9.3 に示すように，ダイヤモンドワイヤソー（①）をガイドプーリ（②）によって切断物とワイヤ駆動機（③，20〜50 HP 駆動モータ）の間に導き，循環駆動させる．このワイヤソーに張力（0〜3 KN）を与えながら駆動部を移動装置（④）で移動

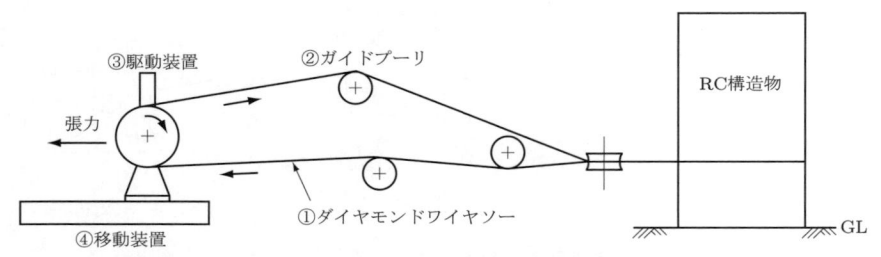

図 9.3 ワイヤソーイング工法［全国解体工事業団体連合会テキスト］

させて，切断面の研削によってRC部材などを切断する．この他，冷却水供給装置や防護カバーなどを必要とする．

陸上にある高架橋の桁・床版・壁高欄，地中連続壁，地下鉄溝築壁の解体や，陸上・水中にある橋脚，擁壁，港湾施設の解体など，大断面切断，地下・水中構造物の切断などに適用される．

(6) コアボーリング工法

コアボーリングは，高周波モータや油圧式モータを駆動源として，ビット最大口径 $\phi 800$ mm，最大削孔深さ50 mまで穿孔でき，直線あるいは任意の曲線状に相互に接触させて穴を開けることによって，ブロック状に切断・解体できる．ビットの周速は速いほどよく，1200 m/min が望ましいが，ビットを冷却する装置（10 l/min 以上を給水）が必要である．

(7) アブレッシブウォータージェット工法

超高圧水（圧力200～300 N/mm^2）の噴流に研磨材（アブレッシブ材，ガーネットや銅スラグなど）を吸引混合させ，この水と研磨材の混合噴流をノズル先端より噴射して，RC構造物などを切断する工法である．施工は，超高圧発生装置を場内に搬入し，超高圧ホースを伸ばして，切削ノズル部と研磨材供給回収装置，制御装置を設置して切断を行う．

(8) 静的破砕剤工法

静的破砕剤の主成分である酸化カルシウム（CaO）と水が反応して発現する膨張圧を利用して，コンクリートや岩石を破砕する．低公害で安全性が高い破砕工法で，破砕時間を短縮した速効タイプ破砕剤もあり，橋脚，橋台，基礎，擁壁，コンクリート版などの解体工事に適用される．

施工法は，部材の所定の位置に，所定の径の孔を削孔し，中に破砕剤を充填した後，破砕剤が孔から噴出する事故を防止するため，シート等で覆っておく．膨張の終了まで，孔を上から覗き込んではならない．

(9) 火焔ジェット工法

切断機から，超音速（マッハ5～6）で酸素と灯油を混合した高温（3,500～3,800 K）の高圧火焔ジェットを噴射し，鉄筋コンクリートを溶断する．切断の対象は，太径鉄筋などの鉄筋量の多い強固な鉄筋コンクリート構造物から，侵蝕抵抗や熱衝撃抵抗の大きい耐火物などの複合部材の切断，破砕への利用と拡大されている．

(10) 通電加熱工法

鉄筋を電気抵抗体として直接通電（電圧30～40 V程度）し，ジュール熱によって熱膨張させることにより，鉄筋コンクリート構造物にひび割れを発生させて，解体を容易にしようとするものである．

(11) 発破工法（ミニブラスティング工法）

1孔当り数10g程度の少量の火薬類を，穿孔内で爆発させることにより物体の小部分を破砕する発破法であり，局所発破とも呼ばれている．桁，梁，柱，壁など構造物の一部を破砕したり，橋脚，橋台，基礎，地中梁などを解体するのにも応用されている．

施工の手順は，通常の発破作業と同じく，設計，穿孔，装薬，込め物，結線，防護，退避，点火および結果の確認の順序で行われ，発破後，大型ブレーカ工法，圧砕工法などによって，さらに解体を進めることもできる．

(12) 転倒工法

構造物の柱や外壁部などを内側に転倒させて二次破砕する工法であり，外壁を圧砕機で小割解体する作業において破砕片を構造物の外側に飛散させる恐れを排除できる．施工は，柱頭部に引きワイヤロープを取付け，柱脚部（根回し部）のコンクリートをはつった後に，引きワイヤロープに張力を与えて転倒させる．

9.3 解体材の処理と再利用

解体工事に伴って発生する解体材（建設副産物）は，その多くは建設資材としてリサイクル可能であることから，発生の抑制，再利用の促進，適正処分の徹底の三つを基本方針として，循環型社会の構築に向けて法律が定められている．

「資源の有効な利用の促進に関する法律」（資源有効利用促進法）では，再生資源（土砂，コンクリート塊など）の利用の促進などが図られている．コンクリート塊は，道路用（路盤材料，基礎材など）の再生クラッシャーラン，再生コンクリート砂，再生粒度調整砕石などとして利用されている．

また，解体工事に関しては，「建設工事に係る資材の再資源化等に関する法律」（建設リサイクル法）で，特定の建設資材の分別解体等および再資源化等の促進，解体工事業者の登録制度の実施等により，再生資源の有効な利用の確保および廃棄物の適正な処理が図られている．

演習問題

【9.1】解体工法の種類について説明せよ．

10章 維持管理の展望

10.1 はじめに

　建設プロジェクトのサイクル（1章，図1.4参照）において，維持管理段階で変状が発生し，その原因が解明されたとしても，その後に新設する構造物に対策を講じないと，同様の変状が繰り返し発生することとなる．したがって，構造物の長寿命化を図るためには，維持管理段階で得られた技術上の知見を，設計・施工・検査段階のシステムにフィードバックすることが必要となる．設計における構造物の要求性能としては，従来，安全性が優先されていたが，最近では第三者影響度の方が社会的に優先されており，耐久性設計の重要性が高まっている．

　また，1.6節で述べたように，現在，建設後50年が経過した構造物が増加し，2020年ごろには社会資本の維持管理・更新の資金が無くなる時代の到来が予測されている．未来に向けた維持管理工学の高度化，情報システム化の重要度が高まってきている．

10.2 維持管理から設計・施工へのフィードバックの事例

10.2.1 コンクリート構造物の変状

　維持管理において構造物に発生した塩害，中性化，アルカリ骨材反応，鋼材の亀裂などによる各種の変状は，新設構造物を設計する際にもっとも適した教訓である．その変状が発生した原因は，塩化物量が多い海砂や反応性骨材の使用，単位水量が多いシャブコンの使用，コールドジョイントの発生，鉄筋のかぶり不足，鋼材の疲労などがある．これらを究明し，新設構造物の設計・施工に反映することは，構造物の長寿命化につながる．さらに，補修された構造物を定期的に点検し，そこから得られた知見を新設構造物の設計・施工に反映することも，きわめて重要である．

　道路橋示方書（平成14年3月）では，「コンクリート部材の設計にあたっては，経年的な劣化による影響を考慮するものとする」（Ⅲコンクリート橋編5章耐久性の検討，5.1一般），「①コンクリート構造物は，塩害により所要の耐久性が損なわれないようにするものとする．塩害の影響度合いが厳しい地域においては，かぶりの最小値を塗装鉄筋の使用またはコンクリート塗装を併用して70 mm以上とするなどの対策

を行うことにより，①を満足するとみなしてよい」（同5.2塩害に対する検討）と規定されている．また，「①コンクリート橋の施工は，設計において前提とされた諸条件が満足されるように行わなければならない．②施工が確実になされていることを確認するために，品質管理及び検査を適切に行わなければならない」（同19.2施工一般）と規定されている．

コンクリートの品質については，JIS A 5308「レディーミクストコンクリート」の規定，「コンクリート中の塩化物総量規制及びアルカリ骨材反応抑制対策実施要領」（平成1年9月，平成14年7月）の通達，「土木コンクリート構造物の品質確保について」（平成13年3月）の通達などで対策が講じられた．

一方，「鋼橋の部材の設計にあたっては，経年的な劣化による影響を考慮するものとする」（II鋼橋編5章耐久性の検討，5.1一般），「①鋼橋の部材には，腐食による機能の低下を防ぐため，防錆防食を施すものとする．②鋼材の防錆防食法の選定にあたっては，架橋地点の環境，橋の部位及び規模，部材の形状並びに経済性を考慮するものとする．③鋼橋の設計にあたっては，防錆防食法に応じて，細部構造の形状及び材料の組合せ等について適切に配慮するものとする」（同5.2防錆防食）と規定された．さらに，「鋼橋の設計にあたっては，疲労の影響を考慮するものとする」（同5.3疲労設計）と規定されている．

10.2.2 変状の原因となる水の作用の除去

橋梁間を連結している伸縮装置からの漏水箇所で，部材の変色，鋼材の腐食，アルカリ骨材反応の促進などの損傷事例が多発している．この継目部は，車両通過時の騒音・振動の発生源になるばかりでなく，冬季には塩化物を含有した凍結防止剤の路面散布に起因した塩害発生の原因にもなる．箱桁の密閉断面では，添接部からの浸水や結露のために内部で滞水した事例がある．

道路橋示方書では，「①車両の走行安全性等に配慮して，橋面の水をすみやかに排除できる構造とする．②橋の耐久性に配慮して，構造各部は排水が確実に行える構造とする．また，床版上面に侵入した雨水等をすみやかに排除できる構造とする」（I共通編，5.2排水），「③アスファルト舗装とする場合は，橋面より侵入した雨水等が床版内部に浸透しないように防水層等を設けるものとする」（同5.3橋面舗装）と規定されている．

単純桁構造を連続桁構造に変更すると，伸縮装置部の腐食問題は解消される．コンクリート床版には水抜き孔を設置し，箱桁は密閉構造とはせず，換気孔を設置するなどして，積極的に空気を流通させて乾燥させるなどの対策が講じられている．

10.2.3　PC 橋のグラウト充填不良による PC 鋼材の破断

　PC 橋では，シース内のグラウトの充填不良が多数発見され，PC 鋼線の腐食破断が問題となった．イギリスでは，落橋発生から，1992～1996 年の間，グラウトの充填のポストテンション工法は禁止された．高速自動車国道の PC 橋でも，ポストテンション工法を止め，アウトケーブル工法が標準となった．

　道路橋示方書Ⅲコンクリート橋編では，「グラウトは，シース内にグラウトが完全に充てんされる方法で施工しなければならない．材料は，ノンブリーディング型のグラウトまたは現場でのグラウト作業がないプレグラウト PC 鋼材を使用することとする」(19.10 グラウトの施工) と規定されている．今後，図 3.14 で示したエポキシ樹脂全塗装 PC 鋼より線の使用が，解決策として期待されている．

10.2.4　維持管理施設の設置

　橋梁の点検や補修・補強工事の際には，足場がないと近接することが困難である．また，鋼橋の狭隘な箱密閉断面の部材などでは，ジャッキアップが必要になる可能性があり，補修工事でジャッキアップ用補剛材の搬入ができなくなることが予測される．このように，検査路や検査車，ジャッキアップ用補剛材など将来維持管理で必要になるものを，建設時点から設置するように設計することが望まれている．

10.3　設計・施工から維持管理への引継ぎの事例

10.3.1　新設構造物の計画・設計時点における配慮と維持管理への引継ぎ

　都市内で建設される橋梁のように，周辺状況の制約を受ける構造物は，曲線橋，不等径間連続橋，斜橋など，形状がやむを得ず複雑なものになることがある．特に，応力集中の発生が危惧される細部構造や，二次部材の設計や施工には，留意することが肝要である．このような場合には，設計で想定していない応力が部材に発生することがあり，設計で想定した設計条件を，施工後も維持管理に引き継いで，入念な点検や追跡調査を行う必要がある．

10.3.2　設計，施工の改良・工夫による長寿命化と記録（データ）の蓄積

　取替えが容易な部材や，高耐久性を確保する新技術の組み合わせによって，ミニマムメンテナンスとなる長寿命の構造物を建設するように，設計，施工の改良・工夫を図るとともに，これらの建設の記録（データ）を維持管理に引き継いで，さらに，補修・補強などの対策データを蓄積することが重要である．

10.4 維持管理の合理化，情報システム化

10.4.1 維持管理への先端技術の導入

今後の維持管理には，省力化や無人化が求められる．特に，点検ではその結果の判定に客観性が重要になる．狭隘部や危険箇所など，容易に近接できない箇所の点検では，このことは特に大切である．変状を簡易で正確に判定できる調査方法や，点検ロボットの開発，画像処理技術の応用など，他分野との連携による新技術の開発が求められている．

10.4.2 維持管理の最適化

構造物の診断は，人間の健康診断に相当するものであり，供用からの経過年数，設置場所の環境や，交通条件などにより劣化状態も変化する．また，過去の経験により損傷が発生しやすい部位も判明しており，効果的な間隔で点検を実施することが，莫大な構造物を，限られた予算，陣容で適切に維持管理するうえで重要である．構造物の管理者は，点検・調査によって変状が発生した構造物を評価して対策を講じるのみならず，これらの情報を体系的に整備・蓄積して情報システム化することにより，ライフサイクルコストを考慮した維持管理方法の確立，最適化を，早急に実現することが望まれている．

また，維持管理方法は，自然環境や生活環境に及ぼす影響を最小限にし，環境の保全とともに資源の有効な利用が図れるように，最適化することが肝要である．

10.4.3 次世代の維持管理

次世代の維持管理の発展には，上記のような情報システム化の推進のみならず，これを使いこなす「名医」と同様な「高度な技術的診断能力を持つ維持管理技術者」が存在することが不可欠である．これまで整備されてきたわが国の社会資本施設を，将来とも長期間にわたって維持し供用していくために，維持管理工学の重要性が高まってきている．

演習問題略解

1章
1.1 社会資本には，狭義と広義の社会資本がある．3～5ページ参照．
1.2 社会資本の老朽化が急速に進み，維持管理中心の時代となる．9～11ページ参照．

2章
2.1 初期点検，日常点検，定期点検，臨時点検，詳細点検など．18～21ページ参照．
2.2 点検強化，補修，補強，機能向上，供用制限，解体・撤去（更新，廃棄）など．25～27ページ参照．

3章
3.1 $LCC = I + M + R + U + A$．30～32ページ参照．
3.2 FHWA開発のPONTISなど．38～42ページ参照．

4章
4.1 変状には，初期欠陥，損傷，劣化がある．48～50ページ参照．
4.2 中性化，塩害，凍害，化学的侵食，ASR，疲労，すり減り．50～51ページ参照．
4.3 電磁気的現象（電流，電圧，磁界）と波動現象（弾性波，電磁波）．弾性波には，超音波，衝撃弾性波，AEがあり，電磁波には放射線，赤外線，マイクロ波が用いられる．54～56ページ参照．
4.4 56ページに示す7項目．
4.5 中性化：70ページ，塩害：73ページ，凍害：75ページ，化学的侵食：77ページ，ASR：80ページ，RC床版の疲労：82ページ，すり減り：84ページ．
4.6 点検時と予定供用期間終了時の各性能を定量的に評価する．86～87ページ参照．
4.7 劣化機構によって補修方針は異なる．96～97ページ，表4.32参照．

5章
5.1 鋼構造物に生じる代表的な局部的変状としては，腐食，亀裂，高力ボルトの脱落，構造物全体の変状としては，異常たわみ，異常音，異常振動などがある．115～116ページ参照．
5.2 鋼材表面の変状調査法として，浸透探傷検査，磁粉探傷検査，渦流探傷検査，鋼材内部の変状調査法として，超音波探傷検査，放射線透過検査がある．117～118ページ参照．
5.3 鋼構造物の補修・補強工法としては，変状部を修復した後，添接板を用いてボルトによる補強工法と溶接による補修工法がある．127～133ページ参照．

6章
6.1 内的要因と外的要因による変状．137, 141～144ページ参照．
6.2 劣化・はく落対策，漏水・凍結対策，外的対策など．146～149ページ参照．

7章
7.1 舗装に要求される性能としては，荷重支持性能，走行安全性能，走行快適性能，表層の耐久性能，環境負荷軽減性能などがある．150ページ参照．
7.2 舗装に生じる代表的な変状としては，ひび割れ，わだち掘れ，平たん性の低下，すべり抵抗値の低下などがある．152～154ページ参照．
7.3 一般国道の舗装の供用性を判定する指標として，ひび割れ，わだち掘れ，平坦性の3要素で総合的に評価するMCI（維持管理指数）が一般的に用いられる．159～160ページ参照．

8章
8.1 のり面に要求される性能は，安定していること，自然災害に対して被害を最小限度にすること，道路周辺に対しても被害を最小限度にすること，美しい景観を有することなどである．165ページ参照．

8.2 防災工事の目的は，災害時に復旧道路としての機能が果たせるように，それに対処する工事をいう．171〜172ページ参照．

8.3 環境対策の事例としては，遮音壁，環境施設帯，裏面吸音板設置工事などである．また，景観対策として，化粧板の設置も行われている．172〜173ページ参照．

9章
9.1 解体工法には，機械的衝撃による工法，油圧による工法、転倒工法などがある．174〜178ページ参照．

付 表

付表 1 わが国の社会資本施設整備の歴史（1949（昭和 24）年以降）

一般の変遷	道路・鉄道を中心とした土木事業の変遷
1949（昭 24） 郵政省設置	1949 1948 年設置の建設院を建設省と改称，日本国有鉄道設立（運輸省所管の国有鉄道を移管）
1950（昭 25） 朝鮮戦争（～1953 年）	
1951（昭 26） サンフランシスコ平和条約	1952 旧「道路整備特別措置法」（有料道路制度の始まり）
1952（昭 27） 日本電信電話公社設立（電気通信省から移行）	新「道路法」（道路の基本）
1953（昭 28） NHK テレビ放送開始	1953 「道路整備費の財源等に関する臨時措置法」（道路整備五箇年計画，道路特定財源制度の始まり）
1955（昭 30） 「経済自立 5 箇年計画」	1954 第一次道路整備五箇年計画（事業総額 2600 億円）
1956（昭 31） 日本の国連加盟可決 自動車保有台数 100 万台突破	1956 「道路整備特別措置法」 ワトキンス調査団来日（道路運輸政策などについて調査） 日本道路公団設立
1957（昭 32） 「新長期経済計画」	1957 「国土開発縦貫自動車道建設法」（高速幹線自動車道の開設） 「高速自動車国道法」（国土開発縦貫自動車道と高速自動車国道の建設管理体制を確立）
1958（昭 33） 東京タワー完成（高さ 332.6 m）	1958 「道路整備緊急措置法」（二次以降の五箇年計画，特定財源制度の根拠法），「道路整備特別会計法」 関門国道トンネル開通（3461 m，うち海底部分 780 m）
1959（昭 34） ベトナム戦争（～1975 年），伊勢湾台風	1959 第二次道路整備五箇年計画（事業総額 1 兆円）
1960（昭 35） 「国民所得倍増計画」	首都高速道路公団設立
1961（昭 36） 東京都の人口 1000 万人を突破	1961 第三次道路整備五箇年計画（事業総額 2 兆 1000 億円）
1962（昭 37） 「全国総合開発計画」（一全総）	1962 阪神高速道路公団設立 若戸大橋開通（わが国の長大橋の始まり，支間 367 m）
	1963 名神高速道路一部開通（尼崎～栗東間 71 km，わが国最初の高速道路の開通），黒四ダム完成
1964（昭 39） 東京オリンピック	1964 東海道新幹線開業（東京～新大阪間 515 km）
1965（昭 40） 「中期経済計画」	1965 第四次道路整備五箇年計画（事業総額 4 兆 1000 億円） 名神高速道路全線開通（小牧～西宮間 194 km）
1967（昭 42） 「経済社会発展計画」 自動車保有台数 1000 万台突破	1966 「国土開発幹線自動車道建設法」（予定路線 7600 km）
1968（昭 43） 霞ヶ関ビルディング完成（日本初の超高層ビル）	1968 第五次道路整備五箇年計画（事業総額 6 兆 6000 億円）
1969（昭 44） 「新全国総合開発計画」（新全総）	1969 東名高速道路全線開通（東京～小牧間 347 km）
1970（昭 45） 「新経済社会発展計画」 日本万国博覧会（大阪万博），公害国会	1970 本州四国連絡橋公団設立
1971（昭 46） 沖縄返還協定	1971 第六次道路整備五箇年計画（事業総額 10 兆 3500 億円）
1972（昭 47） 冬季オリンピック札幌大会	1972 山陽新幹線新大阪～岡山間開業
1973（昭 48） 「経済社会基本計画」 石油ショック	1973 第七次道路整備五箇年計画（事業総額 19 兆 5000 億円） 高速自動車国道開通延長 1000 km 突破
1975（昭 50） 沖縄国際海洋博覧会（沖縄海洋博）	1975 山陽新幹線岡山～博多間開業
1976（昭 51） 「昭和 50 年代前期社会計画」	
1977（昭 52） 「第三次全国総合開発計画」（三全総）	
1978（昭 53） 宮城県沖地震（M7.4）	1978 第八次道路整備五箇年計画（事業総額 28 兆 5000 億円） 成田国際空港開港
1979（昭 54） 第二次石油ショック 「新経済社会七箇年計画」	1979 東名高速道路日本坂トンネルで大火災事故発生（日本の道路トンネルで史上最悪の火災事故）
1982（昭 57） 長崎大水害	1982 高速自動車国道開通延長 3000 km 突破
1983（昭 58） 「1980 年代経済社会の展望と指針」 日本海中部地震（M7.7）	1983 第九次道路整備五箇年計画（事業総額 38 兆 2000 億円） NHK テレビ塩害・アルカリ骨材反応の報道
1985（昭 60） 国際科学技術博覧会（科学万博），円高進行 日本電信電話公社が株式会社化	1985 関越トンネル開通（日本最長の道路トンネル，10926 m）

1987 (昭62)	「第四次全国総合開発計画」(四全総) 自動車保有台数5,000万台突破		1987	高規格幹線道路網 (14000 km) 計画 日本国有鉄道 (総延長約2万 kmの路線) が分割民営化
1988 (昭63)	「世界とともに生きる日本」		1988	第十次道路整備五箇年計画 (事業総額53兆円) 青函トンネル開業 (世界最長のトンネル, 全長53.9 km) 本州四国連絡道路が始めて全面開通 (瀬戸中央自動車道) 北海道・本州・四国・九州が鉄道で繋がる
1990 (平2)	公共投資基本計画 (日米構造協議, 430兆円) イラクがクウェートに侵攻			
1991 (平3)	バブル経済崩壊		1991	高速自動車国道開通延長 5000 km 突破 上越新幹線全線開通
1992 (平4)	「生活大国五箇年計画」			
1993 (平5)	北海道南西沖大地震 (M7.8)		1993	第十一次道路整備五箇年計画 (事業総額76兆円)
1994 (平6)	北海道東方沖地震 (M8.1)		1994	関西国際空港開港
1995 (平7)	世界貿易機関 (WTO) 設立. 兵庫県南部地震 (阪神・淡路大震災, M7.2) が発生. 「構造改革のための経済社会計画」		1995	青森〜鹿児島間の高速自動車国道 2400 km が完成
1998 (平10)	「21世紀の国土のグランドデザイン」(五全総)		1998	新道路整備五箇年計画 (事業総額78兆円) 明石海峡大橋 (世界最長の吊橋, 支間 1991 m) が開通し神戸淡路鳴門自動車道が全面開通
1999 (平11)	「経済社会のあるべき姿と経済新生の政策方針」		1999	山陽新幹線福岡トンネルでコンクリート落下事故
			2001	国土交通省設置
2003 (平15)	社会資本整備重点計画, 日本郵政公社設立 (郵政省から移行), 十勝沖地震 (M8.0) イラク戦争開戦		2003	社会資本整備重点計画
2005 (平17)	姉歯耐震偽装事件		2005	日本道路公団, 首都高速道路公団, 阪神高速道路公団, 本州四国連絡橋公団が株式会社化
2007 (平19)	日本郵政公社が株式会社化			

付表2 道路の実延長・舗装率 (平成18年4月1日現在)

[国土交通省道路局:道路統計年報2007から作成]

道路の種別	実延長〔km〕(比率)	実延長のうち舗装道〔km〕			実延長のうち簡易舗装道〔km〕(舗装率)	未舗装道〔km〕(舗装率)
		セメント系 (舗装比)	アスファルト系 (舗装比)	計 (舗装率)		
高速自動車国道	7 392.2 (0.6)	449.5 (6.1)	6 942.7 (93.9)	7 392.2 (100.0)	0 (0.0)	0 (0.00)
一般国道 (指定区間)	22 363.4 (1.9)	1 049.7 (4.8)	20 966.3 (95.2)	22 015.9 (98.4)	341.4 (1.5)	6.1 (0.03)
一般国道 (指定区間外)	31 983.5 (2.7)	1 060.1 (3.9)	26 026.0 (96.1)	27 086.1 (84.7)	4 545.1 (14.2)	352.2 (1.1)
都道府県道	129 293.5 (10.8)	1 739.3 (2.2)	76 315.2 (97.8)	78 054.5 (60.4)	46 379.2 (35.9)	4 859.8 (3.8)
市町村道	1 005 975.3 (84.0)	50 874.2 (28.4)	128 321.6 (71.6)	179 195.8 (17.8)	584 058.6 (58.1)	242 721.0 (24.1)
合計	1 197 007.9 (100.0)	55 172.8 (17.6)	258 571.8 (82.4)	313 744.6 (26.2)	635 324.3 (53.1)	247 939.0 (20.7)

付表3 橋梁の現況（平成18年4月1日現在）
［国土交通省道路局：道路統計年報2007から作成］

道路の種別	橋梁数			上部工使用材料別（橋長15m以上）						
	全体（率）	うち橋長15m以上（比率）	うち橋長100m以上（比率）	鋼橋	RC橋	PC橋	鋼とPC・RCとの混合橋	石橋	木橋	その他
高速自動車国道	7 434 (1.1)	6 500 (87.4)	2 979 (40.1)	1 956 (30.1)	1 859 (28.6)	2 295 (35.3)	329 (5.1)	0 (0.0)	0 (0.0)	61 (0.9)
一般国道（指定区間）	19 908 (2.9)	11 026 (55.4)	3 292 (16.5)	5 594 (50.7)	947 (8.6)	4 074 (36.9)	367 (3.3)	3 (0.0)	0 (0.0)	41 (0.4)
一般国道（指定区間外）	29 949 (4.4)	12 918 (43.1)	2 261 (7.5)	5 730 (44.4)	2 091 (16.2)	4 802 (37.2)	242 (1.9)	7 (0.1)	1 (0.0)	45 (0.3)
都道府県道	100 428 (14.8)	32 867 (32.7)	5 027 (5.0)	12 856 (39.1)	5 891 (17.9)	13 344 (40.6)	621 (1.9)	42 (0.1)	16 (0.0)	97 (0.3)
市町村道	520 068 (76.7)	86 973 (16.7)	4 486 (0.9)	31 937 (36.7)	15 213 (17.5)	36 237 (41.7)	1 778 (2.0)	278 (0.3)	1 192 (1.4)	338 (0.4)
合計	677 787 (100.0)	150 284 (22.2)	18 045 (2.7)	58 073 (38.6)	26 001 (17.3)	60 752 (40.4)	3 337 (2.2)	330 (0.2)	1 209 (0.8)	582 (0.4)

付表4 トンネルの現況（平成18年4月1日現在）
［国土交通省道路局：道路統計年報2007から作成］

道路の種別	100 m未満	100 m〜500 m未満	500 m〜1 km未満	1 km〜3 km未満	3 km〜5 km未満	5 km〜10 km未満	10 km以上	全体
高速自動車国道	15 (2.0)	298 (40.1)	193 (26.0)	207 (27.9)	25 (3.4)	4 (0.5)	1 (0.1)	743 (8.3)
一般国道（指定区間）	137 (11.9)	647 (56.3)	216 (18.8)	134 (11.7)	15 (1.3)	1 (0.1)	0 (0.0)	1 150 (12.8)
一般国道（指定区間外）	445 (19.8)	1 267 (56.3)	342 (15.2)	187 (8.3)	7 (0.3)	4 (0.2)	0 (0.0)	2 252 (25.1)
都道府県道	679 (28.4)	1 327 (55.6)	269 (11.3)	107 (4.5)	5 (0.2)	0 (0.0)	0 (0.0)	2 387 (26.6)
市町村道	1 365 (56.0)	956 (39.2)	95 (3.9)	19 (0.8)	2 (0.1)	1 (0.0)	0 (0.0)	2 438 (27.2)
合計	2 641 (29.4)	4 495 (50.1)	1 115 (12.4)	654 (7.3)	54 (0.6)	10 (0.1)	1 (0.0)	8 970 (100.0)

参考文献

1章
1) NHK「テクノパワー」プロジェクト：NHKスペシャル「テクノパワー」巨大建設の世界⑤大都市再生への条件，日本放送出版協会，1993.12
2) 伊吹山四郎・多田宏行・栗本典彦：新訂版道路，彰国社，1994.10
3) 国土交通省編：国土交通白書（平成15年度版），ぎょうせい，2003.4
4) 内閣府政策統括官（経済社会システム担当）：日本の社会資本2007，2007.3
5) 国土交通省道路局監修：道路統計年報-2007年版-，2007.11
6) 原田吉信：橋梁の高齢化に向けたアセットマネジメント，建設の施工企画，679号，2006.9
7) 国土交通省編：国土交通白書2008，ぎょうせい，2008.5
8) 国土交通省編：国土交通白書2006，ぎょうせい，2006.4

2章
1) 小澤隆：道路維持管理の現状と課題，レファレンス，2007.4
2) 建設省：道路技術基準，1962.3
3) 建設省：直轄維持修繕実施要領，1958.6
4) 建設省道路局長：道路の維持修繕等管理要領，1962.8
5) 建設省土木研究所：橋梁点検要領（案），1988.7
6) 国土交通省道路局国道課：道路トンネル定期点検要領（案），2002.4
7) 国土交通省道路局国道・防災課：橋梁の維持管理の体系と橋梁管理カルテ作成要領（案）・橋梁定期点検要領（案），2004.3
8) 日本道路協会：道路維持修繕要綱，1966.3，1978.7
9) 日本道路協会：道路橋伸縮装置便覧，1970.4
10) 日本道路協会：鋼道路橋塗装便覧，1971.11，1990.6
11) 日本道路協会：道路橋支承便覧 1973.4，1991.7
12) 日本道路協会：道路橋補修便覧，1979.2，1989.8
13) 日本道路協会：道路橋の塩害対策指針（案）・同解説，1984.2
14) 日本道路協会：道路トンネル維持管理便覧，1993.11
15) 日本道路協会：舗装の構造に関する技術基準・同解説，2001.7
16) 日本道路協会：舗装設計施工指針，2001.12，2006.2
17) 日本道路協会：道路橋補修・補強事例集（2007年版），2007.7
18) 日本道路協会：舗装再生便覧，2004.2
19) 日本道路協会：道路橋床版防水便覧，2007.3
20) 日本道路公団：点検の手引き，1985.3
21) 日本道路公団：維持修繕要領橋梁編，1988.5
22) 日本道路公団：道路保全点検要領（案），1998.4
23) 日本道路公団：保全管理要領特殊点検編（案），1998.4
24) 日本道路公団：道路構造物点検要領（案），2001.4
25) 東日本高速道路株式会社・中日本高速道路株式会社・西日本高速道路株式会社：保全点検要領，2006.5
26) 東日本高速道路株式会社・中日本高速道路株式会社・西日本高速道路株式会社：設計要領第二集橋梁保全編，2006.5
27) 運輸省告示：港湾の施設の技術上の基準の細目を定める告示，1999.4
28) 国土交通省令：港湾の施設の技術上の基準の細目を定める省令，2007.3
29) 日本港湾協会：港湾の施設の技術上の基準・同解説（改正版），1989.6，1999.4，2007.7
30) 農林水産省農村振興局・農林水産省水産庁・国土交通省河川局国土交通省港湾局局長通

知：海岸保全施設の技術上の基準について，2004.4
31) 海岸保全施設技術研究会：海岸保全施設の技術上の基準・同解説，2004.6
32) 農林水産省農村振興局防災課・農林水産省水産庁防災漁村課国土交通省河川局海岸室・国土交通省港湾海岸局・防災課：ライフサイクルマネジメントのための海岸保全施設維持管理マニュアル（案）〜堤防・護岸・胸壁の点検・診断〜，2008.2
33) （財）鉄道総合技術研究所：変状トンネル対策工設計マニュアル，1998.2
34) （財）鉄道総合技術研究所：トンネル保守マニュアル（案），2000.5
35) （財）鉄道総合技術研究所：鉄道建造物等維持管理標準・同解説（構造物編）コンクリート構造物，同トンネル，同鋼・合成構造物，同基礎構造物・同抗土圧構造物，同土構造物（盛土・切土），2007.1
36) （財）鉄道総合技術研究所：トンネル補修・補強マニュアル，2007.1
37) 土木学会：エポキシ樹脂塗装鉄筋を用いる鉄筋コンクリートの設計施工指針（案）
38) 土木学会：コンクリート構造物の耐久設計指針（案），1995.3
39) 土木学会：コンクリート構造物の維持管理指針（案）1995.7
40) 土木学会：コンクリート標準示方書維持管理編，2001.1，2008.3
41) 土木学会：表面保護工法設計施工指針（案），2005.4
42) 土木学会：トンネルの維持管理，2005.7
43) 土木学会：歴史的鋼橋の補修・補強マニュアル，2006.11
44) 土木学会：舗装標準示方書，2007.3
45) 日本コンクリート工学協会：海洋コンクリート構造物の防食指針（案），1983.2，1990.3
46) 日本コンクリート工学協会：コンクリートのひび割れ調査，補修・補強指針，1987.2，2003.6
47) 日本学術会議メカニクス・構造研究連絡会構造工学専門委員会：構造工学における現在的課題—設計クライテリアとコンピューター依存社会—，2005.8

3章
1) 土木学会編：アセットマネジメント導入への挑戦，技報堂出版，2005.11
2) 土木学会メインテナンス工学連合小委員会編：社会基盤メインテナンス工学，東京大学出版会，2004.3
3) 特集／社会資本のアセットマネジメントシステム導入に向けて，土木学会誌，Vol. 89，2004.8
4) 土木学会：舗装工学，1995.2
5) 日本道路協会：舗装設計施工指針（平成18年版），2006.2
6) 土木学会：2001年制定コンクリート標準示方書［維持管理編］制定資料，2001.1
7) 宮本文穂・河村圭・中村秀明：Bridge Management System (BMS) を利用した既存橋梁の最適維持管理計画の策定，土木学会論文集，No.588/VI-38，1998.3
8) 横山和昭・上東泰・窪田賢司：橋梁マネジメントシステム（JH-BMS）の構築，ハイウェイ技術，2003.10
9) 西川和廣・村越潤・中嶋浩之：ミニマムメインテナンス橋に関する検討，土木技術資料 38-9，1996.9
10) 建設省編：建設白書2000，ぎょうせい，2000.8
11) 土木学会：エポキシ樹脂塗装鉄筋を用いる鉄筋コンクリートの設計施工指針［改訂版］，2003.11
12) 小島孝昭・豊福俊泰・小林一輔：塩害に対応した高耐久性PC構造物の建設と性能評価に関する研究，土木学会論文集，No. 802/V-69，2005.11
13) 塩害に対応した高耐久性PC橋の建設に関する研究委員会：屋嘉比橋における塩害対策工の追跡調査報告書—追加試験Ⅲ．Ⅱ-8（暴露6ヶ月・1年）調査結果—，2008.3
14) 日経コンストラクション：エジプト海底トンネルの劣化を防げ　日本の援助で進む改修

工事，日経コンストラクション，1993.10.8
15) 国際協力事業団：エジプト・アラブ共和国アハムド・ハムディ・トンネル改修計画基本設計調査報告書，1992.2
16) 国立天文台編：理科年表平成8年，丸善，1995.11

4章

1) 土木学会：2001年制定コンクリート標準示方書［維持管理編］，2001.1，2007年制定コンクリート標準示方書［維持管理編］，2008.3
2) 大濱嘉彦監修：鉄筋コンクリート構造物の劣化対策技術，㈱テクノシステム，1994.10
3) PC技術協会：コンクリート構造診断技術，2007.5
4) 日本材料学会編：建設材料実験，日本材料学会，2001.3
5) 古賀裕久，河野広隆：テストハンマーによるコンクリート強度の推定調査について，コンクリート工学，Vol. 40, No. 2, pp. 3-7, 2002.2
6) 岡田清，六車熙：改定新版コンクリート工学ハンドブック，朝倉書店，pp. 520-532, 1981.11
7) 日本コンクリート工学協会：コンクリート構造物のための非破壊試験方法研究委員会報告書，2001.3
8) 尼﨑省二，山本尚志：コンクリートの弾性波速度に及ぼす鉄筋の影響および表面法による弾性波速度の測定，コンクリート工学論文集，第18巻2号, pp. 95～102, 2007.5
9) 岡田清編：最新コンクリート工学，国民科学社，1986.
10) 土木学会：2001年制定コンクリート標準示方書［維持管理編］制定資料，コンクリートライブラリー104, 2001.1
11) J. H. Bungey：*The Testing of Concrete in Structures*, Surrey University Press, 1989.
12) BS 1881, Part 202-1986：*Recommendations for surface hardness testing by rebound hammer*, British Standards Institution.
13) Y. Lin, T. Liou and C. Hsiao："Influence of Reinforcing Bars on Crack Depth Measurement by Stress Waves", *ACI Materials Journal*, pp. 407-418, July-August 1998.
14) 魚本健人，加藤潔，広野進：コンクリート構造物の非破壊検査，森北出版, pp. 42-44, 1990.5
15) 大津政康：アコースティック・エミッションの特性と理論，森北出版, pp. 1-2, 1998.8
16) 坂上隆英，込上貴仁：赤外線サーモグラフィーによるコンクリートの非破壊試験，非破壊検査，第47巻10号, pp. 723-727, 1998.10
17) ACI Committee 228：*Nondestructive Test Methods for Evaluation of Concrete in Structures*, pp. 35-39, Dec. 1998.
18) 日本コンクリート工学協会：コンクリートのひび割れ調査，補修・補強指針— 2003 —, 技報堂，2004.2
19) 土木学会：コンクリート標準示方書［維持管理編］に準拠した維持管理マニュアル（その1）および関連資料，コンクリート技術資料 No. 57, 2003.11
20) 東日本高速道路株式会社・中日本高速道路株式会社・西日本高速道路株式会社：保全点検要領，2006.5
21) 土木学会：コンクリート構造物の維持管理指針（案），コンクリートライブラリー81, 1995.10

5章

1) 日本道路協会：鋼道路橋塗装・防食便覧，2005.12
2) 日本道路協会：鋼道路橋の疲労設計指針，2002.3
3) 日本道路協会：鋼橋の疲労，1997.5
4) 日本道路協会：道路橋補修便覧，1979.2

5) 日本道路協会：道路橋補修・補強事例集（2007年版），2007.7
6) 海洋架橋・橋梁調査会：道路橋マネジメントの手引き，2004.8
7) 国土交通省道路局国道・防災課：橋梁定期点検要領（案），2004.3
8) 日本非破壊検査協会：イラストで学ぶ非破壊試験入門，2002.6
9) 東日本高速道路株式会社・中日本高速道路株式会社・西日本高速道路株式会社：保全点検要領，2006.5

6章
1) 土木学会：トンネルの維持管理，トンネル・ライブラリー第14号，2005.7
2) 日本道路協会：道路トンネル維持管理便覧，1993.11
3) 土木学会：山岳トンネル覆工の現状と対策，トンネル・ライブラリー第12号，2002.9
4) 東日本高速道路株式会社・中日本高速道路株式会社・西日本高速道路株式会社：設計要領第三集トンネル編，2006.5
5) 鉄道総合技術研究所：トンネル補修・補強マニュアル，2007.1

7章
1) 日本道路協会：舗装の構造に関する技術基準・同解説，2001.7
2) 日本道路協会：舗装設計施工指針，2006.2
3) 日本道路協会：舗装設計便覧，2006.2
4) 日本道路協会：舗装施工便覧，2006.2
5) 日本道路協会：道路維持修繕要綱，1978
6) 土木学会：舗装標準示方書，2007.3
7) 東日本高速道路株式会社・中日本高速道路株式会社・西日本高速道路株式会社：保全点検要領，2006.5

8章
1) 日本道路協会：道路土工要綱，1990.8
2) 日本道路協会：道路土工　のり面工・斜面安定工指針，1999.3
3) 東日本高速道路株式会社・中日本高速道路株式会社・西日本高速道路株式会社：保全点検要領，2006.5
4) 高速道路技術センター：目で見る維持管理，1989.5
5) 高速道路技術センター：写真で見る保全業務，2004.10
6) プレストレストコンクリート技術協会：コンクリート構造診断技術，2007.7

9章
1) 日本道路公団試験研究所：材料施工資料（第9号）破砕・切断・切削工法，試験研究所技術資料第129号，1997.4
2) （社）全国解体工事業団体連合会：解体工事施工技士研修テキスト（改訂版），1996.10
3) （社）全国解体工事業団体連合会：解体工事施工技術講習テキスト〈解体工事技術編〉，2008.9
4) 解体工事研究会編：新・解体工法と積算，（財）経済調査会，2003.6

第10章
1) 日本道路協会：道路橋示方書・同解説，2002.3

索　引

英字先頭

AASHO　32
ASR　51
ASRによる膨張過程　81
ASRによる劣化の進行　80
ASRによる劣化の予測　81
ASRの劣化機構　80
BMS　32
CBR試験　155
ETC　173
FHWA　33
FRP接着工法　108
FWD　155
H-BMS　39
HDM　32
HERS　33
Impact-echo Method　64
JH-BMS　39
MCI　21, 159
MICHI　39
NBI　38
NBIS　38
NCHRP　32
PMS　32
PONTIS　38
PSI　21, 159
RC床版　21, 43, 51
RC床版の疲労　82, 92
RC床版の疲労による劣化の進行と予測　82
RC床版の疲労の劣化機構　82
RIMS　33
S-N線図　84, 120
T_c-T_0法　63

あ　行

亜鉛溶射　129
アコースティック・エミッション法　64

アセット　29
アセットマネジメント　29
圧砕工法　175
あと施工アンカー　111
アノード反応　101
アルカリシリカゲル　80
アルカリシリカ反応　51, 80, 90
アンカー　167
安全性　16, 46, 86, 116

維持　14
維持管理技術者　27
維持管理計画　17
維持管理指数　21, 159
維持管理の定義　14
維持管理の手順　17, 52
維持管理費　30
維持管理費用　33
イニシャルコスト　30
インバート　143, 149

ウェブギャップ板　130
打換え工法　105, 160
内巻工法　44, 149
裏込注入工法　148

エフロレッセンス　90
エポキシ樹脂全塗装PC鋼より線　41, 181
エポキシ樹脂塗装鉄筋　41
塩害　21, 51, 73, 88
塩害による劣化の進行と予測　73
塩害の劣化機構　73
塩化物イオン濃度　73
塩化物イオンの拡散予測　73
縁端拡幅　171

大型ブレーカ工法　175
遅れ破壊　122, 133
オーバーレイ工法　160, 162

か 行

海　岸　6
カイザー効果　64
解体材　178
解体・撤去　5, 25, 27, 31, 174
外的要因　117, 137
外部電源方式　102
外部費用　33
改良工事　171
化学的侵食　51, 77, 90
化学的侵食による劣化の進行と予測　77
化学的侵食の進行予測　78
化学的侵食の劣化機構　77
化学的劣化外力　50
化学反応過程　81
拡散方程式　73
カッタ工法　176
加熱工法　148
かぶり　74
可溶性物質　77
渦流探傷検査　119
環境施設帯　172
観察維持管理　15

機能　15
機能向上　25
供用制限　25
供用性　16
供用性指数　21, 159
橋梁マネジメントシステム　32, 134
局部的な損傷を伴う調査　68
局部腐食　121
亀　裂　17, 21, 117
記　録　17, 27, 112
記録の項目　113
記録の方法　113, 134, 164
緊急点検　18, 20, 54
近接施工　142
金属系アンカー　111

グラウト充填不良　50
グレード分け　87

景観対策　173
下水道　7
ケレン　127
現価法　34
眩光防止施設　169
建設投資額　11
建設費用　33
建設プロジェクト　5
現場のり枠工　167

光学的方法　57
高機能舗装　173
公共賃貸住宅　8
航　空　7
鋼桁端部の切欠き部　130
鋼桁腹板切欠き部　129
鋼構造物の要求性能　115
鋼材の弾性波速度　62
鋼材の腐食　21
鋼材の腐食進行と損傷の予測　82
鋼材腐食の進行予測　72, 74, 79
鋼材の腐食速度　72
鋼床版　132
孔　食　75
更　新　5, 25, 27, 31, 174, 179
更新対策　25
更新費用　33
鋼製橋脚隅角部　132
合成ゴムラテックス　104
合成樹脂エマルション　104
構造系の変更による補強　107
構造的変状　17, 121
交通安全施設　169
交通管制　170
荒廃するアメリカ　2
鋼板接着工法　108, 171
鋼板巻立て工法　109
高力ボルト　117, 123
港　湾　6
国有林　8
コルゲーション　154
コールドジョイント　50, 144, 146, 179
コンクリート橋の判定　93
コンクリート構造物の要求性能　46

コンクリートセグメント工法　109
コンクリートの膨張予測　81

さ　行

再アルカリ化工法　103
災害復旧　172
載荷試験　68
再利用　27
作業性　135
酸性劣化　77
残存設計耐用期間　15
残存予定供用期間　15

資源化　178
事後維持管理　15
事後対策　25
資産管理者　32
支持工法　107
支　承　133
止水工法　146
自然電位法　66
実構造物の力学的状態を直接評価する調査　68
質量減少率　76
磁粉探傷検査　119
遮音壁　172
社会資本　1, 29
社会資本ストック　3
遮水性　91
斜　面　166
車両用防護柵　168
修正 BS 法　64
修　繕　14, 160
充填工法　100
樹脂系アンカー　111
寿　命　30
衝撃弾性波法　64
詳細調査　19
上水道　7
使用性　16, 47, 86, 116
床版のひび割れ　21
初期欠陥　19, 48, 144
初期建設費　30

初期点検　19, 52, 117, 138, 154
初期ひび割れ　48, 144
書類調査　19
シーリング工法　161
伸縮装置　133
侵食性物質　77
侵食速度係数　79
侵食深さ　78
診　断　17, 52, 117, 138, 154
振動試験　68
浸透探傷検査　119

水　圧　141
水蒸気透過性　91
水密性　47
スカラップ　131
スケーリング　75
ストックマネジメント　29
砂すじ　48
すべり抵抗性　151
すり減り　51, 84, 92
すり減りによる劣化の進行と予測　85
すり減りの劣化機構　84

性　能　15, 168
生物学的外力　50
赤外線法　65
セグメント　43, 44
雪害対策　172
設計耐用期間　15
セメント系材料　104
繊維系材料　105
セントル補強工法　149
全面腐食　121

早期対策　25
走行性　47
走時直線　61
相対動弾性係数　76
促進養生試験　82
塑性圧　141, 148
外ケーブル工法　110
損　傷　17, 50
損　食　50

索引　195

た 行

耐火性　136
耐久性　16, 47, 116, 135
対　策　17, 25
対策の種類と選定　93
第三者影響度　16, 47, 86, 135, 146, 179
耐震性　46
耐震補強　171
打音検査　138
打音法　61
たたきによる調査　56
脱塩工法　103
弾性波を利用する方法　61
縦桁増設工法　107
縦波速度　61
段差　117, 152
炭酸化　70
断熱工法　148
断面修復工法　100
断面の増加による補強　106

治　山　8
地すべり　141, 142, 148, 166
治　水　8
中央分離帯転落防止網　169
中性化　21, 50, 70, 87, 140
中性化速度係数　71
中性化による劣化の進行と予測　71
中性化残り　72
中性化の進行予測　71
中性化の劣化機構　70
中性化フロント　73
注入工法　100
超音波　56
超音波探傷検査　119
超音波法　61
調　査　18
調査・計画費用　33
長寿命化　181

通　信　8
つらら　144, 146

定期点検　18, 54, 117, 138, 154
鉄　道　7, 135
電気化学的防食工法　101
電気化学的方法　66
電気防食　128
電気防食工法　101
点　検　18, 52, 117, 138, 155
点検強化　26
点検計画　19
点検時の評価　86
電磁波レーダ法　65
電磁波を利用する方法　65
電磁誘導法　60
電磁誘導を利用する方法　60
電着工法　103

凍　害　51, 75, 89
凍害による劣化の進行と予測　75
凍害の劣化機構　75
凍害発生の予測　76
凍害深さの予測　76
透過性　47
凍結防止剤　80
凍上圧　141
導水工法　146
透水性　47
道　路　6
道路アセットマネジメントシステム　32
道路管理者費用　33
道路保全情報システム　173
道路利用者費用　33
都市公園　7
トータルコスト　30
トンネル　21, 135, 146

な 行

内的要因　117, 137
内部費用　33
内面補強工法　149
長さ変化率　76

日常点検　18, 19, 53

年価法　34

農林漁業　8
ノージョイント化　173
のり面　165
のり面崩壊　166

は　行

廃棄　5, 25, 27, 30, 174
廃棄物処理　7
バイパス工法　129
薄層オーバーレイ工法　160
はく落　137, 146
はく落防止工法　101
はく離　21, 50
パッチング工法　160
判　定　21, 86, 122, 144, 158, 166
ハンドブレーカ工法　175
反発度による強度推定　59
反発度の測定　57
反発度法　57, 140
盤膨れ　149

美観・景観　16, 47, 86, 116, 135
非破壊検査　54
非破壊検査機器を用いる調査　56
非破壊試験　54
ひび割れ　17, 21, 137, 138, 140, 144
ひび割れ追随性　91
ひび割れ被覆工法　100
ひび割れ補修工法　100
ひび割れ率　160
評　価　17, 21, 85, 122, 144, 158, 166
標識用門構　169
標準対策工法　88
標準調査　19
表面含浸工法　100
表面処理工法　100, 160
表面被覆工法　100
疲　労　51, 120
疲労限　120
疲労現象　120
疲労寿命曲線　120

疲労破壊輪数　158

ファシリティマネジメント　29
覆工　43, 135, 140, 148
部材の交換による補強　105
腐　食　50, 116, 121, 128
腐食発生限界塩化物イオン濃度　74
物質遮蔽性　47
物理的過程　81
物理的劣化外力　50
プレストレス導入工法　110
プロフィルメータ　155
文教施設　8
分極抵抗法　67

平たん性　21, 155
平板載荷試験　155
偏　圧　142, 149
変状　17, 48, 116, 135, 137, 141, 143, 151, 154, 166, 179
変状の種類と特徴　48

防護柵　168
防災工事　171
棒材速度　61
放射線透過検査　119
放射線法　66
防水シート　44, 144
防水層　106, 180
膨張性化合物　77
補　強　25, 30, 100, 127, 146
補強効果の確認　112
補強工法　105
補強材の追加による補強　107
補強材料　110
補強土工法　167
保護層　78
補　修　25, 30, 127, 146
補修効果の確認　112
補修工法　100
補修材料　104
補修および補強　94
補修および補強後の維持管理計画　97
補修および補強の施工　97

補修および補強の設計　94
補修，補強の検査　112
補修費用　33
ポストテンション方式　50
保全工事　171
保全作業　170
舗装　33, 150
舗装計画交通量　35, 158
舗装の設計期間　34
舗装マネジメントシステム　32, 164
ポットホール　160
ポップアウト　75
ポーラスアスファルト舗装　158
ポリマーセメント系材料　104

ま　行

マイクロ波　65
巻立て工法　105
増厚工法　105
豆板　48
マルコフ遷移確率　38

溝型の補剛リブ　132
ミニマムメンテナンス　39, 43, 181
ミニマムメンテナンスPC橋　41

目付け量　108
免振支承　133
メンテナンスコスト　30
メンテナンスマネジメント　31

目視検査　118
目視調査　19, 138
目視による調査　56

や　行

有機系材料　104
有効水結合材比　72
誘電率法　60

郵便　8
緩み鉛直圧　141

要求性能　15, 46, 115, 135, 150, 165, 168
横波速度　61
予定供用期間　15
予定供用期間終了時に対する評価　86
予防維持管理　15
予防対策　25
四電極法　67

ら　行

ライフサイクル　30
ライフサイクルコスト　25, 30, 33, 39, 182
落下防止柵　169
落橋防止構造　171

リバウンドハンマー　57
裏面吸音板　172
硫酸塩劣化　77
流電陽極方式　102
利用者費　30
臨時点検　18, 20, 54, 117, 138, 154
レイタンス　100
劣化　17, 50, 116, 144, 157
劣化機構の推定　17, 69
劣化予測　17
劣化予測の方法　80

漏水　21, 137, 144, 146
漏水防止工法　103
ロックボルト補強工法　149
路面性状測定車　155

わ　行

ワイヤソーイング工法　176
わだち掘れ　21, 155
割引率　36

著者略歴

豊福　俊泰（とよふく・としやす）
- 1968 年　九州工業大学工学部開発土木工学科卒業
- 1970 年　九州工業大学大学院工学研究科修士課程修了
- 1970 年　日本道路公団入社
- 1989・1990 年　国際協力事業団（JICA）専門家としてエジプト・スエズ運河庁に派遣
- 1996 年　九州産業大学工学部教授
- 2016 年　九州産業大学名誉教授
　　　　　工学博士（東京大学），技術士（建設部門・総合技術監理部門），土木学会フェロー・特別上級技術者［鋼・コンクリート］，コンクリート構造診断士

尼﨑　省二（あまさき・しょうじ）
- 1969 年　立命館大学理工学部土木工学科卒業
- 1971 年　立命館大学大学院理工学研究科修士課程修了
- 1971 年　立命館大学理工学部助手
- 1982 年　立命館大学理工学部助教授
- 1989 年　立命館大学理工学部教授
- 2012 年　立命館大学理工学部特任教授
- 2012 年　立命館大学名誉教授
　　　　　工学博士（京都大学）

中村　一平（なかむら・いっぺい）
- 1973 年　立命館大学理工学部土木工学科卒業
- 1975 年　大阪大学大学院工学研究科修士課程（土木工学専攻）修了
- 1975 年　阪神高速道路公団入社
- 1998 年　国際協力事業団（JICA）専門家としてカンボジア公共事業・運輸省に派遣
- 2002 年　金沢工業大学工学部教授
- 2004 年　金沢工業大学環境・建築学部教授
- 2013 年　広島工業大学工学部教授
- 2018 年　ホーチミン工科大学教授
　　　　　現在に至る
　　　　　博士（工学）（大阪大学），技術士（建設部門），APEC エンジニア

入門　維持管理工学　　　　　　　　　　© 豊福俊泰・尼﨑省二・中村一平　2009

2009 年 4 月 16 日　第 1 版第 1 刷発行　　【本書の無断転載を禁ず】
2023 年 4 月 28 日　第 1 版第 4 刷発行

著　者　豊福俊泰・尼﨑省二・中村一平
発行者　森北博巳
発行所　森北出版株式会社
　　　　東京都千代田区富士見 1-4-11（〒102-0071）
　　　　電話 03-3265-8341／FAX 03-3264-8709
　　　　https://www.morikita.co.jp/
　　　　日本書籍出版協会・自然科学書協会　会員
　　　　JCOPY ＜（一社）出版者著作権管理機構 委託出版物＞

落丁・乱丁本はお取替えいたします　　　印刷／シナノ・製本／ブックアート

Printed in Japan／ISBN978-4-627-46611-1